相信阅读，勇于想象

“幻想家”世界科幻译丛

MAPPED SPACE 映射空间

THE ANTARAN CODEX

安塔兰法典

[澳] 史蒂芬·伦内贝格 / 著
秦含璞 / 译

北京理工大学出版社
BEIJING INSTITUTE OF TECHNOLOGY PRESS

史蒂芬·伦内贝格（Stephen Renneberg）

澳大利亚著名科幻小说作家，天文学、管理学硕士，柯克斯蓝星荣誉得主。

二十几岁时，史蒂芬背上背包开始环游世界之旅，足迹先后踏及亚、欧、美许多国家，这极大地丰富了他的阅历，为其作品内涵的深度与广度提供了保证。

史蒂芬的创作以明快的节奏、复杂的情节、精妙的架构和有趣的人物而闻名，每部作品中的科学技术细节都经过了仔细调查，为其故事增添了强烈的真实感。这种真实感和书中高层次的科幻概念以及出人意料的故事情节实现了完美的结合。

FANTASY
幻想家

中文序言

上高中的时候，父母为了支持我对天文学的热情，给我买了一个小型的折射望远镜。我在无数个夜晚用它观测恒星和星系，好奇太空中究竟有什么。数年以后的一个晚上，在悉尼北部的一个小镇里，我看到三个明亮的球体划过天际。它们在空中稍作悬浮，然后垂直加速脱离了大气层。这一幕看起来像好莱坞电影里的桥段，但这的确是事实。

从那之后，我就知道至少有一个地外文明正在观察人类。鉴于宇宙的年龄和实际尺度，这些外星人可能已经观察我们很长时间了，而且真正观察我们的外星文明不止一个。

在我看来，人类就像是广阔大洋中一个孤岛上的原始人部落，我们的视野受限于地平线。但是在我们看不到的地方还有另一个世界，那里充满活力，有各种不为我们所知的奇观，我们的一举一动都在那个世界的注视之下。

这就是我写“映射空间”的灵感源头。

《母舰》的时间设定在近未来。1998年，这本书完全是作为一个剧本来完成的。一年后，我将它改成了一本小书。坠落在地球上的巨型外星母船不是入侵地球的侵略军，而是一块在太空中漂浮的残骸。这艘飞船终结了人类的纯真岁月，向还没有做好准备的人类展示了宇宙的奥秘。

《母之海》的时间设定比前一本晚了十年。这一次人类面对的是一群高度进化、非常残暴的外星敌人，这些外星人虽然没有高科技，却依然威胁了人类位于生物链最顶端的地位，他们可谓是人类自从消灭尼安德特人之后最大的威胁。这种设定的初衷就是，宇宙的实际年龄远比地球生物进化的时间要长。

这两本书主要设定在人类的近未来，同时略微提及整个银河系的背景设定。有些读者希望了解更多关于地球以外的情况，而且我一直想写一部太空歌剧，所以我在之后的系列小说中保留了之前的宇宙背景设定，但将时间线推到了更遥远的未来。

考虑到整个宇宙的年龄，人类在几千年之后才能全面普及星际旅行，所以人类可能是银河系中最年轻、科技水平最低的太空文明。如果我们认为人类在几千年之后，就可以达到其他更古老的星际文明的科技水平，那无疑是非常不现实的。所以，在“映射空间三部曲”中，人类是“巨人中的婴儿”，我在书中就是如此描述人类的困境的。

这听起来未免有些悲观，但随着文明不断进步，就会变得越发开明，可能会为类似人类的后来者提供一定的空间。“映射空间”系列丛书就采取了类似的设定，书中大多数文明都加入了银河系议会。这是一个星际文明合作共赢的联合体，而不是帝国或者联邦。

当出现冲突的时候，只有最古老、最强大的文明才能同台竞争，弱小的文明完全无法控制事态的发展。设定为遥远未来的“映射空间三部曲”以《安塔兰法典》为开端。书中主人公西瑞斯·凯德是地球情报局的秘密特工，一直致力于保护人类的未来，他在银河系各大势力间周旋，打击各种犯罪活动，同时还不能让自己的密友和爱人知道自己真正的身份。

按照我的设想，凯德所处的宇宙就是人类掌握了足够的科技、阔步迈向宇宙之后，很有可能会低估在太空中遇到的其他外星文明的历史和实际实力。“映射空间”系列丛书描绘了一个并不美好的现实、一个残酷的宇宙，并提供了一个美好的愿景，人类可能会被邀请加入银河系文明大家庭。距离这一天真正到来还很远，我们现在能做的就是畅想各种可能性。让我们一起畅想未来吧！

史蒂芬·伦内贝格

澳大利亚，悉尼

2020 年 7 月

致艾莲诺，我永远的爱

映射空间时间线

340 万年前至公元前 6000 年

地球石器时代（GCC0）

公元前 6000 年至公元 1750 年

前工业时代（GCC1）

1750—2130 年

行星级工业文明崛起（GCC2）

第一次入侵战争——入侵种族未知

《母舰》

封锁

《母之海》

2130 年

跨行星级文明开始（GCC3）

2615 年

太阳系宪法获得通过，建立地球议会（2615 年 6 月 15 日）

2629 年

火星空间航行研究院（Marineris Institute of Mars，简称 MIM）建成了第一台稳定的空间时间扭曲力场（超光速泡泡）设备。MIM 的发现为人类打开了星际文明的大门（GCC4）

2643 年

跨行星级文明扩张至全太阳系

2644 年

第一艘人类飞船到达比邻星，与钛塞提观察者接触

2645 年

地球议会与银河系议会签订准入协定

第一次考察期开始

钛塞提人提供以地球为中心 1200 光年内的天文数据（映射空间）和 100 千克新星元素（Nv,147 号元素）作为人类飞船燃料

2646—3020 年

人类文明在映射空间内快速扩张

由于多次违反准入协定，人类被迫延期加入银河系议会

3021 年

安东·科伦霍兹博士发明了空间时间力场调节技术

科伦霍兹博士的成果让人类进入早期星际文明时期（GCC5）

3021—3154 年

大规模移民导致人类殖民地人口激增

3154 年

人类极端宗教分子反对星际扩张，攻击了马塔隆母星

钛塞提观察者阻止了意欲摧毁地球的马塔隆人的巡洋舰队

3155 年

银河系议会终止了人类的跨星际航行权，为期 1000 年（禁航令）

3155—3158 年

钛塞提飞船运走了储存在地球的所有新星元素，并将所有飞船进行无效化处理（在飞船降落到宜居星球之后）

3155—4155 年

人类与其他星际间文明联系中断。太阳系以外人类殖民地崩溃

4126 年

民主联合体建立地球海军开始保卫人类

地球议会接管地球海军

4138 年

地球议会建立地球情报局

4155 年

禁航令全面终止

准入协议重新启动，人类重返星海

第二次观察期启动，为期五百年

4155—4267 年

地球寻回幸存的殖民地

4281 年

地球议会颁布旨在保护崩溃的人类殖民地的《受难世界救助法令》

4310 年

商人互助会成立，旨在管理星际间贸易

4498 年

人类发现量子不稳定中和（远远早于其他银河系势力的预计）

人类进入新兴文明时期（GCC6）

人类星际间贸易进入黄金时代

4605 年

文塔里事件

《安塔兰法典》

4606 年

特里斯克主星战役

封锁结束

《地球使命》

4607 年

南辰之难

希尔声明

《分崩离析的星系》

注：GCC：银河系文明分类系统。

目 录

01
狐狸座 NP-28697 / 001

02
哈迪斯城 / 017

03
冰顶星 / 069

04
安克森空间站 / 161

05
死木星 / 206

06
文塔里星系 / 253

07
赫维留基地 / 308

01
狐狸座 NP-28697

导航点

非星系空间

狐狸座外部地区

距离太阳系 1068 光年

自主信标

“银边号，关闭引擎，准备接受检查！”就在我们刚脱离超光速状态，准备调整航向飞往麦考利空间站的时候，有人用严肃的声音命令道，“不要启动你们的跃迁引擎，不然我们就会开火。”

在短停调整航向的时候被跳帮[①]，这是每个货船船员最害怕的事情。当我们启动超光速泡泡的时候，虽然看不到外面的情况，但我们是安全的。一旦我们回到正常空间，就要启动传感器，然后自动导航系统会计算下一段的航线，这段时间里我们就是个活靶子。传感器在超光速飞行过程中都收在飞船内部，以免被超光速泡泡的高温烧坏。

① 跳帮指出战时登上敌方船只。

只要海盗们把位置调整准确，他们完全可以在传感器还没开始工作的时候使目标瘫痪。

“他们打开应答机了吗？”我问，因为我们只有几秒钟的时间决定是战还是逃。

26 岁的副驾驶亚斯·洛根正紧张地注视着抗加速座椅前的曲面屏，等待传感器伸出银边号全封闭的船体。亚斯做这件事的时候总是全神贯注。这个金发的小伙子急躁易怒、性格莽撞，但确实是个好飞行员。他和大多数欧瑞斯人一样，都生在欧斯伍德，在我说服他上船之前，他正打算去当雇佣兵。当接收到自动应答机的信号时，他松了口气说：“是拿骚号！”

这里是渡鸦帮的地盘，应答机的信号完全可能是伪造的，但是我从没听说过兄弟会的海盗会伪装成地球海军。要是他们真这么干了，地球海军肯定会把他们列入“不留活口”的名单里，所以大多数渡鸦帮的船长都不敢冒这个险。

“能量信号匹配吗？”

我们扫描着渐渐靠近的飞船，亚斯全神贯注地分析着眼前的信号。渡鸦帮有很多花招，但绝不可能伪装反应堆信号。“绝对是它。拿骚号正在靠近，现在距离我们 8000 千米，武器已经充能完毕。”

我们的光学传感器已经锁定了拿骚号，舰桥的全向屏幕上已经能看到它的实时图像。这艘灰色的护卫舰正以高速向我们冲过来。它的船体外壁上布满了传感器和护盾发生器，船体上部是四个重型炮塔。拿骚号是地球律法的代表，它的火力足以炸飞任何敢违反准入协议的人类飞船或者前哨站。

“它在这干什么？”我的好奇心一下就被吊起来了。

虽然前往麦考利空间站的航线不是主要贸易航线，但是地球海军还是会检查来往飞船是否会携带违禁物品。人类飞船每隔三四周就会经过这条航线，但很少会携带贵重货物来这种穷乡僻壤。要是地球海军知道我们在走私违禁货物，他们的搜查队就得带着纳米扫描仪才能找到我们的屏蔽夹层，而护卫舰才不会装备这种扫描仪。即便他们确实带了纳米扫描仪，我们也不过是为麦考利空间站的矿工们带去了点致幻鹰嘴豆——只是帮无聊的矿工解闷罢了。致幻鹰嘴豆不过是稍有争议的商品，还不至于让他们扣押银边号，但是高额的罚款也足以让这趟买卖血本无归。

我打开通信器，说："你好啊，拿骚号。很高兴看到你们在这里确保航线安全。银边号随时恭候你们登船检查。"一向强调整洁和纪律的地球海军肯定会被我懒散不规范的通信纪律惹毛，但是我希望他们认为"我们没什么见不得人的东西，而且对他们的规矩一窍不通"。

拿骚号掉了个头，用四台姿态控制引擎对着银边号慢慢减速。虽然地球海军不是让人开心的人，但是总比那些抢劫别人货物然后把人扔在太空里自生自灭的渡鸦帮要好。话虽如此，地球海军的出现总能让各路商人们精神紧张，因为大家为了平衡收益，总会夹带走私货。

"它从左舷靠近我们。"亚斯锁定了拿骚号的航线，"船长，需要我去对付他们吗？"

"不用，我亲自去对付他们。"

"你最好提前跟埃曾说一声。"

埃曾是我的坦芬工程师，他是来自地球的两栖生物。因为他的身体构造无法使用人类的语言，所以他用一个发声器和我们沟通。他的一小部分祖先坐着飞船在 21 世纪——那可是 2500 年前了——在地球迫降。他们是第一次入侵者战争的幸存者，那时银河系的 1/3 陷入了连天战火，而人类却对这场战争一无所知。是埃曾的祖先发动了战争，但对所有人来说都很幸运的是，他们被打败了。他们的家园星团从那时起就被联盟舰队封锁了，联盟舰队的战舰要比地球海军先进几百万年。作为职能上最接近政府的银河系议会认为“入侵者文明太过危险，必须加以封锁，绝对不能让他们重返银河系”。

唯一没有被封锁的就是住在地球上的坦芬人，他们现在已经变成了人类文明的一部分。多亏人类的科技水平还处于很初级的水平，对于银河系还算不上威胁。坦芬人的进化程度远在人类之上，要是提前一个世纪来到地球，完全可以位居地球生物链的顶端。坦芬人幸存者的后代在北澳大利亚建立了一个小型聚居地，大家将之称为“坦芬城”。现在它已经成为位于民联境内的一块自治区。虽然坦芬人被允许留下，但是人类仍然对他们抱有疑心，因为大多数人类并不能理解他们所谓的温和暴力行为，他们能趁你不注意的时候切开你的喉咙，但是如果他们对你许诺过什么，那么他们赌上性命也会履行诺言。当然，只有雄性坦芬人才是如此，雌性坦芬人都是些狡猾到人类难以想象的家伙。

很多人并不明白这一点：在高度女权化的坦芬社会中，雌性坦芬人才是真正掌管政治权力和宣战权的，而雄性坦芬人则被排除在权力结构之外。这就是为什么在坦芬城里，雌性坦芬人过着隐居的生活，除了在规定的人口上限内繁殖后代以外无所事事。当然，在钛塞提人的坚持下，她们也不能离开地球。钛塞提人是在猎户座悬臂科技方面领先的种族，而且是我们这部分银河系中唯一的观察者种族。观察者们并不完全代表银河系律法，但是他们在几百万年中已经赢得了其他议会成员的信任和尊重，现在肩负起解读银河系律法和推荐新成员的重任。观察者种族拥有最先进的科技和银河系中最强大的军事力量，如果人类忽视了他们的建议，那就只能自求多福了。

幸运的是，埃曾是个雄性坦芬人，而且我们之间已经达成了协议：

他在我的船上干活，认真完成工作，可以随意活动，但没有我的允许绝不能杀人。到目前为止，我还没理由怀疑他什么。

我对着通信器说：“埃曾，在吗？”

“有事吗，船长？”

“地球海军要上船了。他们走之前，你千万别乱跑。”

“明白了，船长。”他回答道。因为他的声音是合成的，所以很难知道他到底在想什么，但是有时候我可以通过他的用词猜到他的情绪状态。

我爬出抗加速座椅的时候，命令亚斯：“设定航向，前往麦考利空间站。地球海军离开后，咱们就离开这儿。”

“放心吧，船长。”

等我走到左舷舱门的时候，拿骚号已经完成了气闸对接，正在平衡气压。内部舱门打开后，一个穿着蓝黑色制服的民联军上校走了进来。他的制服上挂着金色的挂穗，魁梧的身材让他进来的时候不得不低头避开舱门顶部。

“你就是凯德？”他突然开口说，“西瑞斯·凯德？”

“是的。”我说道，眼睛不停地打量着气闸，我以为他身后会跟着一支搜查队，“你一个人来检查我们吗？”

“这可不是检查。你跟我去拿骚号上走一趟。”

“谁下的命令？”登船检查是一回事，被带上地球海军护卫舰又是另一回事。我必须接受登船检查，不然拿骚号就会把我们炸成原子，但是在没有具体指控的情况下就被带上地球海军护卫舰可是违法的。不过，在这种偏远的地方，没几个人会在意这种法律细节。

“我无权透露细节。”他对着气闸点了点头，然后默默地等待我的反应，“你要是反抗的话，我有权动用武力。”

他个头比我大多了，这说明他接受了力量型改造。我的经验告诉我，民联军接受的基因改造会让他们战斗时英勇无比，而我接受的是超级反应型的改造——他们对这种改造知之甚少。我经过强化的反应速度能够在他反应过来之前，就把他打得失去意识，随后也许会有 10 个突击队员把我敲进舱壁，等我醒过来之后，我还得解释清楚为什么能够徒手打倒一名民联军的上校，这可比打其他人难多了。

“你都这么诚恳地邀请我上船了，”我走进了气闸，上校跟在我身后，“就不能告诉我这到底是怎么回事吗？”

“不能说。”上校回答道，眼睛一直盯着前方。

“我是不是没交罚单？还是说我欠税了？”我坚持问道，但是民联军上校还是什么都不说。

我们通过气闸的时候，两个穿着蓝黑色制服的士兵对着上校敬了个礼，然后对我进行了常规检测，普通平民登上军舰之前都要进行这类检测。我以为他们会对我进行常规的虹膜扫描、阿尔法波段脑波扫描和基因扫描，但是他们把我脱了个精光，然后给我来了个生物全谱扫描。我上次得到这种待遇还是 8 年前。

这时，我意识到了事情的严重性。

宇宙中有包括整容在内的很多种伪造身份的办法，这些方法甚至能骗过所有的常规扫描，但是当前没有技术可以完全复制一个人——当然不排除有外星科技可以做到这一点。生物全谱扫描是唯一一种无法造假的身份识别技术，但是很少被使用，相关技术资料也被置于层层保护之下。在我还没登上拿骚号之前，我的全谱信息被锁在地球上的某个高级安全设施里，它现在距离我足足有 1000 多光年。

这群脑子里都长满了肌肉的突击队员，是从哪儿搞来我的生物全谱数据的？

他们把我从头到脚扫描完了之后，就让我把衣服穿起来，然后开始核对信息。等我穿上深棕色的飞行夹克，我的脸也出现在他们设备旁边的显示器上：乱糟糟的棕发，绿色的眼睛，分明的颧骨和稍稍有点歪的鼻子。我的鼻子本来不是歪的，但是某个地球上的实验室工作人员认为轻微的缺陷能掩盖我所接受的极端基因改造。等我不再需要掩盖身份的时候，我已经习惯了这个鼻子，也就没打算整容。

“是他没错了。”一个士兵说道。

上校对我点了点头，我跟着他穿过拥挤的金属走廊，来到一个简报室。根据我的经验判断，这间房子应该是在战术作战中心的隔壁。上校一言不发地离开了简报室，把我一个人留在里面，我的耳边只剩下飞船发出的“嗡嗡”声。过了一会儿，一道舱门缓缓打开，让我能看到战术作战中心里面的情况。里面的情景和我记忆中的一模一样，屏幕上显示着战舰传感器探测范围内的一切，负责的军官则穿着互动套装，这样就能即时接入战舰的数据流。

一个漂亮的姑娘突然出现在我眼前，挡住了战术作战中心的一切。她身材标致，皮肤呈深棕色，眼神直击人心。她穿着一件裁剪精致的黑色西装，脖子上围着一条五颜六色的围巾，耳朵上戴着小小的钻石耳环，但是手上却没戴结婚戒指。自从我退役以来，已经很久没看到她了。她看上去还是那么年轻，我对此并不感到意外，因为我也没有变老。我的实际年龄应该是 46 岁，而她马上就要 70 岁了，但是我们俩看上去都不到 30 岁。长寿是基因改造的副作用，地球情报局从来不会承认让我们活得久一点对他们只有好处。

“你迟到了。”列娜说着示意我坐在金属桌旁边的椅子上。

“我怎么不知道咱们要见面。”

“你离开英迪拉克丝的时候登记了飞行路线计划，上面显示两天前你就该到这了。”

“你要是早点说要见面的话，我肯定会快点过来。”

“我要是说了，你才不会来呢。”

“这可说不准。”

在亚斯因醉酒打架被捕的事情发生之后，我不得不上报飞行路线计划。这完全是因为我那位精力旺盛的副驾驶和一位隐瞒了自己婚姻状况的矿工妻子发生了点不愉快的事情。亚斯在监狱里待了两天，而我不得不到处花钱把他捞出来。当然了，这些钱和矿工的医疗费都会从他的分红里扣除。为了通知列娜有关我的情况，她的手下肯定一直在监视我，然后用一艘快船送来了我的飞行路线计划。

她坐在椅子上，而我却站在一边以示不屑，她说道：“坐下，西瑞斯。”

不论她在执行什么任务，事情的严重程度竟足以让她调用一艘地球海军护卫舰和我在这个偏远的地方见面。如此一来，不论是地球海军或是其他人都不可能知道我俩曾经见过面。她肯定不会让我做自由选择，所以我索性坐了下去。她身子慢慢前倾，用让人毛骨悚然的眼神看着我，她肯定是在用灵能刺探我的潜意识——看看我是否还能为地球情报局工作。这种能力并非先天，而是基因改造的结果，但是被改造者必须拥有一定的天资才能完成改造，这一点就决定了只有少数人类才能接受改造。

我看着她棕色的大眼睛，努力保持情绪稳定，好让她快点完成工作。我希望这场灵能解剖课能快点结束。我们两个人都接受了基因改造，但是改造方向大相径庭。她改造了大脑，使其与灵能相匹配，最终成了高级灵能者。大多数人选择在手和眼睛上做文章，这些人会成为武器专家、特工。我和其他少数人选择了超级反应，这是卧底特工的首选，因为拥有了超级反应，即便没有武器，也能制敌于死地。

接受改造并且表现优异的人将接受插件改造——也就是全身上下装满人造生物纤维。这里的问题在于，被改造者必须自愿接受改造，却并不知道到底自愿参加什么。因为只有这样，才能保密。被改造者只会听到一些冠冕堂皇的说明，并被告知“将参与一项只有个别人才能参与的精英计划，将为全人类的利益服务”等，但是却不知道自己到底自愿参加了什么项目。做完植入手术之后，被改造者还要经过几个月的术后恢复期，学习如何使用这些插件。被改造者要熟练运用这些插件提供的信息，毫不犹豫地对外界环境做出反应。

像我这种接受了超级反应型改造的人最后变成了卧底特工，而像列娜那样的高级灵能者成为探客——能够使用灵能套出机密情报。也有个别探客成了颠覆者——能够说服他人违背自己的意愿为地球情报局工作，而这些人中的佼佼者就变成了毁灭者。从理论上来说，一名毁灭者只要动一个念头，就能摧毁别人的心智，但是他们非常稀有。有传言说，全人类中只有四个毁灭者，然而我们无法知道他们是谁。据说列娜是个颠覆者，而不是毁灭者，我对此保持怀疑，她在地球情报局内的安全权限非常高，但是我们从没聊过这个话题。

过了一会儿，她深深喘了口气，然后整个人放松下来，给了我一个很满意的表情。我相信这代表我通过了测试。

“船上的人知道你是谁吗？”我问。

“他们知道我负责指挥，不需要知道其他的事情。”

护卫舰的船员们肯定会怀疑船上有地球情报局的人。因为只有地球情报局才能直接指挥地球海军，而且地球情报局的人总是穿着平民的衣服，所以船员们很容易就能认出他们，但是下了船却没有人谈论这些话题。军队的训练让他们把保密放在了第一位，战舰的安全都要屈居第二。

这是一种必要的互利关系。地球情报局负责调查、渗透和消灭威胁，如果有必要的话，就会呼叫地球海军增援。他们的字典里没有“仁慈”二字。

“他们知道我是谁，或者我为什么在这儿吗？”

“就连船长都不知道发生了什么事，更别说船员了。”

我对着战术作战中心点了点头，说：“他们可看到了我的飞船。”

“记录里根本不会写拿骚号曾经拦截过你的船，或者你曾经来过这儿。至于扫描你飞船的操作员，更不会说什么。”

没有泄露风险？这只能说明一件事。我问：“全体船员都是民联公民咯？”

列娜点了点头。

这就说得通了。也许地球海军是接受地球议会的指挥，但是承担地球海军大部分军费的民联并不信任其他三位盟友。当地球情报局或者民联希望自己的行动能对其他三位盟友保密的时候，就会使用少数几艘全体船员都是民联公民的战舰执行任务。如果这次列娜确实征用了这么一艘飞船，那么只能说明这次任务的保密级别非常高。

“这倒是解释了民联军为什么会在这儿。”民联军通常会提供战斗部队，但是战舰上的安全工作通常由地球海军自己负责。列娜带着民联军的士兵上船完全是因为基因改造让他们在战斗中几乎无人可挡。

“我没法把你的生物全谱给其他人。上校是唯一一个知道你名字的人，没人能从他那儿套出任何东西。只有我知道你以前为地球情报局工作。”

所有人都视保密为第一要务，一切还是老样子。“你是要说服我重新加入，还是要强迫我继续为你们干活？”

“不，你这次会自愿加入。”

“是吗？”我笑道，“我疯了吗？”我为地球情报局工作了 14 年，每天都在追踪、猎杀那些人类中最疯狂的罪犯。这种日子我已经过够了。我在父亲的飞船上长大，我和我的哥哥在宇宙中最好的导航员手下学习飞行，然后离开，寻找自由，选择了不同的人生道路。我来地球情报局是为了在地球海军干掉我哥哥之前找到他，但是现在看来希望渺茫。现在就连地球情报局都不知道他在哪里。虽然我找不到我的哥哥，但是我找到了适合自己的人生，而且我还挺喜欢这样的生活。“我现在有自己的生活——真实的生活。”

“所以你才对我们非常重要。对我来说，你虽然已经不在地球情报局的情报员名单里，但是我刚才已经确认过了，你还是一如既往的可靠。”

“可能你的灵能雷达有点不准。列娜，因为我觉得我已经不归你管，更不为你们工作了。”

“和这些没关系。你要是发现有人马上要违反准入协议，然后把你整个种族推下深渊的时候，你还会坐视不管吗？又或者你会主动消灭这个威胁？”

“这听起来和颠覆者没什么区别。”

“这和颠覆者完全不一样。”

“你是不是忘了，你怎么干活我又不是没见过。”

“我什么都不会忘。”她意味深长地说。她的话提醒了我高级灵能改造中也包括记忆力改造这一项。列娜接着说：“而且我也没打算说服你。你只管诚实地回答我的问题就好。”

“我是个习惯生物。”我说着，试图模糊化处理我的回答。

她微笑了一下，刚才的灵能探测已经让她确认我不会犹豫。她说道："如果是小题大做的话，我也不会想到来找你。"

"为什么选我？你手下有那么多人，各个都那么能干。"

"我们是有不少能干的特工，但是没人能和你比。你在外面的身份是一名商人，或者是个走私犯。西瑞斯·凯德，银边号的船长，脚踩黑白两道的男人。你名声在外，而且能在不引起别人怀疑的前提下接触到一些特殊人物。你父亲是个商人，你和你哥哥在他的船上长大。你也是一个货真价实的太空佬，虽然我们都知道你的身份远没有那么简单。"

"他们讨厌我哥哥，所以我也不怎么受欢迎。"我已经有 20 年没见过他了，连他是死是活都不知道，但是我知道有些人好奇我俩是不是同一个人。

"他们害怕你哥哥，但这样正好为你打掩护。一个非常糟糕的哥哥，一个不那么糟糕的弟弟，还有一个生前受人爱戴的老爹。你的'真实生活'，随你怎么称呼吧，其实都是你卧底特工的掩护罢了。"

"这么一说，问题就来了。我们的过去都已载入历史了，我的生活里再也没有空间留给卧底生活了。"

"那就当这是一个合同吧，而且它的酬金还不少呢。我们也不介意把你当成一个雇佣兵。你又不是不知道，我们只在乎结果。"

"当然了，你们也不在乎钱。"

她笑了下说："开个价吧，能开多高就开多高。"

糟了，看来她确实很绝望了。我问道："事情有这么糟糕吗？"

"就是因为情况紧急，我们才找你。我们需要一个可靠而且能完成任务的人。"

如果地球情报局已经允许漫天要价，说明问题真的很严重，我要面对的可能真的是一次违反准入协议的案件。地球情报局和地球海军存在的意义就是杜绝人类违反准入协议的情况，确保人类第二次加入银河系议会的努力可以成功。因为只有加入了银河系议会，才能算得上是银河系的正式公民。鉴于各类人渣活跃在几千光年内的空间里，地球联合政府的监管难以顾及每一个角落，这几乎是一项不可能完成的任务。现在的地球联合政府是基于地球以前以文化和哲学为基础所建立的国家而建立的，直到今日，它们依然掌控着人类绝大部分的经济和军事力量。就单个国家而言，每个国家的实力都比所有殖民地加起来的力量更强大。而就地球议会而言，它代表着全人类。

尽管数十亿人类散布于映射空间之内，但是大多数人类还是居住在地球上。这就是为什么我们古老的家园世界在可预见的未来依然重要的原因。

地球议会授意建立的地球海军和地球情报局，才是人类全体和地球意志的体现。

民联主要负责两个组织的运行。民联由欧美、澳洲和部分东亚国家组成。我出生在南极洲的莫森市，所以我就成了民联的公民，但是我在地球居住的时间不超过 3 年。出生地的优势让我成为他们眼中最信任的人，而列娜的灵能测试让我成了特工中的顶尖人物。

她等待着我的回答，眼睛紧紧地盯着我，仿佛要看到我的灵魂深处。

我叹了口气说：“好吧。”就是这样，一句话的工夫我就又开始为他们卖命了。不必签合同，也不必付押金，更没有退路。她已经没有其他的人选，而我要为她执行最后一次任务。

她的脸上闪过一丝如释重负的神情，看来她之前也不是很确定我是否会答应帮她完成任务。

“我的船员不能知道真相吗？”

“当然不行。”她身子略向前倾，然后说道，“那个姑娘也不能。”

我的船员没有女性，但是我知道她指的是谁。“她对我的过去一无所知。”

“你以前总是无懈可击，西瑞斯。”列娜说，“但是你现在有弱点了。”

“你是把我的记忆挖了一遍才知道这事吧？”

她点了点头说：“是的，你脑子里全是她，想看不到都不可能。”

“她可不是我唯一的弱点，我还不会游泳呢。”我补了一句。

“万幸的是，这次行动用不着游泳。”列娜说，“她会是这次行动的障碍吗？”

“玛丽离这里 100 多光年远呢。她不会碍事的。”玛丽·杜伦开船去卡扎里斯环带收矿工们的工资了。未来几周之内，她都回不来。

“希望你说的都是实话。”列娜狐疑地说。

“那我的插件呢？”我问道。我全身上下的插件在退役当天就被关闭了。普通插件无法逆转基因改造的效果，因为人体承受能力有限，但是植入式插件就另当别论了。在我离开地球海军情报局的时候，它们全部被关闭锁死了。 我一开始还挺怀念那种超人的感觉，但是随着时间逐渐推移，我都快把它们忘了。

“你会用得到它们的。”

“那我要怎样重启插件？”

列娜伸出了自己的手。

“就这么简单？”

她点了点头。

我有那么几秒钟怀疑自己是否真的需要再次强化自己的感官，因为强化前后的对比就好像视力正常的人和盲人对比一样。我花了很长时间才适应没有它们的日子，但是在未来一段时间内，我将再一次拥有这种超人的能力。等任务结束后，我还要重新适应没有插件的日子。

但是，现在我已经无法退出了，所以我还是握住了她的手。手指轻轻一碰就足以连接我们的神经末梢，她的插件就可以对接我的休眠插件。只需要这么一下，她就可以把指令传入我浑身上下所有的插件里。这些插件一直以来都是人类的终极秘密，大多数人听都没有听过它们的存在。忽然间，我的脑内界面里充斥着各种信号，上次有这种体会还是8年前。这些信号告诉我“周围的环境，谁在干什么，周围都有什么”，如果没有插件的帮助，我根本不可能发现这些信息。

还没等我处理完环境信息，列娜又向我发来一大波数据。在我离开地球情报局的时候，我记忆库中的信息被删得一干二净。现在，她将所有数据又还给了我，还进行了相应的更新：所有人类罪犯和外星种族的基因信息、地球情报局和地球海军的授权码、各种有用的或者用法险恶的小工具的数据细节、联系人和情报员名单、所有地球情报局特工和情报站的识别码、以外交级别呼叫外星飞船或者银河系议会观察者的外交识别码。

生物插件技术是人类最重要的秘密，它的设计基础要求和正常的人类基因进行融合，这样就能躲过外星扫描仪。我可以在一念之间就销毁体内所有插件，如果我不幸身亡，那么自动保险装置就会删除所有的数据。就算是我们的死对头马塔隆人，也对我们的插件技术一无所知。他们的技术本来远远领先于我们，完全可以突破我们的各种防御设施获知这个秘密，而且有很多次这样的机会，但是他们似乎很满足于现状。地球情报局为保护自己的秘密已经持续努力了几个世纪，他们运用各种非常规手段保护着自己最重要的秘密。当然，也有可能马塔隆人早已经知道了所有的秘密，而且还让我们自以为我们手里还有底牌。确实无法验证这种情况。

等所有数据传输完毕之后，列娜放开了我的手，然后用一副非常关心的样子问我：“你还好吧？”

我慢慢地呼吸，让思绪和冲击着大脑的数据流整合在一起：“还行，感觉就像在失重状态下撞到了墙。你永远也忘不掉那种感觉。”

“准备听任务简报吗？”

我感受着数据进入大脑，心里竟感到有点开心，因为我以为再也不会拥有这种感觉，我曾努力说服自己并不需要这种东西。但是，当插件再次在我体内启动，我感到自己缺失的部分又回来了。

“我准备好了。”

02 哈迪斯城

地下城市

恒星编号 HAT-P-5

天琴座外部地区

0.91 个标准地球重力

距离太阳系 1 105 光年

常住人口 120 万

我们在麦考利空间站放下致幻鹰嘴豆和补给品之后，回到英迪拉克丝——一个印度共和国统治下的贸易中转站。我们在这装上货物，然后飞向哈迪斯城。送货的佣金仅能勉强支付途中的成本，但是却给了我一个去那儿的借口，列娜的目标还在那儿等我收网呢。

哈迪斯是一颗巨型气体行星体积最大的卫星，它和其他 6 颗卫星被气体行星的重力波紧紧困在身边，跟着气体围绕着恒星运行。着陆的航线非常困难，驾驶员必须快速进入巨型气体行星的暗面，不然飞船就会被恒星的等离子风烤熟。等到哈迪斯运行到行星暗面的时候，还要计算交汇轨道。虽然整个过程惊心动魄，但是鉴于银边号安装了军用分压护盾，所以我们的防御措施很有效。

有三艘船先于我们到达，他们都在安全距离内环绕恒星运行。前两艘船第一次交汇就完成了降落，第三艘船不得不再绕一圈重新着陆。等我们开始着陆的时候，我让银边号做了个滚筒动作，紧紧跟着引导光线，然后加大引擎输出功率。曲面屏三面环绕着舰桥，光学传感器就是我们的眼睛，而且还能把来自恒星的耀眼的光线降到一个可以忍受的程度。屏幕中央还显示着我们在引导光中的位置和其他关键数据。

在我们下面的巨型气体行星和恒星比起来就好像是浮在高温等离子海洋之上的一个小斑点。在巨大的恒星面前，气体巨星不过是个小小的蓝色斑点。随着我们降低高度，护盾的温度也越来越高。我们必须在护盾超载之前进入掩体，不然船体外壁就要承受恒星的等离子风了。

“护盾承载量还有 62%。”亚斯紧张地报告，看来这次降落让他非常紧张。平时的他自信幽默，但是鉴于这次重力情况复杂，他的紧张显得非同寻常。“看来外面确实很热！”

“紧张了？”我问道，丝毫不掩饰我心中的幸灾乐祸。

亚斯停了停，然后说：“因为是你在开船！”

我笑了笑说：“看不出来你还是很聪明的！”

他并不知道我已经不是第一次来哈迪斯了，但是我并不打算告诉他这件事，因为那样就太无趣了。我前几天一直在给他讲各种恐怖故事，用各种着陆失败的故事轰炸他的神经。当然，这些故事各个属实。但是在地球工程师安装了新的着陆指挥系统之后，就再也没有发生过事故了。出了哈迪斯城，你可以在峡谷谷底看到几百年来各种飞船的残骸，它们是错误决定和糟糕的航行环境的见证。

巨型气体行星在我们的屏幕上越来越大，它的阴影将我们完全笼罩，银边号的护盾温度也开始慢慢稳定。几颗卫星漂浮在行星上空，其中最大的就是和地球尺寸相近的哈迪斯。它在我们的屏幕上越来越大，我们可以看到卫星表面的群山、撞击坑和阴影密布的峡谷，所有一切都被恒星等离子风烤得黝黑。

等我们进入了卫星的重力范围，自动导航系统让飞船做了个滚筒动作，然后开始减速，我稍微收起引擎输出功率，让飞船看起来好像很久没有维护的样子。我们大可以用更快的速度飞行，但是鉴于渡鸦帮的间谍无处不在，我们还是低调为妙。就算他们锁定了我们，不到万不得已，我也不想让他们知道银边号的真实实力。

我们的飞行高度下降得很快，引擎的闪光很快就照亮了焦黑的地表，在星球表面投下长长的影子，然后我们就冲进了笔直的峡谷，从那里可以直接到达城市的入口。

“城市大门没有打开。”亚斯说。

“我就怕这个。”我说，脸上装作恍然大悟的样子，“看门的是个出了名的瘾君子。”

“还有看门的？”亚斯问道，好奇城市的外部大门为什么还要手动控制，“而且还是个瘾君子？”

“他肯定又嗑药嗑晕了。希望他别忘了按按钮。”

“什么按钮？”

当我看到他一脸震惊的表情，不禁笑出了声，因为我知道在我们进入驳船垂井之前，大门就会自动打开。

“哼，你的笑话不错。”亚斯终于反应过来我在开玩笑。

哈迪斯城已经运转了超过 1500 年。其中 1000 年刚好是处于禁航令时期，人类被剥夺了星际航行权，哈迪斯城只能使用星系内飞行器苟延残喘。哈迪斯城和其他殖民地一样，依靠自己的努力苟活了一千年。这都是因为 32 世纪一群拒绝和外星人接触的宗教极端分子攻击了排外的马塔隆人。如此一来，这群极端分子不仅给人类找来了一群从不接受道歉的敌人，而且还让人类文明倒退了1000年。

银河系议会也因此不得不实施禁航令。准入协议是银河系律法的基础，而且我们无法绕过它最重要的一条——责任法案：每个文明的全体个体都必须为自己的行为负责。

需要承担责任的不仅是守法的公民，更是种族的全体个体——在这件事上没有例外，也没有开脱的借口。

对于多数种族来说，这并不是什么大问题。但是对于人类来说，这是一场噩梦，因为人类盛产自以为是的疯子。禁航令的目的在于让人类学会管理自己，并且安抚火冒三丈的马塔隆人。现在距离第二次考察期结束还有50年的时间，就连罪犯和海盗都不会冒险违反准入协议。因为一旦启动第二次禁航令，那么人类将面临10000年的禁航期。

任何一个心智正常的人类都明白10000年的禁航期对人类意味着什么，但是总有些危害分子在期待第二次禁航期。所以，绝对不能对那些危害人类星际间航行自由权的疯子心慈手软。

在距离大门10千米的时候，我们看到了一盏照明灯，顺着它的光就可以找到城市大门。我们在距离地面50米的高度进行超低空飞行，机身两侧50米开外就是参差不齐的悬崖。

“银边号，你的航线安全。”哈迪斯空管站的人说。

“他还真以为自己什么都知道！”亚斯说道，明显表现出对我调整引擎的手法非常不满。

“起码他们还没把我们赶走。”我轻轻地说，因为我知道我现在是故意驾驶得很糟。如果有人在监视我们，那么他们肯定会低估我的驾驶技术和银边号的真正实力。

自动导航系统检测到了捕捉网的信号。捕捉网其实就是建在悬崖两侧的一组球形磁场。鉴于捕捉网就在前方，我放手让飞船继续飞。在接触捕捉网的前一刻，银边号转了个身，用引擎对准磁场，然后用高强度动作消耗掉我们的加速度。我们一动不动地悬在磁力网内，船身之下就是两块安装在峡谷底部的白色装甲板。入口处的装甲板能容纳大型飞船出入，银边号和它相比简直就是一只小虫子。

城市港口的驳船系统把我们从真空环境中抓了起来，然后对着大门扔了过去。在我们撞上大门前一刻，大门打开了一条缝隙，刚好够我们飞进去。我们顺着几百米长的垂井慢慢前进，装甲门在我们头上关了起来，力道足以把一艘飞船拦腰斩断。鉴于脱离了恒星等离子风的影响，我们的护盾快速冷却，磁场带着我们穿过岩床内开掘的隧道，石墙两侧各装有一排白灯。自动导航系统检测到一层磁场已经包裹了船身，于是自动关闭了引擎和推进器，把飞船的安危交给了太空港的驳船系统。

“银边号呼叫哈迪斯管制中心。”我说道，“我们已经关闭了引擎，确认磁力锁定。现在它归你们指挥。”

“哈迪斯管制中心呼叫银边号，收到。我们现在接管控制权。”

自从几个世纪前和殖民地重新建立联系之后，地球的科技产品就风靡各个殖民地，空港管制再也用不到口头确认。但是习惯是个非常顽固的东西，特别是我老爸希望我和我哥哥能够成为优秀的驾驶员，儿时留下的习惯更是难以克服。虽然我很相信科技，但是听不到管制员的口头确认还是会感到很不安。

距离行星表面 5 千米之下就是太空港的中央洞穴。中央洞穴和四个等距布置的机库之间有水平开凿的隧道相连，看起来就好像车轮上的辐条一样。驳船系统的磁场带着我们穿过其中一条隧道，隧道的墙壁上还开了很多窗口。隧道的另一端是个灯火通明的洞穴和一个能够停靠大型飞船的码头。我们的起落架自动展开，包裹住船身的磁场渐渐关闭，一座增压的管状栈桥从洞壁上伸了出来，接在了我们的右舷。

我不得不承认，哈迪斯城的工程师们确实非常厉害，他们在地下的工作做得一丝不苟。这对于一个距离地球 1 100 光年的自由城市来说，确实很难得。

“哈迪斯管制中心呼叫银边号，船已经锁定，停泊作业已经完毕。”

“多谢，哈迪斯管控中心。”我如释重负地说道。

“下船之前向港口管理局报备你的货物清单。支付泊船费用和税费之后，再转移人员或货物。如果不能全款付清的话，我们将没收你的货物和飞船。请确认已了解该合约。”

因为被困在最不宜居的星系 1000 年，所以这里的人对自己的工作非常认真，但是缺乏一些社交上的圆滑。“合约确认。”

“哈迪斯城遵守地球议会颁布的所有法令。因此，任何违反准入协议的行为将被判处死刑。”管控员的口气中透露出一种无聊——看来他会为每条船都念一遍这段话——我在其他星系已经听了无数遍的话，而且每个人都打算认真执行这项规定。虽然哈迪斯城的位置不是很理想，但是哈迪斯人之所以认真执行这项规定，是因为他们的生意正在蓬勃发展。

虽然禁航令在 450 年前就已经取消了，但是地球人还是用了 120 年才发现哈迪斯城依然保持运转。大多数和哈迪斯城类似的前哨站早就在禁航令时期消亡了。当哈迪斯城的标记再次登上星图之后，贸易航线也随之建立，各种全新的技术装备也源源不断送到这里。在不到 10 年的时间里，地球海军工程师在这里为新一代飞船建立了维修基地，让哈迪斯城摇身一变成为重要的后勤中心。哈迪斯城依然是一座自由城市，但是远离家乡的地球海军飞船都喜欢来这里。只要地球海军舰船入港，就能带来大笔生意，所以他们会处决那些危害人类生命线的家伙也就不足为奇了。

人类付出了高昂的代价才明白了一件事：星际航行不是一种与生俱来的权利，而是后天取得的特权，而这种特权会在一瞬间就被取消。

我直接切断了护盾的能量供应，护盾也随之直接坍塌，放在平时，我会让它逐渐消散，但是现在这样做是为了让任何监视我们的人都会认为：银边号的护盾勉强抵挡住了外面的热浪，银边号装备的是抗烧融护盾，而不是更先进的分压式护盾。

亚斯瞟了我一眼说：“你这样操作，埃曾会生气的。”

我坏坏地笑了一下。船内通信系统里响起了埃曾的声音：“船长，关闭护盾需要遵守相关的保养程序。”

“多谢埃曾，我刚才忘了这事。”我聪明的坦芬工程师当然知道我在撒谎。

“我知道你在耍花招，船长。”亚斯说，“但是我觉得你有点疑神疑鬼。”

“疑神疑鬼和小心翼翼没什么区别。重点是，我还能喘气。”

在这种地方，贩卖情报的小混混们的生意非常不错，他们会把有关商人的情报卖给任何一个掏得起钱、手里还掌握着武装飞船的买主。在天琴座外部地区，这个买主特指渡鸦帮。虽然这里还有其他兄弟会成员在活动，但是他们有各自的势力范围，相互之间的联系也不是很紧密。我倾向于让他们猜不透我的底细，所以我才不轻易向别人展示自己的真实实力。

船内通话系统里突然响起了一个性感而又挑逗的女性声音：“你好啊，船长，我很高兴地通知你，引擎已经关闭。另外一件大好事就是，反应堆 7 分钟就进入了休眠模式。”

“这是什么东西？”亚斯一脸疑惑地问道。

“坦芬式的幽默？”我说完就启动了船内通话系统，“埃曾，多谢。但是你这个新声音是怎么回事？”

舰桥里再一次响起了这个性感到荒唐的声音：“我的研究显示你们这些小伙子对这种声音非常感兴趣，甚至会觉得很性感。”

我关掉了通话系统，说：“我向你保证，他这是在报复我没有按流程关闭护盾。”这个声音如果来自一个女性人类的话，确实很让人浮想联翩。但是我们都知道这个声音来自一个身高 1.2 米、大脑袋上顶着一双突出的眼睛、满嘴都是三角形牙齿的生物，这时候这个声音就显得让人很不安了。“你还是换成原来的声音吧，谢谢。”

“如你所愿，船长。”埃曾用正常的男性声音回答道。

“登记货物。”我对亚斯说，然后爬出了抗加速座椅。我们的货物有用来更新哈迪斯城数据库的数据包和一个装满补给品的真空辐射货柜。“我去城市里看看有没有能签下来的合同。”

“好的，船长。”他头也不抬地说道。亚斯这会儿正忙着处理降落后的检查工作，这说明他急于忙完手上的活然后去好好消遣一番。

“这次可别被人抓起来了。”

亚斯摆出一副很伤心的样子，说：“我在你眼里就这样吗？”

“我会用你的分红支付罚款。”

亚斯举起双手，装出一副无辜的样子：“我也就喝点酒、唱唱歌，再和女人聊聊天。这次绝对不打架。”

“你上次也是这么说的！”我转头走向气闸，心里对他的承诺打了个大大的问号。

在加压的栈桥上走不了几步就到了港口的闸门。经过了基因扫描，我就进入了太空港的大门，让我感到惊讶的是，这里的空气并没有记忆中的金属味，看来我离开的这几年，他们对环境系统进行了升级。航站楼和飞船之间有自动扶梯连接，大批人类和个别非人类种族在上面无所事事，我刚好可以用它们练习插件的扫描功能。

生物纤维可以读取和强化大脑通常会忽略的生物脉冲。插件会选择我需要的信息，或者根据我的要求在我的脑内界面显示这些信息。微型探头会增强扫描信号，所有的探头都采用生物机械工程设计，能够完美融入人体组织。而其中最有用的是我的基因检测器。它能对目视距离内的基因样本进行短距扫描，足够我在大房间或者大街上确认对方身份。

基因检测器能扫描经过我身旁的每个人，将他们的基因和猎户座悬臂通缉犯数据库进行比对。每隔几分钟我就能找到一个匹配对象，但是对此我毫不意外。哈迪斯城远离地球，所以对于想隐姓埋名的人来说是个不错的选择。对于外星种族来说，这里是一片人类管理的不毛之地，所以在这儿能看到不少让人厌烦的外星种族。

但是他们并不知道锁定他们的身份有多简单，伪装或者整容手术其实一点用处都没有。我在这里发现了各路小毛贼、逃犯和背负着大案的嫌疑人。联合警察如果抓到他们的话，一定会把他们关到最偏远、最黑暗的地牢里。当然了，联合警察要先找到他们才行。这些外星罪犯都属于猎户座悬臂的种族，他们的基因样本已经被自己的政府送到了联合警察总部。移交逃犯能够快速和其他种族建立互信，但是确保生物插件技术不外泄更重要，所以我还是先让这些人渣再享受几天好日子吧。

航站楼的墙上布满了屏幕，上面显示着港内每条船的名字和当前状态。触手可及的个人数据节点能帮助旅行者们随时查阅信息、联系预约或者直接联系某艘飞船。从理论上来说，联合警察会监视所有星球上的通信，但是在哈迪斯城一切要为利润让步。在这种偏远的前哨站这种情况很普遍。

和地球重新建立联系的前提，是联合警察整合当地警察部队。整合民法的初衷是确保当地的罪犯不会违反准入协议，确保地球上对法律的解读能够在全人类通行。虽然当地政府名义上还能继续指挥当地警察部队，但是确保当地警察和地球以及地球情报局之间的直属关系却变得越来越重要。加入联合警察意味着在准入协议允许的范围内行使执法权，这能为当地带来极大的利益，但是拒绝加入联合警察就意味着成为孤岛，被排除在人类大家庭之外。很少有殖民地会拒绝这样的机会。主要的人类中心世界的当地警察都加入了联合警察，只有那些偏远的地方才有可能干些违法的勾当，而哈迪斯城足够偏远。

一离开太空港，我就登上银色的地铁前往中央商贸区，它是整个哈迪斯城开掘面积最大的洞穴。商贸区灯火通明，可以看到富有历史气息的石头雕像和玻璃制高楼，高楼周围环绕着从地球移植来的树木和花朵。哈迪斯城一开始不过是机器人负责开采的无人矿场，但是几个世纪的挖掘留出了很大的空间，所以这里就变成了一个舒适的宜居殖民地。几百米高的拱顶上可以看到虚拟的蓝天和白云，让你几乎忘记自己身处地下世界。

星球表面可能是一片被等离子风烧灼的焦土，但是开掘出的地下空间却非常适合人类生活。人类为了生存，已经善于将这种环境打造成高级的居住区，因为在我们还没有迈向星空之前，其他更适宜的环境已经被一抢而空了。其他星际文明已经在银河系中驰骋了亿万年，将花园般的宜居世界变成了自己的殖民地，留给我们的不过是些没人要的地方。作为银河系中最年轻的文明，这也是无法避免的命运。

集市位于主商业区的南边，整体上就是一个绵延几千米的长方形。天花板是光滑的石头，没有虚拟的天空，空气中的气味和我记忆中的气味差不多，你可以在这里喘气，但是空气中充满了金属的气味。裁缝、矿工、作坊、热食小贩和各种商人的摊位挨在一起，他们迫不及待地想卖给我一堆我不需要的东西。我已经两年没来这里了，但是这里一点变化都没有。主动的小贩像跟屁虫一样跟在我身后，想和我握手，赢得我的注意和我口袋里的钱。还有些可疑的人看着我从他们身边走过，心里盘算着是否能打翻我，然后从我身上捞一笔，不过幸运的是，他们还不敢在我身上试试运气。

扎蒂姆百货商店还在老地方，和我记忆中的样子一模一样。整个商店从里到外都难看得要命，店面上涂着俗气的金色油漆，挂着红色的窗帘，外面还挂着一个巨大的招牌，周围路过的人都能看到它。两个健壮的柏柏尔人汗流浃背，穿着色彩鲜艳的绸质衣服站在门口，一副拒人于千里之外的样子。只要看一眼他们衣服下面冒出来的武器，就知道他们不是普通的门卫，而是专业的保镖。当我从他们身边走过的时候，他俩一脸狐疑地看着我，但没有挡住我的去路。

商店内部的墙上挂着华美的挂毯，挂毯上画着非洲和部分亚洲的历史。所谓的第二王权国是地球联合政府中实力最弱的成员，让他们名扬千里的是自己的贸易网络和传统价值观，而民联则是以科技和多元化而闻名。挂毯上并没有描绘3154年对马塔隆家园世界的恐怖袭击，那可是1000多年前的事情了，但是我对此也不觉得奇怪。经过了这么多个世纪，第二王权国依然努力忘记其少部分人给人类带来的灾难。但讽刺的是，现在他们是最不可能违反准入协议的人。在王权国内部，类似的话题已经成为一种社交禁忌。挂毯前面摆着一张仿木桌面的桌子，上面全是垃圾。真正的货物不可能放在外面，肯定是藏在联合警察和强盗看不到的地方。

“西瑞斯·凯德！我的老伙计，我以为你死了呢！”一个低沉、带着口音的声音回荡在房间里。他的口气是那么的肯定，但是我知道还没等银边号和加压栈桥完成对接，他手下的间谍已经给他通报了消息。

阿明·扎蒂姆是王权国的商人，他身材肥胖，一脸胡子，眼睫毛好像两把刷子，一条难看的紫色缠腰勒住他的肚子，同时也藏住了那把随身携带的针弹枪。像扎蒂姆这样的王权国商人遍布民联控制的殖民地，这是因为王权国很少建立自己的殖民地，大多是利用民联的开放性和不断扩展的殖民地建立贸易网络。

他朝我走了过来，张开胳膊把我抱在怀里。通常来说，我都会留一手保护自己的银行密匙，这样他就没法偷我的钱了。“阿明！”我三心二意地说，“你这个骆驼贼的儿子，居然减肥了！”

扎蒂姆退后几步，笑了出来，用手拍了拍自己越发宽硕的腰，说：“是啊，我的老婆们总是把我喂得太好了。”他对着两个柏柏尔人点了点头。这两个家伙从我进门开始就在盯着我，但扎蒂姆证明我可靠之后，他俩就继续一脸凶相地盯着门外。

“进来！我有好咖啡！可不是那些合成的劣等货！这都是来自林同[①]殖民地的好东西。你真该买点，我知道你能去哪儿高价脱手这些货，而且用你那条好船的话，最多一周就飞到了。”

---

① 此处为Lam Dong，原指越南林同省，此处指的应该是亚民联统治下的殖民地。

“真的？你都以为我死了，又怎么知道我开了条好船？”

扎蒂姆大笑起来，完全不在意自己的谎言被拆穿。“想做好生意，就得知道自己的竞争对手在干什么，或者那些商人在找什么货物。你是不是恰好也在找货呢？我刚好需要你这种快船运货。”他眼睛眯了起来，问道：“你想没想过卖了它？”

“我要真打算卖了它，就第一个通知你。”我许诺道，然后压低声音说：“这附近有什么能自由说话的地方吗？”

扎蒂姆的眼睛立刻开始放光，显然是发现了商机。“当然了，我的朋友，这边请。”他带着我走向商店后面，然后拉开了一个深红色的挂帘，房间里面装饰得好像贝都因人的帐篷。一个冒烟的水烟台立在角落里，另一个角落里还有一个沸腾的咖啡壶，地上铺着绸质软垫。扎蒂姆倒了两杯浓浓的咖啡，然后我俩围坐在水烟台旁边。他对着水烟管吸了一口，然后吐出一团烟雾，吐出的烟雾好像毒气一样悬在空中。

我象征性地吸了一口，然后就再也没碰第二下。

“我亲爱的西瑞斯，快说你要我怎么帮你？”

“我在找人，一个叫穆库尔·萨拉特的商人。听说过吗？”

他一脸不屑地皱了皱眉头说：“你要是找货的话，我倒是知道些机会，最适合你这种人。”

“这次就算了。我在找这个萨拉特，你听说过他吗？”

扎蒂姆耸了耸肩，说：“我知道他，他就是个混在黄鼠狼堆里的耗子。和他这种人做生意没钱赚。你怎么想找他？”

根据列娜的情报，这位印度共和国商人差不多一个月前到达哈迪斯城。两位地球情报局的特工想接触他，但是都死了。

“这是私事。”我说。

扎蒂姆仔细打量着我，然后说："哈！他肯定有你想知道的情报。多知道点总有好处。到底是什么情报？"

"这我可不能说。"

他沮丧地说："西瑞斯，你是不是不相信我？我难道不是你认识最久、关系最亲的朋友吗？"

"你上次卖给我的香料还没运走就坏了……"

"咱们别纠结于过去了，老伙计！"他马上转移话题，给自己又倒了杯咖啡，"这个萨拉特，他总是假装自己是个很有品位的人，但实际上就是个小偷。他和咱们不一样，他总以为比我们高一等，而且他杀人不眨眼。"

"你确定？"

"我了解这种人。"扎蒂姆说，"你和我可是兄弟，咱们做生意，有时候赚，有时候亏，但是咱们互相尊重，也不会互相动手，虽然有时候会有点……误解吧。"他意味深长地看了我一眼，我全当这是道歉。

"帮我找到萨拉特，咱们之前的事情就一笔勾销。香料的买卖、伊甸珠宝那次你欠我的钱，还有上次非洲佣兵团你骗我的钱，这些事都一笔勾销。"

他摆出一脸很难过的表情，说："我亲爱的西瑞斯哟，你怎么能说我骗你呢！"他几乎都快流泪的时候，又看了我一眼说："你刚才说，都一笔勾销？"

"先帮我找到萨拉特，然后我就当你从来没骗过我。"

"你还会帮我运货吗？"

"咱们从长计议，慢慢来。"

扎蒂姆深吸一口气说："你还是和以前一样！我让我的小雪貂们

混到黄鼠狼窝里去，一定给你把那个共和国耗子抓出来，而且你一毛钱都不用掏！知道为什么吗？因为咱们又是一家人啦！”

“咱俩是远房亲戚。”我说完，用咖啡和他干了一杯。

扎蒂姆开心地笑了起来：“都是自家人！”也许这是他的真心话，也可能不过是他的逢场作戏，我的插件不能判断他有没有在撒谎。他身子前倾说道：“还记得欧涅迪的肚皮舞舞娘吗？那晚上玩得真开心！”

我在脑子里努力回想上次的宴会：“没忘呢，你可没少给那个高个姑娘小费。当然，你给小费的姿势还有待商榷。”我意味深长地比画了一下。

他大笑道：“哈哈！可不是小费的问题了，我的朋友，她现在是我第三个老婆！”

我离开了扎蒂姆的商店，坐上地铁前往货运区，希望这位新结交的好朋友能帮我找到萨拉特。货运区就在太空港旁边，远程货船从核心星系空间运来的货物都堆在这里。核心星系空间直径 250 光年，人类最大的殖民地就在那里。当地的货船将把这些货物送到几百光年外的星系。在货运区中央是几栋建筑，那里有船运公司的办公室，互助会的办公室则是一栋漂亮的石质建筑。互助会每个前哨站和聚居地都有办公室，但是这个是核心星系空间之外最大的办公室。商人互助会负责运营分散在映射空间内的各个办公室。所有的商人都归互助会管理，而互助会的职责是确保每一单交易都能正常进行，维护星际贸易的顺利运作，当然他们也会收取一定的抽成。

交易大厅里全都是人，大家围在一排排的个人数据节点周围。大厅内部每面墙上都有不少长方形的显示屏，上面滚动播放着可用的合同、收货地和完成合同时的奖金。我找到一个闲置的节点，在上面签收了这趟货的酬金，盯着自己账户里的账目多了那么几块钱，然后开始搜索哈迪斯城送往附近前哨站的数据包快递合同。星系间数据交换唯一可行的办法就是用飞船运输数据包。数据包的内容包括新闻、娱乐、农产品产量数据，甚至可能不过是送往某位远方的家人的短信，总有人想把什么消息送到别的地方去。这种工作非常无聊，但是却能保证日常支出。

我在寻找“航行距离在 20 光年以内，而且不是很危险”的合同。前往危险的星系做生意确实收益不菲，但是风险很高，而且我也不想卷入战斗。我初步标记了六个合同作为潜在目标，然后就发现一双漂亮的黑眼睛正在看着我。这位姑娘身材娇小，齐肩的黑发衬着她的小脸，整个人更显得动人别致。她看起来不过 20 岁出头，但是我知道她经过无副作用的手术之后，外表上最起码年轻了 10 岁。虽然手术没有我经历的改造那么极端，但是这效果对于民用整容手术来说已经非常不错了。

玛丽 · 杜伦——幸福号的船长，向我投来一个温暖的微笑，但是她的眼睛告诉我，她和我一样惊讶于在这里遇见彼此。我有那么一瞬间，以为还有人陪着她，而我的存在则成了一个不必要的麻烦。当然，只有一种办法才能验证我的假设是否正确。我从数据节点退出，拿回了我的船长登记卡——这个纤细的金属条可以让我合法承接互助会的合同，然后朝她走了过去。

“你好啊，玛丽，我还以为你在 100 光年外呢。”

我们的计划是过几个月再见面，因为那时候我们的日程安排就能凑到一起。我俩都没有告诉彼此会来哈迪斯城，我是因为之前根本没有打算来此，但是她为什么会出现在这里？

“你好啊，西瑞斯。”她说话的时候带有加斯科尼口音。据我所知，她从来没有去过地球，更别说去过波尔多了，但是她的家庭传统固执地保留了这种口音。“我要不是知道星际空间追踪是完全不可能的话，我会以为你一直在跟踪我。”

“我要是承认确实跟踪了你，你是不是很失望？”

“不会。但是我会从你那把这技术偷过来，然后卖给出价最高的买家。”她说道。

我完全没有细细琢磨这句话的含义，但是她说得没错。如果有人能发明可以穿透扭曲时空的高光速泡泡的科技，那么他就会变成人类历史上最富有的人。据我所知，猎户座悬臂上所有毗邻文明都没有这种科技，甚至连钛塞提人都没有这种技术，所以人类在接下来的十万年里发明这种技术的可能性为零。

“我要是有那技术，我就自己拿去卖了。”

“那我只好嫁给你了，倒不是因为爱你，而是因为你是全银河系最有钱的人。”

“我要真那么有钱，都不用娶你了，直接收你做小妾。”

“等你有钱的时候，我做小妾倒是无所谓。”

我俩凝视着彼此，静静享受着彼此的存在。我问道：“你在这干什么呢？”

“找点活啊。”她一脸无辜地说，但是她避免直视我的眼睛，说明她在撒谎，“你来干什么？”

“和你一样，找点活而已。”好了，现在我俩都在撒谎了，“卡扎里斯环带的氧气运送生意怎么样了？”

“那些矿工刚开始讨价还价，想把价格压低。”

“所以，他们不付钱，你就打算把他们都憋死？”

“你觉得一个姑娘还能怎么办？”

我看着她的屏幕，搜索着她寻找的合同类型。数据包、蛋白棒、渔业和矿业设备，所有这些合同的终点都指向同一个地方——一个我去了一次不想去第二次的低温地狱。“你想去滑雪吗？”

“不，不过是消磨时间而已。”她飞快地关掉了屏幕，然后拿走了自己的登记卡。

“我怎么感觉你在对我隐瞒什么？”

她一脸挑逗地说：“看你说的，好像我身上还有你没见过的东西似的。”

玛丽总是把性感当作武器，但是我喜欢她的小把戏，所以对此也无所谓。“看你裸体和知道你脑子里想什么是两回事。”

“确实不是一回事，但是没什么区别。”她说完，在我的脸上亲了一口，“我得走了，西瑞斯。后会有期。”

她转身直接离我而去，在出口处对我挥了挥手，完全不给我进一步提问的机会。我看着她离去的方向，脸上挂着微笑，然后想起来忘了给她做一次基因检测！跟踪自己的情人虽然不是生物插件设计的功能之一，但是只要事关玛丽，我会全力以赴。这让我明白，我现在对于插件的使用是多么生疏。我立刻对照了一遍通缉犯名单，担心玛丽的名字也在上面。只要利润足够诱人，她当然也会铤而走险，但是想抓到她却不容易。

我想起列娜说过玛丽是我的软肋，于是好奇她是否知道玛丽也来到了哈迪斯城。但是，如果列娜真的知道的话，她肯定会提前告诉我，所以我估计她这么说是出于灵能探测的结果，而不是具体的情报。

我用检测器扫描了一下玛丽刚才使用的节点，但是完全找不到他的基因残留。她没有戴手套，所以肯定是用了皮肤隔离技术而避免留下基因痕迹，但是这样就完全说不通。她只要把船停在港口，全城的人都会知道她的存在。

我从她用过的节点登录系统，在登记的飞船名单中反复搜索，但是幸福号却不在其中。要么她是坐别人的船来这儿，要么就是使用了虚假的登记信息。使用虚假信息进行登记，可是直接违反了互助会的规定。玛丽也会走私一些货物，这事我们都干过，但是用虚假身份在哈迪斯城这种地方进行登记可是非常危险的。她这么做肯定有自己的理由，想必是有多到无法想象的报酬吧。

我一边想着玛丽到底有什么计划，一边走回了太空港。作为偏远地区的港口，哈迪斯的太空港却是异常繁忙，泊位上停着几百条船，每一条船上都用加压栈桥和空港相连，还有一些泊位足以停靠来自核心星系的超级货船，地球海军的战舰则停在专用的警戒区。方圆 500 光年内，只有哈迪斯港才会这么繁忙，虽然附近还有当地种族的世界，但是他们并不欢迎人类。

靠近银边号闸门的地方有个瞭望窗，可以从那儿俯视泊位。我停在窗口，打量着银边号的外部喷漆，想确认下穿过护盾的高温等离子风是否对其外壳造成了损伤，但是银边号看上去整洁如初。银边号是企鹅级轻型货船，体积小，速度快，船身长度是宽度的 3.5 倍。飞船呈新月形，整体看上去就像一个飞翼，两个姿态控制引擎布置在新月的两端，三个由独立脚架悬挂的磁力钳布置在中间，负责拖运真空辐射货箱。长方形的真空辐射货箱让银边号的容量提升了 4 倍，而且如果需要的话，我们能够快速丢弃货物。

两个大型引擎和推进器安装在船体内部，因此银边号也是最灵活的民用飞船。当拖运 3 个满装货柜的时候，它飞起来就像一艘出力不足的拖船，飞行动作响应缓慢，而且会受到惯性影响而不停地飘来飘去。但是不拖运货柜的时候，它就是正常空间内的赛用飞船。船体内部装了 60 个时空扭曲装置，随时可以生成超光速泡泡，12 个不起眼的凸起下面藏着我们的军用分压护盾。船上唯一一门质子加农炮安装在船体上部的正中央，它是银边号另一个让人刮目相看的原因。这种主炮是小型飞船上最没用的主炮，要花很长时间为它充能，因为它的电容器漏电的速度比充电还要快，但这就是我要装它的原因，而且这东西便宜得让人难以置信。任何人用远距离扫描银边号，都会以为能量流失是来自一种大型武器，这样他们会在动手前好好考虑一下。当然，这不过是理想状态。银边号真正的武器藏在前部舱门，但是只有外部舱门打开的时候才能被探测到。如果我打开外部舱门的话，地球海军会在第一时间就扣押银边号。

银边号有 3 个起落架，机腹有个长方形的舱门，打开之后刚好能充当卸货用的坡道。两个货运机器人负责卸货，一辆八轮的货车藏在一个真空辐射货柜下面。当货车就位之后，就会升起货斗准备承载货箱，然后亚斯就会打开磁力钳。

我正准备转身离开，就看到亚斯的一只外壳维修机器人爬上右舷引擎，准备进行日常检修。这种六足的蜘蛛形机器人装有伸缩机械臂和各种传感器，能够扫描船体和紧急维修。我们刚刚靠港几个小时，埃曾就开始进行全面检修。他从不浪费时间，但是他也没别的事可做。大多数人类对坦芬人非常警觉，所以在人口稠密的港口停靠的时候，他都会待在船上。

多亏了埃曾，银边号才能维持良好的状态。我通常会从黑市搞来零件，然后埃曾就把它们派上用场。有时候，他还会进行改进，让它们的表现更加优秀。我完全可以拿埃曾的改造品去申请专利，然后卖给原来的厂家或者地球海军，但是如此一来所有人都有了一样的东西，那我还怎么赚钱?

我走向闸门，经过基因扫描之后就走进了加压栈桥。亚斯衣着光鲜地从银边号的气闸走了过来，我看他这样子就知道，过几天我要么得花钱把他从监狱里捞出来，要么就是看到他烂醉如泥地躺在某条背街小巷的地上。我唯一能做的就是用基因探测器锁定他，最起码这样找他能方便点。

“船长，我听说了一个好地方。你也该来……”

“不，今晚不行。”

“那有好多姑娘！能喝的东西也不少！还有各种赌博游戏，而且多花几块钱还能尝尝没有被地球海军列为违禁品的致幻剂，那些可都是他们刚发明的新货。”

“你这样是要被抓的。”

“这次不会了，船长。我有个计划！”他对我使了个意会的眼色，然后自豪地说，“我这次可是要自律一下！”

“这就是你的计划？”

他笑道：“总好过没有计划！要和我一块去玩不？”

“算了，我还有别的事情要忙。”

“你还能忙什么？这是哈迪斯城，有附近 200 光年内最棒的夜店！”

“我知道，但是她也在这。”

“谁？”亚斯问道，当他明白我说的是谁的时候，眼睛都睁圆了。“天啦！船长，她可不是个好对付的家伙。忘了她吧，赶紧跟我走。我们得教教这里的人怎么正确举行派对！”

我轻轻摇了摇头，他就知道没法让我回心转意。

他不置可否地看了我一眼，说：“你可别后悔哦。”然后走出了闸门。

在亚斯忙着找乐子的时候，我回到自己的房间洗了个澡，但脑子里还在想“玛丽为什么要来哈迪斯城”。我们之前已经商量好在塔拉里斯的温泉一块待几天，但是完全没提到哈迪斯城，但是她当时完全有可能已经想要来这儿了。但她为什么不跟我说呢？她看到我的时候也明显吃了一惊，而且非常不希望出现我在这里，这就说明她手上的生意并不需要竞争者插手。

我希望事情和我想的一样。

飞船内时间的第二天早晨——也就是哈迪斯城当地时间的第二天下午，我收到了一条信息：“红灯区闹耗子的卡戎酒吧里。AZ”。

这消息是扎蒂姆发来的，看来他的间谍已经找到了萨拉特的去向。我马上穿好衣服，从厨房里拿了一袋干粮，然后在工程舱看到埃曾正在监督自己的机器人检修银边号的船体外壳。

埃曾·尼拉瓦·卡伦大概是一个世纪前在澳洲北部的帝汶海孵化场出世的。他身高 1.2 米，皮肤黝黑，看上去并不吓人，但是他拒人于千里的形象和直击人内心的凝视，让任何和他打交道的人都感到不寒而栗。在人类看来，坦芬人的一切都显得那么不合理：胯骨和肩膀太宽，突出的蓝绿色眼睛眼距太大，光滑的大脑袋太大了。他个头矮小，整体呈流线型，在水下的移动速度飞快，额头上的凸起内部还有个仿生声呐，这样他能在黑暗中和水下进行定位。坦芬人是伏击型的猎手，虽然和人类不同，但是不论在哪里都是致命的存在。更重要的是，埃曾是个优秀的工程师，甚至可能是个好朋友，当然前提是人类和坦芬人能够成为朋友。

他坐在6个大屏幕中间，屏幕的安放位置刚好占据了他视野的前半球。我可能需要转头才能看到所有的屏幕，但是埃曾的视野更宽，可以直接看到所有的屏幕。

他把发声器凑到嘴上说："船体检修完成80%了，船长。我们在着陆过程中没有受损。"

我非常满意埃曾对护盾的改装工作。"我希望你检查下港口里所有的飞船。我要找一艘快帆D级中型货船。"

埃曾一动不动，甚至没有眨眼或者对我瞟一眼，但是他马上就明白了我在想什么："你认为杜伦船长会在这吗？"

"我昨天在市里看到她了，但是她的船却没有登记。我很好奇究竟是怎么回事。"

"船长，我建议你最好不要和她保持联系。"

怎么连他也这么说！"我就是想知道她为什么要来这。这很重要。"

"我明白了。"

我并不确信他是否真的明白。坦芬族是母权社会，不可能像人类一样产生一对一的关系。我怀疑坦芬人是否明白人类之间的爱情是怎么回事，但是雌性坦芬人依靠散发出的强力荷尔蒙确保自己能在进化之路上轻松战胜雄性坦芬人。

"还有，增强安保措施。"

"所有安全系统都正常运转，船长。"

"我知道，我的意思是让你提高警惕。注意任何距离银边号太近或者试图进来的人。"

“我们有敌人了吗，船长？”

列娜在这损失了两名特工，我不想在接触萨拉特的时候也变成一具尸体，于是说：“可能吧。”

“放心吧，船长，任何试图强行登船的人都会被我干掉的。”

这就是为什么坦芬人会被银河系中上百个种族联手封锁几千年的原因。“不许杀人。注意那些行为怪异的人就好了。”我很难向港口管理局解释为什么一个坦芬人会干掉一个人类。

“那我能用非致命武器吗？”

“当然可以！你可以把他们打晕，确保他们能继续喘气就好。”

“明白了，船长。我会打晕试图强行登船的人。对于玛丽·杜伦，船长也同等对待吗？”

我非常怀疑玛丽会试图登船，但是如果她真的要来，我可不想埃曾伤害到她。

“记住：永远不要伤害玛丽·杜伦。你可以打晕她，但是不能伤害她。”

“明白了，船长。她就是你的女族长，我会按照相应的礼节招待她的。”

这大概是埃曾对我俩关系最恰当的理解了。对于他来说，女族长的地位远高于女王，绝对不是单纯的朋友或者搭档的关系。几千名雄性坦芬人中才有一个雌性，所以几乎不可能和雌性建立亲密的关系。

我心里为试图强行登船的宵小之徒默哀了一下，然后就朝气闸走去。和许多增压的聚居区一样，哈迪斯城严禁各种私人武器，而且采取各种措施避免它们流入城内。所以我只能把枪留在枪柜里，然后坐地铁去所谓的“赌场”——哈迪斯城的红灯区。整个红灯区建在一个漫长而拥挤的洞穴里，里面有两条大道：一条叫作林荫大道，各种赌场和夜店都在那里；另一条叫矿工大道，那里能找到妓院、贩卖致幻剂的商人和插件植入医生的门店。这些商人能给你提供各种影响感官的致幻剂，而医生们能为你植入各种增强人类技能的设备。这些设备和我接受的生物插件不一样，却是在远离地球的地方能找到的最好的选择。当然，如果你能买到机密设备就另当别论。

我的插件将洞穴内部的地图投放在我的视觉插件上。我努力在红灯区里穿行，避免引起夜店各种接受了胸部手术的姑娘的注意，然后还得绕开那些衣着花哨的药贩子。等我走过大半截林荫大道之后，我换到矿工大道上，然后走进了卡戎酒吧。这里面和映射空间里其他类似的店面没有区别，灯光昏暗而且烟雾缭绕。里面的音乐震耳欲聋，灯光伴随着音乐的节奏忽闪忽灭，店里的客人不得不对着彼此的耳朵大声喊话，然后一边痛饮酒水一边往自己体内不停地灌各种致幻剂，直到分不清东南西北才会停手。店里一边是一间间小包间，包间里的客人围着桌子挤在一起；另一边是一个吧台，吧台后面是一面大镜子和耀眼的灯光。狂欢的人群挤在包间和吧台中间的位置。女招待和药贩子们相互照顾着生意，所有的客人们都沉浸在一种充满性暗示的环境下，只有兴奋剂、孤独和绝望的综合作用才能营造出这种气氛。

我从人群中挤了过去,然后问胖胖的酒保要了一杯哈迪斯地狱火。虽然标签上说明这玩意是用水基培育的李子做的，但是我的插件分析显示它含有 20% 的酒精和 3% 的致幻剂，我只要喝两杯，就会产生轻度幻觉。我用银行卡在酒保的扫描器上划了一下，然后靠了过去。

“我在找人。”我大喊道，在这么吵的音乐中说话真的很难，“一个来自印度共和国的商人，他叫萨拉特。见过没？”

他上下打量了我一番，然后说：“不认识他。”

“你肯定认识。黑头发，八字胡，个子挺高的，身边有几个军用克隆人当保镖。”最起码列娜的情报描述是这么说的。我完全可以再背一遍萨拉特的基因序列，但是那样会吓到酒保，那就套不出任何情报了。“知道他在哪儿吗？”

“你到底是谁？”他怒吼道。这个酒保肌肉发达，一脸怒容，说明他平时还兼任酒吧的保安。

“西瑞斯·凯德。”

“你看起来像个赏金猎人。”他身子前倾，用鼻子嗅了嗅，一只手伸到吧台下面，“但是你闻起来像联合警察。”

“你还闻起来像下水道的垃圾呢，但是我不介意。”

酒保拿着一根黑色的金属短棍从后向前抡向我的脑袋。我要是喝多了的话，他可能会打到我的脑袋。但是他的动作现在看来就好像慢动作，我及时转身，然后金属短棍就砸在了吧台上。我抓着他的头，让他的脸和吧台来了个亲密接触，然后用手肘打在他的手上。金属短棍从他手上脱落的瞬间，我就一把抓住了，然后放开了他的脑袋。他抬起头，鲜血从受伤的鼻子里流了出来，他看着我研查着他的武器，脸上一副非常担心接下来会发生什么的表情。这是一根普普通通的金属短棍，但是在一个健壮的人手中完全可以用来敲碎别人的脑袋。我拿着金属短棍在手中转了一下，用责备的眼神看了他一眼，然后把棍子放在他面前的吧台上，因为我相信他绝对不敢再碰它。

等他明白“他若是再打棍子的主意，自己的脑袋也会不保”的时候，我说道：“现在咱俩应该达成共识了吧。”我假装回头打量酒吧内的人群，让我的插件能够扫描酒吧里的一切。在我身后，酒保看着眼前的金属短棍，犹豫是否要趁我转身的时候偷袭，但是最后明智地选择了放弃。在我的脑内界面上，9 个男人和 2 个女人的脑袋上闪动着红色方框，这说明他们都是通缉犯。我的探测器在靠近大门的包间里发现了让我感兴趣的目标。“萨拉特之前就在那边的包间里。”

酒保用一块毛巾捂住鼻子，好奇我是怎么知道这位黑市商人坐在那儿的，因为我之前从没来过这乌烟瘴气的酒吧。

“你是打算收钱，还是挨揍？”我拿着银行卡，盯着他的金属短棍问道。

他一脸疑惑地盯着我，似乎在思考为什么我在打破他的鼻子之后还要给他钱，最后他说：“当然要钱了。”

我在他的扫描仪上刷了下，然后说：“现在想起来了吗？”你可以管这个叫小费，也可以管这个叫贿赂，总之他终于开口了。

酒保靠过来，对着我耳朵说：“他每周来这儿三次，已经持续一个月了。小费给了不少，但是没怎么喝酒。据说他在等一个从未露面的有钱人。”

“什么有钱人？”

他耸了耸肩。我正打算再给他点小费，但是他摇了摇头：“省省吧。我真的不知道。”

“你怎么知道他在等有钱人？”

“萨拉特问过我认不认识一个戴着钻石戒指、穿着花哨衣服、留着山羊胡的家伙。在这种地方戴钻戒可是会死的。”

“萨拉特见他干什么？”

“他没说。”

“他要是再来，就说西瑞斯·凯德想和他聊聊。”

“聊什么？”

“你负责传达原话就好。告诉他，泊位 E-71。”

列娜的人可不知道萨拉特在卖什么货，但是知道很多坏蛋、人渣都对此很感兴趣。地球情报局的人曾试图监听他，但是所有的监听设备都失效了。这让所有人都非常紧张，因为这说明我们遇到了一些不了解、而且更不知道如何对抗的外星科技设备。

“他如果来了，我会转告的。”酒保不乐意地说。

不论他是否会传达我的话，我又给了他一笔小费以示鼓励。“把你的鼻子好好收拾下。”我说完就离开了酒吧。

我在酒吧外面调出了哈迪斯城的平面图，试图找到一个能够接入城市数据网而且还不被人打扰的地方。我很快就找到了一个不错的地方——伊万之家，那是个昏暗的小饭馆，一群健壮的男人围坐在几张桌子旁，他们一边喝着伏特加一边打扑克。店里没人在吃饭，一个女服务员靠在柜台上，我进门的时候甚至看都没看我一眼。

离门最近的男人看了我一眼，然后另一个男人迎了上来，带着一脸非常不耐烦的表情说：“我们关门了。”

现在不过刚刚傍晚，恰好是晚餐的高峰时段。我的插件查明这些人都是当地小混混。地球情报局对他们非常了解，但是决定把他们留给当地联合政府处理。

“安纳托尼告诉我这里的俄式饺子不错。”我说着，心里祈祷地球情报局的情报还不过时。我从没见过这位安纳托尼，而且根据数据库显示，俄式饺子好像和其他饺子差不多。

那家伙“哼”了一下，然后对着一旁的垂直屏幕点了点头。我的插件马上检测到一个年代久远的身体扫描仪，这种设备通常用于保护地球上的秘密设施，但是这东西的历史已经超过一个世纪了。这玩意属于低级受限技术，虽然不是机密技术，但也不是几个喝着劣质伏特加的混混能轻易搞到的。

我站在屏幕后面等着，那个混混研究着我的骨骼透视图和我身上带着的几个金属物件。他慢慢转动着食指，让我慢慢转身，他全神贯注的表情说明他已经发现了我左肩、右腿和三个肋骨上的人造骨骼。这些人造骨骼全都来自高级重建手术，只有军方和富豪才能用得起这种东西。

“你身上的新骨头可不少啊。”他带着浓浓的斯拉夫口音说道。

“我好几年前从一次轨道坠机事故中捡回了一条命。”这当然是个谎言。只要仔细检查骨骼，就会发现这些人造骨头的植入时间各不相同，但是眼前的这台古董扫描仪完全做不到这一点。如果他叫我脱光衣服，还会发现我身上没有任何伤疤。地球情报局的皮肤再生术非常完美。幸运的是，这家伙对我的裸体不感兴趣。

他没有在我身上找到任何武器和窃听设备，更不可能发现遍布全身的生物插件。他对着柜台后面点了点头，然后就回去继续打牌了。我一个人走向柜台后面的门，然后敲了几下。过了一会儿，门上的活板拉到一边，里面露出一张人脸，和刚才的混混很像，我估计他俩是双胞胎。里面的小混混对着看门的人点了点头，然后让我进去了。大门之后是一间很大的房间，里面的灯光非常昏暗，我差点被里面的烟味呛死。各路男女围坐在桌子边抽烟喝酒，享受着致幻剂，偶尔还能听到几声笑声。所有人都盯着墙壁屏幕上的数字、转轮和其他我叫不上名字的博彩游戏。人们可以参考最近的胜率，用桌子上的屏幕下注，还能在等待下一轮开始前处理下手上的生意。

我找到一张没人坐的桌子，然后点了一杯昂贵的饮料，下了几笔高额赌注，然后用桌上的屏幕接入了城市的数据网。插件里的数据库显示，这家赌场之所以出名是因为高度保护顾客的隐私，从不跟踪他们的线上活动。这就是为什么很多顾客选择这家店，而不是那些有执照的赌场。

多亏了列娜，我手上的高级许可密码可以进入哈迪斯城内大多数区域，因为只有这样才能找到萨拉特的踪迹。过去的几年里，他是哈迪斯城的常客，但是他乘坐的船和当前位置却被屏蔽了。很明显，列娜给我的许可密码的级别还不足以窥探萨拉特的个人信息。

我的第二次搜索发现哈迪斯城内有 100 多个猎户座悬臂的外星种族居民，其中大多数是阿瑟兰人、敏卡拉人和卡洛里亚人，但是完全看不到马塔隆人的踪迹。哈迪斯城没有马塔隆人造访的记录，要么事实确实如此，要么就是马塔隆人已经完全破解了城市数据网。

接下来我检查了下阿明·扎蒂姆的情况。让我毫不感到意外的是，当地联合警察因为多项犯罪活动而正在调查他。鉴于他在监狱外面能发挥更多的用处，我就删掉了他的档案。扎蒂姆永远都不会知道我帮他解决了一个大麻烦，像他这种人肯定会想尽办法弄明白我是如何进入城市内部数据库的。

最后我检查了下玛丽的信息。数据库里并没有她的资料，但是我看到她在互助会的办公室用自己的身份卡登录了系统。互助会颁发的身份卡加密非常烦琐，只有地球情报局才能破解。这也是不得已为之。因为在进行星际间贸易的时候，必须知道对方是谁，不然合同无法履行，也无人可以信任。那么她有没有可能使用别人的身份卡呢？这么做不仅违法，而且互助会也会把她列入黑名单，而后者更加可怕。

“我希望你知道自己在干什么，玛丽。”我自言自语道。

我坐等手上的赌注输了个精光，然后坐着地铁回到了空港。在 E-71 号闸门口，我按了一下门口的传感器。在它确认我身份的同时，我的检测器发现身后有两个人正在向我靠近。检测器发现了经过改造的基因痕迹，说明他们都是经过强化的打手，力气比我大两倍。他俩经过基因改造的肌肉会让行动变得缓慢，但是如果他们抓到了我，那我就永远都逃不掉了。

大门打开前的一瞬间，一个金属飞镖飞了过来，不过我及时闪到了一边，飞镖打在了舱壁上。飞镖命中的地方变得湿润起来，我立刻明白这是一发注射器飞镖，而不是电击弹。要是刚刚我躲闪不及，这发飞镖就正好打在我的后背上。

我转头看着攻击我的人，脑内界面上给他俩的位置打上了红色的威胁标识。我身高两米，但是他俩比我还高，因为他们上身的肌肉几乎都要撑破紧身弹力背心，如果这是某种制服的话，我根本认不出它来自什么组织。他俩的衣服上没有任何标识，也没有体现军衔的标志。其中一个人留着光头，左眼上还有个年代久远的伤疤；另一个人理了个平头，巨大的下巴向外突出。在红色的威胁标记之上，还有小小的绿色标记在不停跳动，这说明两个人都不在通缉名单上。

我用基因探测器锁定了他们俩，然后一个翻滚躲到一边，疤脸男的第二发飞镖从我肩头擦了过去。他虽然是个满身肌肉的壮汉，但是枪法确实也不错，而我却手无寸铁。我估计他们是从太空港的某条船上下来的，因为镖枪无法通过港口的安检。

疤脸男又装了一发飞镖，而下巴男一边向我冲来，一边还小心翼翼地躲在同伴的射界之外。我一看这种协作就知道他俩是一起行动的雇佣兵。而他俩都不在通缉名单上，这一点足以证明，他们要么是无名小卒，要么就是非常聪明。

我绕到一边，努力让下巴男挡住疤脸男的射界。他距离我虽然还有三步远，但是已经握紧拳头，深吸了一口气，我一下明白了他要干什么。他像一头愤怒的犀牛一样冲了过来，对于自己的力量优势非常自信，完全不知道我的超级反应能力的潜力。

我假装惊恐地呆立在原地，举着手护住自己的脸，让自己看起来好像束手就擒。他当然上当了，对着我挥出了一拳，如果我被打到，肯定会被打成骨折。但是他的动作在我看来都是慢动作，我等他的拳头还在半空的时候，立刻冲了过去，然后埋身躲开他堪比树干的粗壮胳膊，对着他的下腹部击了一拳。我的力道只有他那一拳的一半，但是我能精确命中目标，而他粗壮的胳膊不过是在空中随意挥舞罢了。

下巴男咳嗽了一下，疼痛让他无法呼吸，但是他无视疼痛，用另一只胳膊朝我打了过来。他可能行动缓慢，但是非常抗揍——我那一拳足以让大多数敌人跪在地上无法呼吸。他用一条腿做支点，又挥拳向我打来，我踢在他的前腿上，让他失去平衡，他的拳头也刚好从我头上擦了过去。还没等他反应过来发生了什么，我又转身一脚踹在了他的裤裆上，这一次下巴男痛苦地倒在了地上。正当我准备用手肘砸在他的额头上，将他彻底解决时，我的探测器发出了警报，因为疤脸男已经绕到了我的背后。

我放弃了解决下巴男的打算，翻身滚到一边，和躺在地上的打手拉开距离，我预测飞镖会从我的头上飞过去。但是疤脸男远比他的朋友聪明。他估算着我的运动轨迹，等我站起来的时候才开火。

对于一个满身肌肉的打手来说，他的准头确实有点太好了。

飞镖打在我的锁骨下方，我赶紧把它抽了出来，但是我的左肩和左胳膊已经完全没有知觉了。不论飞镖里装了什么，它的药效都非常强劲，而且起效很快。我看了眼打开的气闸大门，走过去就能回到银边号，但是我知道自己回不去了。

我忽然感到自己的脑袋和腿都变成了果冻，完全不听使唤了。不论我有没有接受过基因改造，我在和甲板撞在一起之前就失去了意识。

我在一间办公室里醒了过来，房间装修基调是远古的航海主题。墙上的画上描绘着古老的帆船，画框下方还有密封真空的展示盒，盒子里面有精致的老式西班牙帆船模型。一张抛光的红木桌子后面的墙上挂着一条马林鱼，虽然这种鱼已经灭绝1800年了，但是墙上这条看起来依然栩栩如生。最让人印象深刻的是右手的壁画——用整面墙描绘了一场古时候的海战，用现在的眼光来看，这更像是一场海上的肉搏战，而不是舰队之间的战斗。

“这可是原品。”我身后响起了一个语调圆润的西班牙口音。

我的手腕和脚踝被压力场固定在一张棕色的皮椅上，这说明我不是第一个被这么对待的客人。我说：“看起来像偷来的。”

一个衣着光鲜的男人走了过来，他看起来也就50岁出头。他的一头黑发打理得非常顺滑，嘴上留着三角形的胡子，左耳戴着一个钻石耳环，而他的手指上还戴着更浮夸的钻石戒指。

“这叫阿伯霍斯之战。”他说，“1631年，西班牙人和葡萄牙人联手在巴西海岸击败了荷兰人。我的祖先当时也在场，他亲自指挥了一艘战舰。”他走近壁画，细细打量着画上的每一个细节。“我相信他指挥的就是这一艘。后来他成为西班牙帝国的总督。”

“真了不起。”我说道，同时努力想把脑袋里的“咚咚”声赶出去。

“没什么了不起的。菲利普四世后来因为叛国罪而处决了他。”他耸了耸肩说，“每个家族里都有那么几个丢人的货色。”

他肯定就是萨拉特一直在等的那个有钱人。他看起来既像是个贩卖合成药物的商人，又像是个颇有贵族气质的艺术品收藏家。我扫描了一下，然后锁定了他的基因，但是他并不在猎户座悬臂的通缉名单里。我的检测器发现在我身后还有两个目标，目标特征符合在银边号泊位气闸外的两个打手，音频监听器则捕捉到了门外的脚步声。

他倒了一杯深红色的酒，然后说："请原谅我的同事用这么粗暴的方式把你带到这里，凯德船长。但是，我当时也不清楚你会不会自愿来。"

"你下次可以先问问我。"

"我下次会先问问你，但是我不希望别人拒绝我。"他喝了一口酒说，"而且，我听说你不是很好说话。"

"你又不了解我，其实我这个人非常好说话，但是被人在脖子上扎了一根麻醉飞镖的时候就另当别论了。"

"好吧，鉴于你我之前没有过节，我们还是把彼此当作朋友吧。"

"那你就是这么对待朋友的？"我意味深长地看着铐住我手脚的压力场，它们在凳子的映衬下闪闪发光。

"那就当作熟人吧，还是你更倾向于我们变成敌人？"看到我一言不发，他说道，"我叫阿图罗·萨巴图乐·瓦基斯，我是君王号的船长。"

"从没听说过。"

瓦基斯点了点头表示理解："我通常不会来这么便宜的地方。这块破石头可能对于你这种人是个赚钱的好地方，但是对我来说意义不大。"

真棒，恭维我的同时还能侮辱我一下。我说道："但是，你不还是来了，和我们这群食物链底层的渣滓混在一起。"

"是的，而且你我都知道为什么。"

"是吗？"

"得了吧，凯德船长，我知道你让阿明·扎蒂姆帮忙找萨拉特。"

"谁？"

"扎蒂姆的手下在全城打听消息，到处问人，还在不该去的地方到处晃悠。你还真以为别人发现不了吗？”

扎蒂姆做事非常狡猾，他的人做事根本不会引起别人的注意，唯一的可能就是扎蒂姆的手下把我俩都出卖了。

“别人发现什么都和我没关系。”

瓦基斯把酒杯放在桌子上，说：“我对你还是比较宽容的，凯德船长。我有个提议，完全不涉及穆库尔·萨拉特。”

“要是你在说钱的事，那咱们可算是有点共同语言了。”

“我就知道咱们能找到点共同语言。”瓦基斯笑了一下，好像已经谈成了一笔生意一样，“现在在互助会的办公室里专门给你留了一份合同。合同的报酬是 25 万，送一份秘密信件去道禅基地。你现在就出发，不许绕道，不许迟到。还有，让扎蒂姆完全忘了萨拉特这事。”

支付 10 倍于日常信件递送合同的报酬，然后把一封信送到一个 300 光年外的中国前哨站？必须全程保持超光速状态一直飞 3 个月才能到那。

瓦基斯身子微微前倾说：“等你送完东西之后，你就继续前进。离开道禅基地之后的一年里，你都不许回到这里。”

“这还真是个慷慨的提议。”我假装在考虑这笔买卖，“但是道禅基地是义武会的地盘，而且我不会说中国话。”义武会，从 45 世纪开始就是中国黑帮组织中的老大，而且我和他们的关系并不好。

“你送完东西之后，义武会不会对你动手，而且你还可以在去的路上学中国话呀。”

义武会不会对我动手？开玩笑吧？如果他们真的能让我活着离开，那么瓦基斯可就比表面看上去更危险，他就绝不会是一个衣着光鲜、留着精致胡子的推销员。我看这次送信任务更有可能是一次亡命之旅。他把我送到 300 光年之外，只为了让中国黑帮能更轻松地收拾我，免得我又跑回来惹麻烦。

“我要是不接这笔生意呢？”

瓦基斯的脸一下子变得严肃起来：“那可就太让人遗憾了，你本人、你的船员，还有你的船，都会感到非常遗憾。我这可都是为了你好。”瓦基斯喝完了酒杯里的酒，“接下这笔生意，然后让我来收拾穆库尔·萨拉特。”

我感到脖子上又被扎了一下，这种感觉非常熟悉，然后我就在椅子上失去了意识。

\\·\\·\\·\\·\\·\\

醒来的时候我发现自己坐在太空港航站楼的座椅上。我花了点时间恢复力气，然后才踉踉跄跄地顺着走廊回到银边号。等我摸进漆黑的增压服室，一支短管的裂肉枪差点戳瞎我的眼睛。

“冷静点！”我喊道，从埃曾的枪下笨手笨脚地躲开，“是我！”他这把枪能把一条街上的人都打翻。

霰弹枪已经使用几千年了，但是它的太空版本依然非常有威慑力。电磁加速的微型爆破弹药已经取代了老式的火药子弹，但是在封闭空间内对人体的损伤依然非常大。

“很抱歉，船长。”埃曾说着放下了枪，然后退到了内侧舱门内，指了指躺在甲板上的物体——这东西有20厘米长，通体光滑，看起来像是金属质地，它中间最厚的地方和我拳头差不多，两端薄一些，中间还被打了个大洞。

“这是什么？”

“微型无人机。几个小时前，它试图钻进咱们的飞船。”他拍了下挂在腰上的 6 毫米裂肉枪，这下我知道无人机上的洞是哪来的了。依靠着坦芬人的视力和惊人的稳定性，埃曾用什么武器都是个神枪手。

我的基因检测器扫描了无人机，但是什么都没发现。“带这东西是要干什么？”我对着他的霰弹枪点了点头。

“覆盖增压栈桥的外壁探测器被关闭了。我不知道谁干的，具体技术手段也不清楚。”埃曾对所有的地球科技都非常了解。如果他都不知道是怎么回事，那就只有可能是外星科技的杰作。“我以为有人要对我们发动进攻，于是就选择了最适合在封闭环境内作战的武器。”他意味深长地拿起霰弹枪。“只有负责栈桥的探测器被关闭了，所以肯定是从那里发动进攻的。”

“然后就只有这个？”

“是的，船长。我让机器人在外面检查损伤情况。”

我的数据库里找不到这种无人机，如果这是地球科技的产物，那么一定是特制的型号。“把它拆了。发现什么第一时间告诉我，一定优先处理这件事。”

埃曾拿起无人机说：“是不是有什么事情我还不知道，船长？”

“我接了一份活，而且我们现在有竞争对手了。”

“那么我可以使用致命火力了吗？”

这个问题倒是很难回答。如果我放任埃曾动手的话，我可能还得和港口管理局打交道，但如果我继续对他束手束脚，那么下次就有人可能突破飞船的防御。我觉得目前还是小心为上。“我们在太空港的时候不能使用致命火力，而且我们绝不开第一枪。”

“遵命，船长。”埃曾说。

埃曾回到工程舱，把霰弹枪和无人机放在一边，看了一眼屏幕说：“机器人发现五个外部传感器被热能定向武器摧毁了，被击中的面积大概 9 微米。”

“这弹孔还真小啊。”

“只有 9 微米的弹孔！”埃曾说，“地球生产的热能武器不可能有这么高的精度。”

“你能计算射击方向吗？”

“也许能算出来。”

“这里有艘船叫君王号，你看看是不是他们开的火。”

埃曾接入太空港的数据网，然后扫描了注册信息：“君王号是猛犸级超级货船，船龄不到 3 年，属于泛核船运公司。”

君王号足足有 20 万吨，几乎是银边号的 50 倍，难怪瓦基斯的办公室会那么宽敞，而且它很少离开核心星系。

“君王号是前几天才来的。”

“它带了什么货物？”它这是给哈迪斯城带了够十年用的补给吗？

“它的货物清单上显示什么都没有。”

“没带货？”

“海关检查员已经确认了。”

泛核船运公司是映射空间内最大的船运公司之一。他们为什么要让这么重要的一艘船空着舱飞到这种地方来？明明他们手下还有更小更快的船队。我问道：“它的装货站是哪？”

“是品川空间站。”

“跑这么远，一毛钱都不赚啊。”

这座巨大的日本轨道船厂位于 900 光年外的天鹅座内部区，深处核心星系空间内部。怪不得瓦基斯会对竞争者如此敏感。如果我盯着装修精美的办公室几个月却一无所获的话，我也会精神紧张的。不论萨拉特有什么计划，想必已经准备了很长时间，足以让泛核船运公司把他们一艘最大型的船送到映射空间的边界。

“君王号的维护记录显示，它是在品川空间站接受了为期 7 周的整修之后才飞过来的。”埃曾说。

“看起来有点道理。在远程航行之前，先给它做些整修。”

“它两个月之前才完成一次保养。这么短的时间内进行第二次整修完全没必要。”

品川空间站是太阳系外的主要船厂之一，船运公司和地球海军都会光顾这里。品川空间站之所以出名，不是因为它的机器人作业码头，而是因为它拥有数目巨大的装备存货，其中不少还是地球海军的装备。我忽然间明白了为什么君王号还要进行二次整修。“他们把地球海军的武器装在了货舱里！”这就能解释为什么它的货物清单上什么都没有了，因为完全没有额外的空间存放货物！

不论瓦基斯在打什么主意，他都打算好好保护它。

“要是地球海军发现了这件事，”埃曾说，“那泛核船运公司麻烦可就大了。”

“我们从这能看到君王号吗？”

“看不到，它在南部洞穴，占用了泊位 S-36 到 S-45。”

它这体积可真大，占据了整整 10 个泊位！

埃曾把君王号的登记信息投放在一个屏幕上。君王号看上去就像一个椭圆连起了两个被拉长的球体。尾部的球体装着两个反应堆，16 个引擎以每排 4 个的方式布置，前部的球体是指挥、控制和船员的居住区。船体两侧共有 10 扇长方形大门，就是说这条船有 20 个货舱，它有足够的空间可以改造成一艘货真价实的战舰，但是现在舱门紧闭，我也无法确认这一点。不管萨拉特到底在卖什么货，只要瓦基斯把它装上船，海盗们就伤不到它分毫了。

我就更不可能上去了！

“有多少船员？”我问道。

“最少12名船员，船上维生系统可以支持30个人。”

我只能假设船上有30个人，正常船员外加下巴男和疤脸男。君王号的超光速速度可能不及银边号，在正常空间内也会像鲸鱼一样迟钝，但如果我对于整修改造的猜测没有错的话，它的火力将非常惊人。

我正准备转身离开，但是埃曾又调出了另一艘船的资料。“这是港内唯一一艘快帆D级飞船，泊位是W-4。”

我一眼就认出了这条船。如果银边号是一条拖船，那么幸福号就是一条驳船。它的船体设计非常简单：船头有三个盒子一样的货舱，一边高一边低的上部结构后面接着一个巨大引擎。货仓上面还有容纳一打真空辐射货柜的磁力钳，但是我很少见玛丽用这些东西。这种设计被大多数货船采用，因为这样的设计既简单又实用。货船的涂装和以往略有不同，注册号码也做了改动，但是盖在老旧引擎上的引擎盖却无法改变。怪不得玛丽见到我那么紧张。她知道不论怎么伪装，我都可以一眼认出幸福号。

“就是它了。”幸福号在玛丽家中已经传承了三代人。虽然货船可能已经服役80年了，但是在精心的保养之下，它还是一条非常可靠的货船。

“根据港口的登记信息，这是万达利之愿号。飞船的船长叫艾斯敏·万达利。”

“艾斯敏？干得漂亮，埃曾。”

我知道玛丽偶尔会冒险，但是从没见过她赌上自己的营业执照。就算对她来说，使用虚假船只登记信息和其他船长的身份信息也实在太疯狂。不管她究竟有什么计划，我希望其中的利润足以弥补这么大的风险。

我倒是很希望弄明白其中的秘密，但是我必须在瓦基斯把我彻底踢出局之前找到萨拉特。

\·\·\·\·\·\·\

我试图睡一会儿，减少些在短时间内连续两次被下药的影响，但是睡了几分钟后，我闻到了一种强烈的香气。一开始我以为是在做梦，但是香气越来越浓烈，最后把我逼醒了。我房间的墙模拟出了一扇拉着窗帘的窗户，让人感觉这间屋子并不仅仅是一个金属盒子。模拟窗帘发出的光线照亮了弥漫在房间里的灰色烟雾。我听到一个男人吸气的声音，然后看到烟管一头的火光照亮了一张黝黑的脸。

我忽视了头疼，坐起来盯着虚拟窗户的右边，烟管的主人就坐在那里。蓝色的烟雾从纤细的烟管里冒了出来，除味器可能要花好几天才能清除房间里的烟味。

他摸进了我的飞船，绕过了埃曾的各种安保系统，然后在我的房间里舒舒服服地坐了下来，而且我插件上的接敌警告系统都没有启动。我试图锁定他的基因，但是我的插件却认为这个人并不存在，甚至看不到他的红外信号。我的嗅探器检测出房间里的烟雾来自普什图人种植的昂贵制毒植物，烟管里的叶子经过提纯，吸食的时候不会干扰人的正常思维。但是让我感到非常莫名其妙的是，嗅探器无法确认眼前的烟雾是从哪里冒出来的，而我此时正盯着烟管呢。

“做你这行的人，睡得浅一点也有好处，凯德船长。”

我眼前的这位不速之客说话带着一口颇有教养的共和国口音，我的监听器分辨出这种口音来自印度南部的卡拉拉邦或者泰米尔纳德邦，这刚好和列娜的情报吻合。

“我猜你就是穆库尔·萨拉特吧？”我的监听器能够分析他的口音，说明整个房间并没有被消音，消音的效果只存在于他身边。地球情报局多年以来一直想设计一种单人消音力场，但是所有的努力都以失败而告终，而他却拥有这种设备，看来他肯定有外星科技装备。

萨拉特点了点头，对于我能猜到他的身份丝毫不感到意外。他个子很高，头发不多，脸型消瘦，黑色的眼睛深深地凹了下去。他说道：“听说你想参加竞标？”

“你猜对了。”

“也许你还不是很明白，我那不过是召集各路买家而已。再说了，我很怀疑你这种人有没有钱能付得起账。”

“那你还破坏了我的安保系统，溜进我的飞船，然后用你的烟叶子搞得我的房间臭烘烘的。”

“我这人比较好奇。”

“好奇到非要打掉我的传感器，然后溜进我的船吗？”

“你就当这是在展示我的……供货商的实力吧。”

“你最好从现在开始祈祷我的工程师没发现你上船，不然你就等着吃裂肉枪吧。”

“哦，我听说你养了个坦芬人当宠物。我从来不关注他们，太难控制了。”

“那是你没取得他们的信任。”

“我倾向于付费服务。不过，这也就是我来这儿的原因。我已经稍微调查了你一下，凯德。你做决定太武断了，这样很容易给自己树敌。”

“大家不理解我罢了。”

“所以我才相信你真的是来我这买东西的，但是我的招商会已经满额了。”

“怎么可能满额？要真是如此，你又何必来我这儿。”

“也许我就是想看看你是怎么知道我的拍卖行的？”

“我是代表李杰康来的。他没告诉我任何情报，连要买什么都没说，只是让我把东西带回去就行。”

当你要撒谎的时候，一定要撒一个弥天大谎。李杰康是义武会的龙头老大，也是映射空间内最强大的中国黑帮。李杰康是现今人类十大富豪之一，而且他也是十大富豪中唯一一个非地球居民。李杰康是亚民联的头号通缉犯，而且鉴于他长期逍遥法外，他的存在已经变成了对亚民联律法机构最大的羞辱。就连地球情报局都找不到他，所以他要么是个幽灵，要么就是个天才。而他很有可能两者皆是。

“你还不知道我在卖什么货？”萨拉特问道。

“完全不清楚。”我说道，我希望萨拉特自己能把情报说出来。

萨拉特反复回味着我的谎言，然后说：“李杰康离这最少 1000 光年，你的话根本无法查证。”

这就是为什么列娜选择李杰康作为我的掩护。“我可以证明呀。”

“怎么证明？”

列娜给了我一个地球银行的电子密匙，足够我在这场竞拍中坚持下去。密匙是用我的基因进行加密的，而且能在映射空间内任何一个地方使用。电子密匙是在星系间转账的唯一手段，因为任何人都无法访问位于地球的中央数据库。在星际航行之前，全球银行系统也许会非常方便，因为那时候需要克服的距离尚且可以忽略不计，但是在星际航行时代，距离是无法逾越的障碍，星际间的距离限制了银行的发展。地球银行作为一个高度集中的机构，正在以人类历史上最分散的形式利用自己手上的数据。数以亿计的电子密匙散布在几千光年的范围内，每一个电子密匙都是地球中央数据库的副本，这样不论使用者距离地球有多远，都能正常使用账户里的资金。

我从船上的保险柜里拿出了长方形的电子密匙，然后在我桌上的扫描器上刷了一下。电子密匙扫描了我的基因，然后将账户明细发到了飞船的处理核心，房间内虚拟的窗户变成了一笔数额庞大的银行账目。我如果带着这些钱逃跑的话，下半辈子完全可以过得像一个国王。但是对我来说，银边号就足够了，不得不说列娜在这一点上还是很走运的。

萨拉特看了下我电子密匙里的金额，然后坐回原地，脸上露出信服的样子。

金钱在任何时候、任何星系都能为你开路，对于萨拉特这样的人更是如此。

“为什么李杰康要给你这么多钱？他怎么不派自己的人过来？”萨拉特问。

“也许李杰康更信任我。也许他不想让自己人知道他在干什么。”

萨拉特若有所思地叼着自己的烟管，说：“我知道你名声不错，凯德。”

“李杰康的钱也不错。”

“你还真不知道你要买什么？”

他这话一出口，我就知道他上钩了！“我就是开了条快船的代理人。我拿到货，然后送到他那去，他给我付一大笔酬金，然后我俩就分道扬镳。除此之外，我什么都不关心。”

“你大可以偷了这笔钱。这可比你的酬金多好几倍。”

“那我能带着钱去哪呢？我已经身处映射空间的边界地带。我要是从李杰康那偷钱，我都活不过一年。为他干活的话，我还能大赚一笔好好活下去。”

“还真是不错的计划。”萨拉特对我的说法很感兴趣，然后吐出一口烟，做出了决定。“欢迎来到千年拍卖会，凯德船长。”他站起身，在我桌上扔下一张数据卡，“咱们 10 天后见面。地点在数据卡里，千万别迟到啊。”

他走到房门口，然后说：“记住，你要是带着警察来，那你要对付的可就不只是我了。其他参与竞拍的人代表着人类历史上最富有、最强大的组织。你要是对他们构成威胁，那么被李杰康追杀可能真的不算什么了。”

“我相信李杰康也是这么想的，这就是为什么他雇用了我。我这人做事非常小心。”

“那我们就算达成共识了。”萨拉特转身离开了。

“你能告诉我到底要买什么吗？”

“去问李杰康。”萨拉特狡猾地说道，然后就转身进了走廊。

我跟在他的身后，想着赶紧陪他去气闸，免得他中了埃曾的埋伏，但是眼前的走廊却空无一人。人类设计了很多种让人隐身的衣服，比如隐身服、低视度服或者变色服，这些装备都可以让人更加难以被发现。我了解并且亲身用过这些装备，但是没有一个能如此完美地让一个人完全隐形。

这更加说明萨拉特使用了大量外星科技，但是具体是什么科技，以及他是如何获得这些科技的，还不得而知。

埃曾蓝绿色的大眼睛看来看去，不停扫视着眼前的一切。他生气的时候才会这么干，他似乎是在寻找惹他生气的罪魁祸首。我只能解读少数几个面部表情，根本猜不透他在想什么。

“亚斯在昨晚船上时间 2 点 5 分的时候通过了气闸回到船上。”埃曾在工程舱研究着安全记录，“然后在 2 点 45 分又离开了船。”

“那绝不可能是亚斯。”我说。

“增压栈桥闸门和我们自己的气闸传感器在打开之前，都扫描到了他的基因，但是靠近气闸的外部传感器还没修好。”

“那家伙叫穆库尔·萨拉特，用的是外星科技。”

“具体是什么科技？”埃曾合成的声音还是一如既往的冷静，但是他盯着我的样子让我感到非常不舒服，就好像我是他的猎物一样。

“我不知道，但是我打算查清楚。”

这种外星科技可能来自猎户座悬臂的文明，也有可能是人类很少接触到的映射空间外的文明。这些文明都有隐形的技术，就连历史比我们长一万年的阿瑟拉人都能做到这一点。阿瑟拉人的技术和我们最接近，但是其他文明的技术远远超过了他们。马塔隆人有充分的动机对我们发动攻击，但是他们极端排外，从不相信其他任何种族，更别说听一个人类叛徒的话了。或者说萨拉特不是叛徒，而是个骗子。

“你从在气闸那里打下来的无人机上发现什么了吗？”我问道。

“什么都没发现，船长。它并不属于任何已知的人类设备，但是制造技术却在人类技术范畴内。”

“那从零部件上能找到线索吗？”

“全部是用来自地球的材料组装的。”

“所有部件？”我一脸狐疑地问道。

“我可是进行了非常细致的冶金学分析，船长。”

“你难道不觉得奇怪吗？”经过 3000 年的工业化之后，地球的工业越发依赖其他星球提供的资源。

埃曾犹豫了一下，对于自己的疏忽非常惊讶。“从统计学角度来说，不可能所有部件全都用地球产的材料。”

有人为了掩盖自己的身份大费周章，以至于他们移交给萨拉特的无人机特地使用了地球产的原材料。

“进入哈迪斯城的监控系统，找到亚斯。”要是萨拉特使用外星科技骗过了气闸的基因扫描器，那么他绝对不可能知道我的副驾驶的基因密码。他只能通过跟踪亚斯才能得到基因密码。

“这得花点时间，不然他们就会发现我。”

我非常相信埃曾能够悄然无息地进入城市监控系统，但如果亚斯有麻烦了，我不可能让他在外面乱逛。我从列娜给我的数据库里调出了城市监控系统的访问密码，然后写给了埃曾：“用这个。”

“船长，你怎么找到这个密码的？”

“你在哈迪斯城什么都能买到。”

他并不相信我，但还是马上使用了密码。他花了不到两分钟的时间就找到了亚斯，而我不得不再去一趟红灯区。

地狱犬酒店位于红灯区林荫大道的正中间，是哈迪斯城第三豪华的赌场。赌场里全是漂亮的姑娘和赌博机，二者都能以惊人的效率抽干男人们口袋里的钱。亚斯对这种地方完全没有抵抗力。他的房间在30楼，套间里不乏各种花哨的装饰，可以在那看到红灯区的灯光，还能享受按摩浴缸、装修豪华的客厅，到处都是红色的地毯和镜子。

等我到门口的时候，看到门上闪着“请勿打扰”的标志。门上还有一个针尖大小的黑洞和洞口周围黑色的焦痕，这说明锁已经被烧掉了。我悄悄地溜了进去，发现房间里一盏灯都没开，只有外面街道上的灯光照进房间。现在是当地时间早上 5 点，亚斯可能和别的姑娘在其他套房里鬼混，但是当我走进卧室的时候，我的插件检测到了一个热能信号和大量的化学残留物。

我看到亚斯和两个漂亮姑娘赤身裸体地躺在大床上，但只有亚斯还能探测到正常的热能信号。我摸了下其中一位姑娘，我的插件很快就发现她的体温和室内温度差不多，已经死了最少五个小时了。

我的插件分析了从她身上擦到的汗水和油脂，然后弹出了一个警告，因为它侦测到了大量的蓝梦和尖啸者，注射的剂量足够杀死一头阿斯科利雷兽。蓝梦是一种致幻剂，尖啸者则是一种性兴奋剂。但是二者如此大剂量的混在一起，就变成了毒药。

我甚至都不用检查另一位姑娘，只要看一眼就知道她已经死了。

“亚斯！”我扇了他一巴掌，大声呼喊着他的名字。他咕哝了几声，但是眼皮却动都没动。我狠狠地晃着他，喊道：“亚斯！能听到我说话吗？”

“船长？”他嘀咕道，脑袋扭到了一边，但是眼睛还是没睁开。

我用插件检查了下他的身体，没有发现特殊的伤口。但是当我检查到他脚底的时候，目标指示器标记出了一个直径 2 厘米的擦伤。萨拉特就是从这儿获得了亚斯的基因密码。不论他用了什么技术骗过了太空港的锁定系统，它还是需要一份组织样本才能正常工作。我可以在不碰到嫌疑人的前提下直接扫描他的基因，但是基因检测器只能借助样本跟踪基因特征，没有基因样本也就不能欺骗基因锁定系统。

亚斯和旁边死掉的姑娘一样，皮肤上正在往外渗透微量的尖啸者。幸运的是，他的汗水里只包含微量的蓝梦。他们给他的剂量刚好让他睡了过去，给他留了条命。我猜萨拉特知道杀了亚斯只会让我找他复仇，但是让亚斯和两个死掉的姑娘联系到一块，就能让亚斯在监狱里待很久。而我为了完成任务，只能把亚斯留在哈迪斯城。

我拉着亚斯走进浴室，然后把水温调到最低淋在他身上。凉水使他瑟瑟发抖，终于睁开了点眼睛。

“快醒醒！”我喊道，“我们得离开这！”

“你……在这干……吗？”

“你被人下药了。血溶性毒品。”

他的脸上写满了疑惑。“我没……嗑药啊……我……这次……很自……律。”

“我知道。赶紧把衣服穿上！”

“姑……娘们……呢？”

“她们死了。”

“啊？”

“反正不是你的错。”这都怪我，让他一个人到处晃荡。我完全没有想到萨拉特会利用他来对付我。

亚斯转过身吐了起来，我回到卧室让两个姑娘的尸体挨在一起，看起来她俩像是一对。我把亚斯的房间钥匙放进一个姑娘的钱包里，然后在她们的手提包里装了些赌场筹码，伪造出“亚斯用筹码给她俩付钱后让她俩在房间等他回来”的假象。亚斯的包里还有蓝梦和尖啸者的药片，使他看起来就像个药贩子。我拿了几片塞进一个姑娘的手提包里，然后把其他的都冲进了马桶。要是我们够走运的话，床上的姑娘不过是妓女而已，而联合警察会以为是她们自己嗑药过量。亚斯的生物标记到处都是，但如果我们留下亚斯的包和备用衣物，联合警察可能会以为他还会回来。

亚斯跌跌撞撞走进卧室，擦干了身上的水。我帮他穿好了衣服，然后带他走到门口，让门上“请勿打扰”的标志一直常亮，希望这样能为我们争取一点时间。距离清洁工进房打扫卫生还有十个小时。等到当地警方开始寻找亚斯的时候，我们已经离这个星系远远的了。

等我们到了一楼，我架着亚斯从一张张赌桌中间挤到了门口。警卫看了我们一眼，以为我俩不过是打算回家的酒鬼，就没阻止我们离开。等一出去，我就带着亚斯坐地铁回到了太空港，希望下一个发射窗口不用等太久。我们还没有计划离开，但是如果现在交通繁忙的话，我们可能要等几个小时才能起飞。而这几个小时，足以让当地警方抓住我们。我在想要花多少钱才能让港口管理员把我们的名字提到等待名单的前列，但是如果红灯区死了两个姑娘的事情传开了，我想我花多少钱都没用了。更糟糕的是，这个城市的防爆门足以抵挡住一次小型彗星撞击，所以我们是不可能炸开门逃出去的。

哈迪斯城可能不过是个鼹鼠洞，但我们要再不走的话，这里就会变成为我们准备的捕鼠器。

回到银边号之后，我把亚斯扔回床上，让他好好休息。我先向港口管理员请求最近的发射窗口，然后回到自己房间研究起了下一站的目的地。在我打开萨拉特的数据卡之前，先给扎蒂姆打了个电话。

“西瑞斯，你找到要找的人了吗？”扎蒂姆问道，他的胖脸上全是一副刚睡醒的样子。

“他找到我了，但这不是重点。重点是，你有个手下还是不懂怎么保密。”

“你怎么知道的？”扎蒂姆一脸狐疑地问。

“有位竞争者发现了我对萨拉特也很感兴趣。”瓦基斯知道我试图加入竞标的唯一方式就是扎蒂姆的人走漏了消息，“鉴于咱俩现在又是一家人了，我觉得你应该知道这事。”

“我马上就去处理这事。”扎蒂姆恶狠狠地说，“你连自家亲戚都不能信任，这才是最让我难过的事。祝你旅途顺利，我的朋友。等你改天回来，我们一起好好赚一笔。”

扎蒂姆的脸从我的桌子上方消失了。我扫描了下萨拉特留下的数据卡，一个和地球差不多大小的行星出现在我面前。星图数据显示在星球投影的两边，我一眼就能看到相关的关键数据。行星的南北半球几乎完全一样，放眼望去是一片冰天雪地。赤道有一片 700 千米宽的海洋，温度勉强保持在冰点之上。赤道洋面之上满是冰山和若干群岛，而在西半球，一条 1000 千米长的植被带是整个大陆唯一暴露在冰川之上的陆地。

我几乎不敢相信眼前看到的一切。这颗行星就是玛丽在互助会办公室搜索的那颗星球，当时她一直在交易所寻找有关这颗星球的合同。现在我知道她为什么要来哈迪斯城了。她要么准备参加萨拉特的拍卖，要么就是打算偷走拍卖品。

我对着船内通信器愤怒地喊道：“埃曾！”我真希望玛丽这次能够相信我，告诉我她的真实目的。

“怎么了，船长？”埃曾的回话一如既往的镇定。我完全不能从他的语气中发现他是否感受到了我的愤怒。

“万达利之愿号离港了吗？”

对讲机另一头沉默了一会儿，我猜埃曾一定正在低头检查登记信息。“已经离港了，船长。它在 3 个小时前离港的。”

“知道它的目的地吗？”

埃曾又沉默了一会儿，然后说：“根据显示的飞船飞行计划，它正在飞往阿克尼亚星云。”

“她在撒谎！”阿克尼亚星云除了渡鸦帮，就是采集气体的矿工。“咱们的发射窗口情况如何？”

“我们在发射队列的第八位。”埃曾说，“143 分钟之后我们就可以离港了。”

我关掉通信器，然后看着眼前的荒凉世界。映射空间内最有钱的人渣们即将在这颗冰雪星球上开始一场拍卖会，而拍卖的商品将威胁到人类是否能拥有一个跨星际文明的未来。

对于映射空间的居民来说，这颗行星叫作冰顶星。

03
冰顶星

低宜居度世界

奎沙星系

天琴座外部地区

1.03 个标准地球重力

距离太阳系 1204 光年

常住人口 42 000

通往冰顶星的航线是人类最危险的航线之一。钛塞提人 2000 多年前向人类移交了一批星图资料，包含了银河系不到 0.5% 的空间，但是冰顶星在资料覆盖范围之外 4 光年的地方。钛塞提人移交的资料让我们最远可以航行到距离地球 1000 光年远的地方。单凭人类自己是无法达到这么远的航行距离的。宇宙中大概 1/4 的质量来自暗物质，它移动缓慢，而人类当前的技术无法检测到暗物质。但是，只要有足够的重力干扰，还是可以破坏脆弱的时空泡泡，造成毁灭性的后果。一艘飞船在超光速状态下越快，那么超光速泡泡造成的空间扭曲就越严重，触发重力性坍塌的可能性就越大。银边号最快可以达到 1350 倍光速，由周围环境造成的时空扭曲完全可以在一瞬间摧毁我们的超光速泡泡。正因为暗物质一直对星际航行导航造成威胁，所以钛塞提人才精确定位了大量对导航造成危害的暗物质陷阱。

暗物质对导航的影响限制了星际文明的早期扩张，各个文明被暗物质困在小范围内长达几万年之久。一开始迈入太空时代的种族并不多，但是数量逐渐增多。每个种族都在探索家园世界附近的空间，虽然在此过程中损失了大量人力和飞船，但是技术也在逐渐进步。当早期文明相互之间发生接触之后，虽然偶尔会爆发冲突，但是逐渐学会了共存、分享知识，共同完成了对整个映射空间的测绘工作，为一个真正的银河系文明的建立奠定了基础。

这不是一个由单一种族统治的银河帝国，而是一个各个种族都能参与的组织。虽然组织内各个种族的发展程度不一，做出的贡献有多有少，但是都得到了银河系律法的保护。人类当前处于观察期，还不是准入协议的正式成员，所以只能拥有 0.5% 的银河系星图。当然，只要人类能够遵守规定，就能成为银河系文明的正式成员，还能获得上百万星系的资料。

但是，让所有的人类都遵守规定真的很难。

第二次观察期再过 50 年就结束了，人类就可以在银河系议会中获得永久席位，与其他上万个古老的文明平起平坐。这只是进入银河系并且能够表达自己意见的第一步，虽然人类的话语权还不是很有分量，但是有总好过没有。分享有很多种，每一种都需要人类自己去争取，但是现阶段我们只需要专注于获得最低级别的银河系公民权。等人类文明成为银河系议会的高级成员之后，人类文明将发生翻天覆地的变化，人类的进化史也将脱离智人的范畴。早已经历了这些历程的文明深知其中的艰辛，而这场进化的旅程绝对没有捷径可走。

对于一个 20000 年前还在使用石器的种族来说——20000 年对

于宇宙不过是一眨眼的工夫——进化与发展所要消耗的时间让人望而却步。但是，进化是一个公平而且讲究原则的系统，每一次进步都源自自己的努力，没有任何一个种族能够投机取巧。正是这种系统性的公正才能让银河系中的所有文明，不论各自历史的长短或是科技程度的高低，都能联合起来拥护银河系议会，并且联合起来对抗那些威胁到这套体系的种族。

钛塞提人提供的资料对于人类不是一种限制，而是一种激励，向我们证明了加入银河系议会、遵守银河系律法的好处。我们大可以派遣飞船探索钛塞提人提供的星图之外的空间，但是我们走得越远，风险就越大。因此，映射空间决定了人类星际文明的实际活动范围，它正在随着我们的探索变得越来越大。

冰顶星距离映射空间的边界 4 光年，远在我们通常活动范围之外。鉴于星际航行中风险重重，发现这颗行星可以算得上是人类对映射空间的扩张做出的贡献。我们之所以选择探索冰顶星，是因为它看上去那么美好。天文观测发现了一颗位于奎沙星系的行星，它的尺寸和所处轨道都很适合人类居住。这颗行星围绕着一个 G 类恒星运行，恒星的年龄也恰到好处，这让它有希望成为新的地球。我们可以用相对安全的亚光速泡泡进行航行，但是就算达到半光速航行状态，我们也要花 8 年才能到达冰顶星。大概 150 年前，为了确保对冰顶星的所有权，人类派遣了一支海军测绘队去寻找一条通往冰顶星的航线。发射的前六个机器探针纷纷毁于暗物质重力效应，但是经过不断的失败和尝试，终于建立起了一条通往冰顶星的航线。当地球海军发现暗物质的位置之后，能够根据每个危险源的研究结果测算出正确的路径。真正的威胁源自那些尚未发现的暗物质，它们会缓慢移动到标定的航线上。自从通往冰顶星的航线开通以来，还未发生这样的事故，但是一旦发生，后果不堪设想。

所以，每次飞往冰顶星都是一次赌博。

当地球海军完成测绘之后，他们发现星系中第四颗星球所处的位置勉强可以保证液态水的存在。冰原上 70 多座活火山所释放的温室气体足以保证地球赤道勉强宜居，但是并不能融化覆盖北半球大陆的冰层或是解冻南半球冰封的海洋。丰富的海洋生命制造出了一个可以呼吸的大气，而赤道地区暴露出来的土地则可以发展亚寒带农业。但是充满冰山的海洋却被认为是理想的渔场，产量可能足以和地球媲美。这片冰冷的海洋吸引了大量来自核心星系的投资，这些投资被用来建设渔场和基础设施，为未来的商业捕鱼打下了基础。

正是因为冰顶星是一个在太空中旋转的大冰球，所以其他文明才没有将它殖民，这对于人类来说是一件很幸运的事情。如果我们提升了星球温度，那么它还有可能成为一个新的地球，但是这将耗费很长时间。行星改造的风险和费用让地球议会举棋不定。尽管如此，他们还是在冰顶星建立了一个小型聚居区，以此宣布我们的所有权：就算这里是一片冰天雪地的荒原，也是人类的家园。

在冰顶星着陆非常简单。由于轨道交通并不繁忙，而且也不需要躲避残骸，我们很轻松地按照当地空管的引导光线进入了大气层。这里的停机坪通常一个月都见不到一艘飞船，但是我们很快就发现自己是 48 小时内降落的第七艘船。我们刚关闭引擎，穆库尔 · 萨拉特就发来了有关见面地点的信息。

当尘埃落定之后，飞船外部的光学探测器捕捉到了清晰的图像，让我们能仔细观察停机坪上另外 6 艘飞船。巨大的君王号占领了南部的停机坪，我们和它相隔好几千米，而玛丽的幸福号距离我们不过百米。其他飞船都停在北边的停机坪上。距离我们最近的是一条装饰奢华的游艇船，游艇船的船身每一处细节都在向周围的人炫耀着自己主人的荣华富贵。在更远一点的停机坪上，停着一艘秉承实用主义的亚民联货船和一艘星系渡轮，货船结构非常简单，看上去就是由装货柜的方形骨架、乘员舱和推进器组成的。在太空港的最北端，有一艘半圆柱形的船孤零零地停在那里，它看上去非常老旧，船体侧面还有可疑的黑色伤痕。

“那艘游艇来自核心星系空间。”埃曾说道，他已经来到了舰桥。他一如既往地研究着港口的登记信息。“游艇叫羚羊号，船主的名字还不知道。货船来自新成都，登记信息上说它装的都是机器零件，但是自从着陆之后就没卸下任何货物。那条渡轮属于穆库尔·萨拉特。最后那条应该是一艘矿石运输船，它叫柏树谷号。”

埃曾从不在脸上显露任何表情，但是可以从他的话里听出他非常怀疑最后一艘船的真实身份。眼前这艘所谓的矿石运输船，很明显就是一艘老旧的海军义警级小艇。这条船最起码有 200 岁了，而且船体外壳看起来已经几十年没有接受保养了。义警级飞船通常装备一门重武器和重型护盾，但是在退役前，地球海军会把所有的装备都拆掉。即便如此，把它从废船厂里捞出来的人，完全有可能用黑市武器重新武装它。

“那条船的船长叫什么？”我问。

“港口登记里没有相关信息。”埃曾回答道。

“我怀疑港口管理局根本就没问过这艘船的级别。”

“他们确实没有进行过询问。”

当地管理局的人要么是无能到令人发指——连矿石运输船和二手的驳船都分不清，要么他们就是收了钱，决定对眼前的可疑船只睁一只眼闭一只眼。

“那肯定是渡鸦帮的船。”亚斯说，“你看看船体的伤就知道！”过了一半的航程，亚斯才从萨拉特的毒品后效下慢慢恢复，而我在剩下的时间里不停说服亚斯不要飞回去报仇。

“天黑之后，派一个检修机器人过去，好好看看它都有什么武器装备。”我好奇地扫视了一下其他飞船，“把它们全都查一遍！”

“我今天下午就去准备机器人。”埃曾说。

我打开自动导航系统的全息投影仪，然后输入了萨拉特提供的坐标，打算研究下我们下一站的目的地到底在哪里。我只告诉亚斯和埃曾，这次来是为了买一件非法货物，等货物到手后，就有买家负责收货，所有的收益在支付了运行成本之后，按照惯例三人平分。“亚斯跟我来。埃曾，你待在船上。在这颗行星上你只能是死路一条。”

“我要出去的话，还得穿一件重型隔热服。”埃曾完全同意我的说法。坦芬人不喜欢低温环境，而且暴露在低温环境下对他们是有生命危险的。

一个不停闪烁的标记显示在峡湾的西部。这里是整片大陆唯一没有被冰雪覆盖的地方，也是我们现在的位置。一道山脉从大陆中部拔地而起，形成了大陆两侧的峡湾。银边号停在苔原镇的外面，这个镇子是整个星球上唯一一个规模较大的聚居点，它同时肩负着海港和太空港的角色。在峡湾的东面锚地还有一个小镇，捕鱼船队可以在那里进行紧急维修和船员轮替。连接南北半球的海洋上还有各种岛屿，虽然大多数无人居住，但是捕鱼船队会选择个别岛屿作为补给基地。从苔原镇开始，覆盖赤道海洋 1/3 的群岛，是冰顶星上唯一的岛链。

“我们下一站就去这里。”我指了指岛链上的一个小岛。萨拉特的信息里包含经度和纬度，而银边号的数据库里正好显示出了目的地的名字：龙牙岛。

亚斯好奇地打量了下全息图像，然后耸了耸肩，说：“我们大老远飞过来，然后还得绕着这块冰球跑大半圈，才能去完成这笔交易？”

“因为那边没人会注意我们。”我说。

冰顶星只有 3 颗日益老化的通信卫星等距分布在轨道上，苔原镇的联合警察分局又缺乏全球监控的能力。鉴于星际导航危机四伏，地球海军一般也不会派遣护卫舰来这种地方。他们要真来了，肯定是要轰炸整颗星球。如果真的需要支援，地球海军更有可能是用货船送来一群可以随意消耗的步兵。地球海军的联络官一年会来几次，每次仅仅是坐着补给船来这进行视察，地球议会对这里的影响也就限于此了。虽然冰顶星非常荒凉，但是仍然能找到人类文明的存在。

不论萨拉特要卖什么，他都是在铤而走险。

萨拉特为我在飞往龙牙岛的超音速飞机上预定了个座位。一名渔夫收了我的钱，然后把座位让给了亚斯，我又给飞行员付了一点钱，免得机组成员有异议。

这架飞机不过是低轨道超音速机群中的一部分，这个机群负责为各个补给基地运送人员和物资，捕鱼船队必须依靠这些基地才能正常运行。飞机上的味道和太空港、苔原镇的味道闻起来一模一样——充斥着鱼的味道。海洋生物是这里的支柱产业，所以这也毫不奇怪。135 年前，第一批浮游植物和大西洋鳕鱼被投放到了当地的海洋之中。它们很快就适应了当地的低温海水，这有赖于它们在地球先期完成的基因改造。几十年后，冰顶星海洋里到处可见源自地球的生物，商业捕鱼也得以正式启动。当地的海洋生物在习惯了地球浮游生物的味道之后，数量大幅上涨，这算得上是这场生物移植工程对它们的唯一影响。

当地海洋中有一种移动缓慢、随洋流移动的大型水生生物数量迅速增长，以至于经常被捕捞鳕鱼的渔网捉到。渔夫们把它叫作“浮鲸”，但是这种生物既不呼吸空气，也不是哺乳动物。它们对于当地经济唯一的好处就是：它们身上的脂肪能够用来燃烧取暖，但是肉却无法食用。

这架飞机上有30个座位，两侧还有小窗，我们可以看到向南延伸的冰层和从冰架上脱离的冰山慢慢漂向赤道洋流。有时候，还可以看到大型的渔业加工船拖着渔网捕捉鳕鱼和浮鲸。几个小时之后，大片的冰原变成了白雪皑皑的冰山和冒着浓烟的火山。

我们很快将火山吐出的浓烟甩在后面，飞机俯冲降低高度，开始用三角翼滑翔。一座座高低不一的石塔矗立在波涛汹涌的冰冷海水中，看上去就好像一根根独立的石矛。看着下方冰冷的深蓝海水，我突然间反应过来我和亚斯的隔热服是多么单薄。渔夫们都穿着黄色的全身自封式浮力服，他们就算被大风吹到海里也可以活命。而我俩穿的隔热服可以抵御寒风，但是掉进水里只能活30秒。

飞机拉平高度，在黑色的石塔旁边飞行。海浪抽打着石柱底部，激起的白色泡沫瞬间被寒风吹散，而石柱的顶端则消失在几百米低空的云层之中。大多数高耸入云的石塔上都修建了停机坪，这些停机坪都从石壁上挖出的洞穴里突了出来。等我们经过了20多座石塔之后，飞机突然转向，放下起落架，然后毫无优雅可言地降在了停机坪上。停机坪上的磁力钳牢牢抓住了飞机的起落滑橇，免得飞机被大风吹下去。一圈纤细的金属杆从停机坪周围升起，形成一个看不见的压力墙，让飞机免受强风的摧残。

等舱门打开之后，刺骨的海风灌入机舱，渔夫们赶紧离开了飞机。

我们跟着他们穿过停机坪，进入开凿在巨石之内的机库，穿过压力墙的强风让我们印象深刻。

亚斯看了一眼波涛汹涌的大海，漂浮在海面上的是一座座冰山，海浪掀起了一朵朵浪花。他顶着呼啸的海风喊道：“谁会想住在这种地方？”

“你知道地球的市面上还有多少真正的鳕鱼吗？”我喊道，心里只想快点钻进机库。虽然压力墙可以保护我不被海风刮进大海，但是对于水的恐惧还是让我觉得非常危险。

只要一听到钱，亚斯的眼光立马就变得非常饥渴，他问道：“在这儿能赚多少钱？”

“够一个人在这里签 5 年的工作合同。”当我看到他脸上闪过一丝感兴趣的表情，我问道：“你想换工作了？”

他看了眼寒风呼啸的大海，摇了摇头，说：“门儿都没有。”

机库入口处还有一个压力场，我们穿过它之后就能感受到温度明显高了不少，海风的呼啸声也变成了若有若无的呼号。入口处还有一扇巨大的金属门，当压力场不能抵御大风的时候，可以放下大门保护机库。机库内部还停着 3 架小型通用飞机，它们的职责是向加工船运送替补船员和物资，以及联系其他有人居住的石塔。机库的空间有限，不足以容纳那架重型超音速飞机，但是返程的乘客已经开始登上飞机。这些渔民已经完成了为期 3 个月的海上作业，现在可以回到苔原镇好好休息。

人们在机库之下还挖出了仓库、小作坊、小型医院和住宿区，足够上百人在这里工作和生活。鉴于这里海况复杂，所以并没有为捕鱼船队设立码头，所有人员、物资都只能依靠空运。

穆库尔 · 萨拉特穿着一件浮力服从机库后面走了过来。只需要看一眼，我就知道他的浮力服要比渔民们穿的型号更贵，说明他是这颗人迹罕至的星球的常客。“凯德船长，”萨拉特走了过来，说道，“欢迎来到冰顶星。”

我俩握了握手，但是我的插件无法透过浮力服的手套扫描他的基因。和他上次拜访我的时候一样，我的插件无法找到关于他的任何信息。他装备了高级的科技设备，能完美屏蔽我的扫描，但是他的装备只能保护他自己，我的插件可以获取在场其他人的信息。我隐藏着自己心中因为被他人技术碾压的愤怒，我说：“这是亚斯·洛根，我的副驾驶。”

萨拉特一脸吃惊地看着亚斯，让我更加确认他是想让我把亚斯留在哈迪斯城。事已至此，萨拉特向着亚斯伸出了手，说：“欢迎你。”

“我们见过面，”亚斯说，拒绝和萨拉特握手，“你忘了？”

萨拉特慢慢收回手，小心翼翼地看着我说：“凯德船长，咱们有什么问题吗？”

我看了亚斯一眼以示警告，然后说：“没，咱们一切正常。”

萨拉特看了看亚斯，然后指了指电梯说：“这边请。”

电梯带着我们从石塔中部直接来到一间非常宽敞的顶楼套间。我们走出电梯就来到一间宽敞的休息区，整个房间有 3 扇落地窗，窗子有额外的压力场和金属挡板保护。房间里有复古的装饰品和浮鲸皮做的扶手椅，透过窗子能看到外面的冰山，虽然压力场的干扰让窗外的景色多了一层朦胧，但是依然非常壮观。

“这套顶层套房属于冰顶星一支捕鱼舰队的所有者，”萨拉特在我们欣赏风景的时候说，“我从他手里租下了这间套房，专门用来举行这次拍卖会。”

“我看捕鱼业还真是很赚钱啊。”亚斯说道。一个表情严肃、留着军队样式发型的人带着便携扫描仪向我们走来。

这名警卫很快就发现了我们的武器,但是我们并不想就这么交枪。

“等你们离开的时候，我们就把武器还给你们，”萨拉特向我们保证道，“我的警卫会确保你们的安全。”

“有比我在哈迪斯城还安全吗？”亚斯突然问道。

萨拉特一脸狐疑地看着亚斯。我还以为萨拉特会让警卫把亚斯扔出去，但是萨拉特缓和了下口气说道：“在这里，你是我的客人。在哈迪斯城，你是潜在的威胁。你大可以接受我的好意，不然请你现在就离开这。”

“我们接受你的好意。”我说着就交出了自己的 P-50 手枪。亚斯依然拒绝交出武器，我狠狠地盯了他一眼。我知道亚斯宁愿先对着萨拉特开几枪，然后再接受他的好意。但是，亚斯抑制住了心中的怒火，然后把自己的两把速射枪交给了警卫。

气氛一下子就缓和了下来，萨拉特带我们穿过一个走廊，来到了中央客厅。“我们距离石塔的顶峰不过 10 米，顶峰上有个瞭望台，但是我不建议上去。上面的风速很强，而且温度也很低，每年的这个时候尤其严重。”

萨拉特带我们来到一间放着单人床和浮鲸皮沙发的房间。我的插件在房间内发现了十几个红外信号，想必这些都是用来监视我们的窃听装置。

萨拉特指着单人床说：“不好意思，我以为你只会一个人来。”

“我们也没打算待多久。”我说。

“你们在这里要待两天。整个拍卖过程就要这么长时间。”

我一脸疑惑地看着他，说：“这还真是一场漫长的拍卖会啊。”

“卖家的习惯就是如此。”

“你不是卖家？”

“我不过是中间人罢了。”

“那卖家又是谁？”

“你很快就会见到他了，”萨拉特说着，走向了门口，“午餐之后就是见面会和第一轮竞价。”

萨拉特离开房间，顺手带上了房门。亚斯马上转过来说：“船长，那家伙杀了两个姑娘！都是我的朋友！而且还给我下药！”

“我知道。”

“我要用手雷炸死他！”

“不行！我们来这里就是要把他的拍卖品弄到手，然后撤退。忘了你的复仇大业吧，不然我就把你塞进下一班离开这里的飞机。”

亚斯牙关紧咬，努力控制自己的怒火。他并不知道我所说的一切都是为了应付房间里的窃听装置，萨拉特肯定在监视着我们的一举一动。

亚斯吼道：“船长，你得答应我，等这一切完事之后，你得让我对付他。”

“不行，我和萨拉特有约在先，而且你也得遵守它。”等这一切结束后，我要亲手对着萨拉特的脑袋来一枪，这倒不是为了那两个姑娘，而是为了死在他手上的两位地球情报局特工。

“天啦，船长，你到底是怎么了？”

“这笔生意非同小可。”我接下来说的话全是在应付萨拉特的监听器，“如果你还想做这笔生意，那就老老实实按照我和萨拉特的规矩来。”

亚斯正准备发火，但也开始相信我说的话，他慢慢冷静下来，然后说：“听你的，船长。”

“很好，你好好表现，我们拿了东西离开之后，就能赚到这辈子最丰厚的赏金了。”我说着，心里把任务报酬又提高了一点，多出来的钱全都可以给亚斯。

萨拉特现在应该自以为完全了解我了，他一定以为我来这里就是为了钱，所以我的行为动机都很好预测。这次行动容不得我们进行复仇，但时机来临的时候，我一定会对付萨拉特，亚斯到时候就会明白了。

\·\·\·\·\·\

午餐的鳕鱼直接送到了我们的房间。午饭过后，一名穿着晚礼服的壮硕警卫带着我们来到了一间长方形的会客厅。会客厅的一面墙完全是压力场保护的落地窗，透过落地窗依稀可以看到 2000 米外的一艘捕鱼加工船，它正停在原地等待小型飞机为它补充物资和船员。会客厅其他的墙面是由抛光的石头组成的，墙面上描绘着冰冻的荒原和浮鲸的骨头，会客厅的石头地板上雕出了类似瓷砖的效果，这种装饰毫无用处，而且造价一定让人咂舌。在房间的另一头，地板和天花板上都装有圆形的金属盘，这些都是高保真全息通信系统的一部分。

萨拉特在房间里等着我们，在场的还有玛丽、瓦基斯和另外 3 个我叫不上名字的人。玛丽看到我时大吃一惊，而瓦基斯则对我视而不见。我对着玛丽狡黠地一笑，让她以为我知道会在这里遇见她。这是我俩的小游戏，看看我俩谁更聪明，我让她以为从一开始我就看透了她的计划。从两年前在加利斯相遇开始，我俩就沉迷于这种游戏，当时她说服一位水基农产品商取消了和我签订的合同，然后抢走了我的生意。这完全是属于我们的打情骂俏，和星际贸易毫无关系。

和萨拉特站在一起的另外3个人打量着我，盘算着我究竟能造成多大的威胁。我锁定了他们3个人的基因，但其中被通缉的只有凶神恶煞的甘多亚。他穿着色彩艳丽的绸制衣服，齐肩的头发扎成辫子，络腮胡子上串着夺目的珠宝。他名列人类最危险的100名通缉犯名单，要不是现在情况特殊，凭着他血迹斑斑的犯罪史我就会把他就地正法。另外两个人中一个是矮个的中国人；另一个是个头高一点的民联商人。他俩穿着裁剪得体的西装，让人觉得他们应该待在董事会的会议室，而不是和甘多亚这种冷血杀手待在一间屋子里。

我们互相礼节性地点头致意，然后我看到瓦基斯盯着我，我笑道："你有没有找别人去道禅基地送信？"

瓦基斯生气地盯着我说："等这事完了之后，你就会后悔没接受我的提议。"

"那是当然，那种机会可是千载难逢。"我挖苦道，然后对着玛丽说，"我真不放心你一个人来滑雪。"我借此暗示，我也知道她在哈迪斯城寻找前往冰顶星的合约。

"西瑞斯，你在这干什么？"她问道。

"我来这的目的和你一样，只不过我这次赢定了。"

"夫仁者，己欲立而立人，己欲达而达人。"那个矮个的中国人说道。

我知道他在引用古人的话，但是想不起来出处何在，于是我说："赢了总比输了好。"

"但有时候赢了也会死人的。"甘多亚狠狠地盯着我，"对于那些无法保护胜利果实的人尤为如此。"

"我从来不会为这种事情发愁。"我说着，盯着他的眼睛，向他发起无言的挑战。说不定我可以让他先动手，这样我就可以在不引起怀疑的前提下干掉他。

“我有必要提醒各位，”萨拉特试图缓和紧张的气氛，“在场的各位都是我的客人，我不允许任何不愉快的行为。”他看了一眼我和甘多亚，然后走到全息通信器边上，挥了挥手，让警卫们为我们端上饮料。“感谢各位能够如约而至，”萨拉特说，“我相信各位都知道躲避当局的监视对于一名成功的投标人来说是多么的重要。现在，让我来介绍一下。”他先介绍了那个中国人：“博强先生，一位守法的律师，此次代表一位来自地球的外星物品收藏家参加竞标。在他旁边的是甘多亚先生，代表……一个规模庞大的集团。”

萨拉特说的所谓的集团指的是海盗兄弟会，他们唯一的业务就是抢劫偏远航线上的货船。甘多亚不仅是一位臭名昭著的杀人犯和小偷，还是当地最大的犯罪团伙——渡鸦帮的领导人。渡鸦帮作为兄弟会在该地区的分会，势力范围辐射天琴座外部地区以及更远的地方。停在太空港的那艘老旧的海军小艇肯定是他的，等我们拿到竞拍品之后必须赶在他起飞之前离开这里。

“下面我们有请布雷克里奇先生，他旗下拥有一家联合矿业集团。接下来是我们美丽的杜伦船长，她代表商业互助会参与竞标。”

我听到互助会居然参与到这种见不得人的勾当不禁大吃一惊，但是我努力压制住自己心中的惊讶。互助会通常会遵纪守法，因为他们需要地球海军为他们提供保护和在海军控制下的港口的着陆权。我现在终于明白为什么玛丽可以使用伪造的船长信息和飞船信息登记了，因为这些信息全都是由互助会提供给她的真实信息。我凑过去对着玛丽悄悄地说：“你肯定知道些位高权重的人吧？艾斯敏，这名字是你选的？我姑且就当你叫这个名字吧。”

她皱了皱眉头，悄悄说道：“你给我小心点。”

“随你怎么处置我。艾斯敏，这名字太有趣了。”我坏坏地笑着说。

“接下来请容我介绍阿图罗·萨巴图乐·瓦基斯先生，他代表主席本人。”萨拉特满怀敬意地向着瓦基斯点了点头，表示欢迎他的莅临。我怀疑萨拉特比较偏袒瓦基斯，又或者说是倾向于操控着银河系财团的这位主席先生。银河系财团曾经被认为不过是一个传说，但是地球情报局知道银河系财团是几家超级公司为了自己的利益而操纵若干星球的经济所组建的组织。

萨拉特继续说道：“最后，请允许我介绍西瑞斯·凯德船长，他代表尊敬的李杰康先生参加这次拍卖会。”

玛丽一脸惊讶地看着我。为互助会参加拍卖是一回事，因为这是完全合理的生意，但是为人类历史上最大的犯罪组织之一参与拍卖会，对她来说还是闻所未闻。

“你在开玩笑吧？”她悄悄地说，“你给义武会干活？”

“我欠李先生一个人情。”这是个彻头彻尾的谎言。我知道玛丽会非常失望，而且我无论如何都不能让她知道真相。

亚斯一脸诧异地盯着我说：“我们在给李杰康工作？”

玛丽看了看亚斯，又看看我，脸上的疑惑一点没少：“连他都不知道？”

我无助地耸了耸肩膀，说：“不过就是个取货和送货的活罢了。”

亚斯虽然看起来非常不喜欢现在的情况，但是既然我已经这么说了，他也不好反对。

“本次拍卖会将按照艾扎恩人的传统进行。”萨拉特说道，“所以本次拍卖将进行三次盲标。你们不会知道彼此的具体报价，只会知道具体报价的高低顺序。前两轮每轮将淘汰两名竞标人，第三轮将决定最终赢家。”

我倒是听过艾扎恩人，但是人类几乎和他们没有具体的联系。他们不是猎户座地区的文明，而且和地球也没有外事联系。他们的家园世界应该在盾牌座和半人马座悬臂，距离地球几万光年。他们是精明而守信的商人，活动范围覆盖整个银河系。他们的技术远超人类，我们估计没什么能引起他们的兴趣。但为什么他们要卖给我们外星科技？我们又该如何给他们付账？

“请允许我介绍阿尼·哈塔·贾，”萨拉特用略带喉音的口音飞快地念出了这个名字，“他作为艾扎恩人的贸易代表，为大家带来了本次的拍卖品。”

安装在地板和天花板上的金属盘开始发光，然后萨拉特身边出现了一个四足生物的图像。因为人类遇见的外星生物大多数是两足形态，突然见到一个和自己走上了一条截然不同的进化道路的生物，大家这时都显得有些不安。艾扎恩人躯干呈卵形，有四个肌肉发达的胳膊，以及一个略显扁平的圆脑袋，脑袋上还有一对小眼睛。他的胳膊非常灵巧，每个胳膊上有三个粗壮的分肢，足够他们操作各种设备和行走。我无法判断他们的身高，因为全息图像根本没有参照物，但是他的两对肩膀上有很多挂带，上面还有很多具体用途不明的金属物体，所以他的体型大概要比人类大。

“各位顾客，欢迎你们的到来。”他用低沉的合成音说道，举起一只手水平地一扫，这是他们表示问好的动作。“我们在此相聚，是为了看看在场的各位谁最有资格获得我们的交换礼物。”

礼物？这是四足生物式的幽默吗？如果列娜给我的钱只能算是够用的话，那么它准备卖给我们的东西足够抵得上大多数人类世界净产值的总和。

萨拉特对着警卫示意了一下，他们带着一张小桌子进入会议室，然后放在艾扎恩人的全息图像旁边。桌子上放着一个半径 1 米的银色半球体。等警卫离开之后，阿尼·哈塔·贾挥了挥胳膊，然后银色的半球体就消失了，桌上只留下一个黑色的金属八边形放在一个薄薄的金属圆盘上。八边形的边上绕着一圈金色的金属丝，在八边形的上面还写着棱角分明的文字。我的插件数据库里储存着当今所有已知的人类和外星文字，但是却无法辨认八边形上的文字。

“现在诸位看到的就是安塔兰法典。”艾扎恩人的全息图像说，“我在此立下艾扎恩人的誓言，此物货真价实。”

艾扎恩人的誓言在全银河系内的可信度都非常高，但是它现在却被浪费在一群背信弃义、自私自利、爱财如命的人类身上。

“这很不错……先生。”亨利·布雷克里奇用礼貌中夹杂着怀疑的口气说，“但是你不该先做下演示吗？”

我也期望如此，但是不敢开口，因为那样就会暴露我完全不知道竞拍品究竟是什么的事实。

“竞拍结束后，自然会进行演示。”萨拉特说，“演示结束后，最后的赢家就可以进行付款，然后拿走货物。在那之前，安塔兰法典将放置在一个保护性力场之内。如果现场有人对艾扎恩人的誓言不了解的话，我可以再次保证，它可比任何演示或者扫描更加值钱，因为扫描和演示都可以造假。如果这还不够的话，我现在就可以安排运输机送你返回太空港。”

一阵不安在竞拍者中蔓延开来。在场的人都不想退出，更不想被一个不知底细的外星人欺骗。

“这东西是偷来的吗？”中国律师博强问道。

“不是。”萨拉特说，“你为什么这么问？”

“安塔利斯是个受管制星系。”博强说，“没人能够进去。”

“我亲爱的顾客，”阿尼·哈塔·贾说，“安塔兰法典的起源地毋庸置疑。正如你所说，我们确实从安塔利斯星系得到了安塔兰法典，但是法典的产地并不是安塔利斯星系。人类现在还不能进入安塔利斯星系，但是我们可以。”

我在记忆库里搜索了一下安塔利斯星系的信息。这是个位于天蝎座的红巨星，它的年龄比太阳还要大1200万年，体积是太阳的10倍。鉴于这颗红巨星体积巨大，它的生命周期将非常短暂，它在100万年内将变成一颗超新星，而且距离地球只有550光年，所以到时候它将变成地球能看到的最明亮的恒星。而且博强说得没错，整个星系都在准入条约的限制名单之内，人类飞船只要进入名单上的星系，就会自动默认触发违约。受管制星系非常罕见，有些受管制星系是高度发达文明的家园星系，他们不希望那些不速之客打扰他们的生活。还有些受管制星系则是原始种族的家园星系，像人类这样的低级星际文明不允许和他们接触。还有一种受管制星系则是毫无理由，也最少见，而安塔利斯星系就是其中之一。

“为什么我们不能进入安塔利斯星系？”我问道。

“那里是墓园星系。”阿尼·哈塔·贾说，“而议会所有成员都要尊重死者的权利。”

“究竟是哪种墓园星系？”布雷克里奇问道。

“那是飞船的坟场。安塔利斯星系里飘满了飞船的残骸，它们在那里等待自己命运的终结。它们是很久以前一场的大战留下的残骸。那场大战中死了很多人，有很多飞船被摧毁，但是没人从中获利。”

“一场大战？”我惊讶地说。我唯一知道的星际大战是入侵者战争，而且入侵者来自银河系以外的世界。我说：“我以为议会已经可以阻止战争了。”

“议会确实阻止了各个文明之间的战争，”艾扎恩人说道，“但是种族内战就是另外一回事了，毕竟大家都要遵守准入协议第四条的管制。”

准入协议第四条“允许各个文明按照自己的律法和习俗发展，任何人不得干扰，但是各个文明也不许干预其他文明”。我并没有意识到这还包括种族内战。

“一个叫作科里的种族几乎在内战中灭绝了自己。”阿尼·哈塔·贾说道，“留在安塔利斯星系内的残骸是对死者永恒的纪念，它们已经在那里漂浮了超过 700 万年。”

“那你的意思是安塔兰法典已经有超过 700 万年的历史了？”瓦基斯问道。

“荒唐！”甘多亚怒吼道，“这玩意现在怎么可能正常运转？”

“时间的流逝不会对它造成影响。”阿尼·哈塔·贾说，“安塔兰法典是最持久的物品。而且它必须如此，不然的话，我们都将动弹不得。”

“其他人能够确定是从安塔利斯星系找到这东西的吗？”玛丽小心翼翼地问。

“一名观察者应该具有足够鉴别法典来源的技术。但是，搬运法典和拥有法典可不是一回事。”

“这会查到你那里吗？”我好奇如果东窗事发，我们是否能够让艾扎恩人负责。

“我们不过是经手处理商品罢了，可不是我们回收了安塔兰法典。”

“谁回收了它？”我问道。

“那些把法典卖给我们的人，他们知道艾扎恩人从不违约。”他做了个意义不明的手势，“但是我知道你们在担心什么。我在此立有艾扎恩人的誓言，那些看守着安塔利斯墓园的人知道人类不会进入星系。这就是你们的安全保障。”

“但是如果你们把它卖给了我们，难道你们就不会有麻烦吗？”我问道。

“银河系中有各种条约和限制，”艾扎恩人小心翼翼地说，“说实话，我尊敬的客人，这场交易确实违反了一些条约，但是也没有受到明确的限制。”

所以，现在这个四足生物正在向我们兜售一个从人类不得入内的墓园星系里捡来的、已经有700万年历史的古老外星科技。回收这项科技的人无法确认身份，向我们兜售这东西的人也不过是一团全息图像，而且这团全息图像还在钻银河系律法的空子。钛塞提人只要看一眼就知道这东西是从哪来的，这对我们而言没有任何风险。我发现眼前的一切都非常难以令人接受，我想在场的其他人大概也是这么想的，但是没人打算离开。

“大家准备好进行第一轮竞价了吗？”阿尼·哈塔·贾问道。

大家小心翼翼地点了点头，嘀咕着表示同意。

“你们将进行一次秘密竞价，”萨拉特说，“你们的竞价将被秘密记录下来，具体结果会在晚餐之后公布。”

“干吗要等那么久？”甘多亚不耐烦地问道。

萨拉特说：“竞价结束后，我们将验证你们账户里金额的真实性，确保竞价的有效性。”

数据账户有多层验证保护，大多数交易依靠低级验证就能快速完成，但是全面验证就需要进行多元分析。正因为如此，每一个银行密匙才有资格成为地球银行的一个副本。

“你们将在这个控制台上输入自己的竞价。”萨拉特说道，指了指一名警卫手里拿着的小型地球银行竞拍器。这个坚固的机器表面有黑色的复合装甲，唯一的接口上还有一道无法破解的地球银行分子锁。只要它没被破坏，内部的系统就完好如初。这种东西在核心星系以外非常罕见，除了是因为机器造价不菲以外，还因为地球银行很少让它们脱离自己的监控。由它得出的最终结果不容争辩，而且它还能确保账户密匙能得到及时更新。萨拉特说道："那么我们的竞拍底价就设为1000万亿如何？"

萨拉特看着我们，就好像是在确认我们是否都能支付得起这个天文数字。我不知道他设这么大的金额是不是艾扎恩人已经提出了明确的要求，又或者是因为已经知道了我的账户金额。不得不说，让他知道我有多少钱是个糟糕的主意。但是不管怎样，其他人似乎并没有被这么大的数字吓到，所以我估计不论安塔兰法典到底是什么东西，他们都认为值这么多钱。

"才1000万亿？"布雷克里奇笑着走上前去。决定第一个输入竞拍价是一种自信的表现。这位矿业大亨将自己的密匙插进竞拍器，输入了竞标价，而博强则在一边密切注视着他的一举一动。我和玛丽四目相视，我看得出她也是举棋不定。

"艾斯敏，你说谁会赢？"我悄悄说道。

"肯定是最聪明的女人会赢！"她非常自信地说，"你要是再用这个名字叫我，我就把你最隐秘的秘密告诉亚斯！"

我假装皱眉说："你不会真打算告诉他吧？"

她笑了笑，心想我可能不会再继续调戏她。

当布雷克里奇输完了金额，第二个轮到瓦基斯。当瓦基斯完成竞价之后，我示意博强先去竞价，但是他拒绝了我的好意。

"我想最后再去竞价，凯德船长，我希望你不会介意。这也是我们的传统之一。"

“这我可不知道。”我说着，走到机器前，把列娜给我的密匙插进了拍卖器，然后等它验证密匙的有效性。

想必这种竞价有技巧在里面，但是我完全不知道这些事情。我唯一能够确定的是，如果我出价太低，那么第一轮就会被淘汰。我开始渐渐明白，为什么艾扎恩人会以精明出名。整个拍卖流程的目的就在于让买家感到恐慌，然后尽可能地抬高出价。我不想在第一轮就投进所有的钱，但是也不想被淘汰，于是就把账户里四分之三的金额输入了进去，然后祈祷不会被淘汰。

玛丽跟在我之后出价，最后才是博强。

当第一轮竞价结束后，我们回到客厅一边喝着鸡尾酒一边聊天。我很好奇究竟是什么外星科技居然可以同时吸引矿业大亨、海盗头子、白领犯罪天才、互助会和一个来自中国的外星工艺品收藏家来到这里。不论安塔兰法典究竟是什么东西，我觉得列娜给我的这些钱并不足以让我买下它。

\·\·\·\·\·\

宴会厅里为了晚宴专门放了一张漂亮的长方形桌子，在宴会厅还能观赏外面冰山和大海的全景风光。在第一道菜上来之前，外面的天色已经暗了下来，唯一能看到的光亮来自远处一艘渔业加工船。

我和玛丽坐在一起，而那位神秘莫测的博强坐在我的另一边。桌子的另一边坐着其他 3 个人，亚斯坐在桌子的一头，而萨拉特坐在桌子的另外一头，他正在用烟管抽着难闻的烟草。萨拉特的警卫在桌子周围走来走去，有条不紊地为大家端上各种食物和饮料，但是却毫无礼数可言。让我感到惊讶的是，晚餐并不是海鲜，而是其他肉类和蔬菜，而且这些菜肴肯定是一位大厨用进口食材准备的。

过了一会儿，瓦基斯转过身问萨拉特："我们干吗要相信这些艾扎恩人？眼前这一切有可能是一场骗局。"

"他们做生意诚信为本，我亲爱的瓦基斯先生。要是他们骗了你，其他比你更重要的客户肯定会知道这件事的。"

"但是他们为什么要在乎艾扎恩人欺骗了人类？"布雷克里奇问道。

"艾扎恩人是个古老而受尊敬的文明，"萨拉特说，"欺骗银河系中最年轻的文明有损他们的名声。他们在乎的是这一点，他们才不在乎我们呢。"

"就算他们不会骗我们，"我说道，"但他们拿着我们的钱又能干什么呢？"

萨拉特对着烟管深吸一口，说："他们对于我们的科技、艺术，还有文化不感兴趣，但是他们发现我们有种东西很对他们的胃口。你看，他们是食草动物，这也就解释了为什么他们是银河系中最温和的种族。最近，他们对地球上的一种植物，也就是我们所说的铃兰花，非常感兴趣。铃兰花是一种香气浓郁的花朵，对于艾扎恩人来说更是如此，而且他们觉得这东西很好吃。"

"你的意思是他们要找我们买花？"甘多亚轻蔑地说道。

"不，"萨拉特说，"他们是想从我们这里买食物，很多很多食物。等他们从这笔买卖里赚到了我们的钱，他们就会和地球建立外交关系。然后，他们会下大笔订单，为人类开创一个全新的农业领域，这足以让我们和银河系中领先的文明做交易。他们能得到大量对他们而言非常稀有的美食，而我们也能大赚一笔。这是一笔双赢的买卖。"

这笔生意实在是太过美好，以至于我都怀疑根本不存在什么违反准入协议的情况。要是艾扎恩人真像萨拉特说的这么诚实、可靠，而且这笔交易的真正目的就是食物，那么唯一的风险点就是安塔兰法典。而我只有等到竞拍结束之后，才能知道安塔兰法典到底是什么东西。就算它百利而无一害，我也得赢下这次拍卖，以防万一。

等到下一道菜端上来的时候，大家就开始聊起各自感兴趣的话题了。我悄悄对玛丽说："艾斯敏，你为互助会工作多久了？"

她拿起餐刀，欣赏着锋利的刀刃反射的灯光，说："你还真打算一直用这个名字叫我？"

"好吧，既然你这么说……"

她把餐刀放回餐盘上，说："我的家族为互助会工作了好几个世代。我不是为互助会工作，我就是互助会的。"

我完全没有想到这一点，互助会内部还有一个秘密的内环机构，大多数互助会成员都不知道它的存在，甚至连我都对此毫不知情。我说道："他们居然对古老的外星科技文物感兴趣，我还真是大吃一惊呢。"

她一脸疑惑地看着我说："是吗？他们怎么会不感兴趣呢？他们难道不是什么都想要吗？"

我迫切想知道为什么互助会对安塔兰法典这么感兴趣，但是玛丽一旦发现我对此一无所知，她一定会好好戏弄我一番。和我们在卧室里的游戏截然不同的是，我们现在是竞争对手，而且我俩都很喜欢这种状态。

"购买偷来的或者是非法的外星科技可能会惹怒地球海军，"我说道，"地球议会可能也会对此非常不高兴。"

"风险越大，回报越大。你们这些人都该明白这一点。"她头都不抬地说，"你怎么和李杰康混到一块去了？"

“哦，我俩的故事可长了。”当我还是地球情报局特工的时候，我在绅泰干掉了一个义武会的高级成员和他的黑帮，所以我现在尽可能避免进入亚民联控制的星系，因为那里有太多义武会的人可能认出我。“李先生当初请我吃宫保鸡丁，但是那玩意太辣了，不过他坚持认为我早晚会喜欢上那道菜。结果到现在，我还是很讨厌它。”

她饶有兴趣地看着我，不确定我讲的是实话还是笑话：“你要是拿到了安塔兰法典，那么义武会有什么计划？”

“李杰康又没和我说。”

她切着自己盘子里的牛肉说：“我不觉得他们能用它干出什么大事。”

“李先生让我干这活的时候，我也是这么说的。”

她会意地看着我，悄悄地说：“你也不知道那玩意有什么用，对吧？”

她一如既往地看穿了我，所以我只好接着说：“我完全不知道它能干什么。要不你给我讲讲？”

“要是你刚才没有一直叫我‘艾斯敏’的话，我说不定就告诉你了。”她喝完了杯子里的酒，略带同情和嘲讽地拍了拍我的肩膀，然后去厕所了。

等她走远之后，博强靠过来小声说道：“安塔兰法典对义武会的用处可不小。”

“这我可说不准。”

“安塔兰法典对于义武会太过重要了。”他慢慢地说，“他们会为这种机会下血本，而且要是输了，可是会非常失望的。有些人可能对碍事的人都很生气。”

我这才想起来玛丽的出现让我分了神，完全没有注意到博强一直在旁边认真听我们说话。

“看你说话的样子，似乎对义武会很了解啊。”

博强晃了晃脑袋，回避了我的话题，说：“我不过就是个律师，我尊重祖先，照顾自己的家庭，然后为自己的客户努力工作。”

“此话不假。”我小心翼翼地说道，我感觉博强有些我不明白的地方，“你的客户是个收藏家？”

“请你放心，凯德船长。他为人谨慎，兴趣广泛，但不幸的是，比较容易记仇。”

这下我可以确认他是在吓唬我，但是我还是不确定他为什么要这么做。“我猜你要是输了，肯定会有不小的麻烦吧。”

“凯德船长，我的客户不喜欢收集一种东西。”

“他不喜欢什么？”

“敌人。”博强轻轻地说。

“每个人都有敌人。”

“死了的敌人当然就不是敌人了，因为他就是具尸体。”我从他的语气中感受到了一股恶意。

我这才明白博强是个多么危险的人。他一直以来都隐藏得很好，但是出于某些原因决定向我原形毕露。“我明白了，他因为记仇所以没有敌人。”

“你说得没错。”

我有种不好的预感，我觉得他要告诉我的事情可不只是他的客户的敌人都会被干掉这么简单。我问道：“你那位客户，就是那位记仇的收藏家，他叫什么？”

“李杰康。”博强悄悄地说道。除了我，谁都听不到他说了什么。

“那是当然。”我说道，我知道自己的伪装已经彻底失败了。

我心想能不能在不引起别人注意的前提下干掉博强。此时，其他人都在忙着聊天。警卫到处走来走去，但是没人注意到我们两个。我知道等玛丽回来的时候，桌上所有男士的注意力都会被她的美貌夺走。我依靠自己的超级反应力肌肉，完全可以对准博强的太阳穴发动快速打击，或者打断他的脖子。但问题是我的速度能不能快到不会引起别人的注意？“看来李杰康自己和自己玩起了竞标游戏。”

博强喝了一口绿茶，然后慢慢把杯子放回桌子上，说：“我可不这么想，凯德船长。”

“那我们两人中一定有个人在说谎。”

他噘了噘嘴，若有所思地说：“这是当然了。”

玛丽回到宴会厅的时候，所有人的目光都聚焦到她身上，这和我想的一模一样。我收紧肌肉，准备在一秒内完成对博强太阳穴的打击，然后假装他是吃东西时噎到了，我会假装在被吓了一跳之后起身帮他，借此掩盖自己的行动。

“以约失之者，鲜矣。”博强说道。

我犹豫了一下，说：“你说什么？”

“以约失之者，鲜矣。”他重复道，“这是孔子4500年说的，时至今日依然是很有道理啊。”

“我猜也是。”

“攻击我可是非常不明智的选择，凯德船长。那将会是个非常让人遗憾的错误。”

他能读懂我的肢体语言？我的动作那么轻微，应该没有人能注意到我要发动攻击。

博强看出了我的疑惑，说：“说到习武这事，一个人在预判对手动作的时候，应该注意对手的眼神而不是身体。对于一个高手来说，一个眼神就是永恒。”

我的眼神暴露了自己的意图？这完全不可能，但是博强在向我暗示他是个武术高手，而且他完全没有说错！就算他没有接受过改造，一个训练有素的武术高手也完全可以挡开我的攻击。我虽然没有和功夫高手交过手，但还是决定不再做愚蠢的尝试。现在的时机和地点都不适合和他讨教身手。我放松了下来，然后靠过去，悄悄地说：“你根本就不是什么律师吧？”

“我知道什么时候守法，什么时候不必守法，更知道不必守法的时候要做什么。”

我就权当他是默认了我的推测，然后对着从洗手间回来的玛丽投以一个欢迎的笑容。趁她给自己倒酒的时候，我对着博强悄悄地说：“咱俩有什么问题吗？”

“今晚没什么问题。但是明天就说不准了。”

我拿起酒杯向他敬酒，说：“那就明天再说，另外，为了谨慎干杯。”

他歪了歪头，用自己的绿茶回敬了我，说：“沉默是金。”

“那就为了沉默干杯。”我说道，心里盘算着能不能和他达成某种交易，因为他看起来并不急于揭露我的身份。

在餐桌的另一头，穆库尔·萨拉特敲了敲酒杯，然后说：“我很高兴地通知大家，拍卖器已经确认所有竞价的有效性，看来咱们这次的拍卖肯定会有一个满意的结果。”

在场的每个人都面无表情，但是很明显甘多亚已经被整个验证的流程耗尽了耐心。显然，他更习惯于直接拿走自己想要的东西，然后干掉所有挡路的人。

萨拉特指了指他身后光滑的石墙，墙面立刻变成了一个蓝屏。“满足要求的竞价者名字将显示在屏幕上。要是没有出现你的名字，那么你将无法参与下一轮的竞拍。整个流程都是由拍卖器自动处理和控制的，我本人也不知道结果如何。”

我们所有人都盯着大屏幕，然后看到瓦基斯的名字先跳了出来。

“恭喜你，先生。”萨拉特说，“你的出价是最高的。”

大家礼节性地发出祝贺的声音，但是甘多亚什么都没说。瓦基斯点了点头，并没有露出惊讶或者如释重负的迹象。从他的举止来看，他自己已预料到了一定会赢，而且他现在还知道自己出价最高。过了一会儿，博强的名字也出现在大屏幕上。

“恭喜你，博先生。”萨拉特说，“你的出价是第二高的。”

这次依然没有提及甘多亚的出价是否符合条件。博强的脸上并没有什么表情，但是我还是捕捉到了一丝愤怒和惊讶的表情。他深吸了一口气，把情绪压了下来，然后谦虚地接受了大家的祝贺。他稍后就陷入一种莫名的沉默，但是完全没有显露出其中的原因。

当我的名字出现在屏幕上的时候，萨拉特说：“恭喜你，凯德船长，你的竞价也符合参与第二轮的要求。”

“加油啊，船长！”亚斯高兴地说道，然后举起酒杯，把萨拉特的好酒一饮而尽。

我回应了大家的祝贺，然后看到其他三个人脸上的表情越发紧张。玛丽一脸愁容，而布雷克里奇的脸上也被一层阴云笼罩。甘多亚看起来马上就要火冒三丈，我很庆幸萨拉特已经拿走了他的武器。

当最后一个名字出现在屏幕上的时候，萨拉特笑着说：“恭喜你，杜伦女士，你是我们第四名晋级的竞标人。”

玛丽脸上的愁云马上换成了灿烂的微笑：“谢谢。”

“最起码明天可以一起吃早饭了。”我悄悄地说。

“可惜的是，你不会在这吃午饭了。”她一边笑一边说。

甘多亚愤怒地站了起来，牙齿紧紧咬在一起，眼睛盯着屏幕，然后把酒杯砸在地板上，离开了宴会厅。

“这人输了的时候，品相可有点差啊。”我说道。

“希望你明天被淘汰的时候，也能保持一个好心情。”瓦基斯说。

“我输了的时候，品相也不怎么好。”

“这一点他说得没错。”玛丽用非常肯定的语气说，“但其实他早该态度好点了，毕竟他总是败在我的手上。”

“我输给你，就是为了给你安全感。”

“是啊，我完全相信这一点。”玛丽的口气中不乏可怜我的味道。

萨拉特对着矿业大亨说：“感谢你来参加这次的拍卖，布雷克里奇先生。很抱歉这次你被淘汰了。”

布雷克里奇耸了耸肩说：“还是谢谢您能邀请我来。”

萨拉特慢慢站起来说：“今晚的活动到此为止了。明天早餐 8 点开始，10 点竞价。酒吧随时开放，随时为大家服务。”他说完就起身离开，消失在走廊里，留下我们和他毫无幽默感的警卫们。

“开放式酒吧！我最喜欢的地方！”亚斯说着，示意旁边的警卫给他再拿一瓶酒来。

玛丽和我互相打量着彼此，然后达成了共识，鉴于我们的比赛还没有分出高低，还是先不要凑进一间屋子了。

“明早见。”她悄悄地说，说话的语气就好像邀请我明晚去她卧室一样。她说完就穿过走廊，回到了自己的房间。

亚斯从警卫手里拿过了酒瓶，然后我们就回到了自己的房间。他喝了一口酒，然后用低沉的声音说：“船长，我刚才还以为要在宴会厅睡呢。”

“你刚才差点就在那长眠不醒了。”

\·\·\·\·\·\·\

黑暗中响起了刺耳的警报，我一下就醒了过来。亚斯从沙发上坐了起来，眨巴着眼睛抗议这毫无征兆的警报。我赶紧打开了灯，现在是凌晨3点。我俩赶紧穿好衣服，冲向警报大作的会客厅。几个警卫站在亨利·布雷克里奇的身边，他倒在安塔兰法典前面，身下还有一大摊血。他的身体已经以胸口为界，被一分为二地切开了。

“哎呀，天啦。”眼前血腥的场面让亚斯非常不适。

萨拉特穿着睡袍就跑了过来，当他看到布雷克里奇血淋淋的尸首时不禁低声咒骂了起来。他对着警卫大喊道：“赶紧把这收拾了。”

几名警卫立刻跑回了走廊，玛丽、博强和瓦基斯也赶到了现场。

萨拉特一脸歉意地看着我们说：“我从没想到我们当中会有人想偷走安塔兰法典。”他指了指安塔兰法典下面扁平的金属盘说：“我之所以没有安排警卫也是有原因的，因为这里根本不需要警卫。而且正如你们所见，安塔兰法典已经得到了良好的保护。”

“你完全可以警告我们一下。”瓦基斯怒吼道，“万一我们当中有人想先检查下它呢？”

“那无非就是我们少了个竞争对手呗。”博强干巴巴地说。

“我说过这东西有护盾保护，”萨拉特说，“那就够了。”

我如果在第一轮被淘汰，那么现在躺在地上的人就是我了。我仔细打量了下之前以为是装安塔兰法典的金属容器，我的插件检测不到热能和电磁信号，但是它还是产生了足够的能量把布雷克里奇切成了两半，而且还没有损坏他身后的墙面。

“那个底座也是外星科技制造的吧，”我说，“是艾扎恩人的技术吗？”

“他们确实使用这东西把安塔兰法典送了过来。”萨拉特承认道。

“所以这东西不仅能运送物品，还能当武器？”我问道。金属圆盘里的微缩化设备让我大开眼界。我们还不清楚人类和艾扎恩人有多大的技术差距，但是我的插件已经无法辨识他们的技术了。

“只有这样才能确保拍卖结束前，安塔兰法典能够安然无恙。”萨拉特说，“当拍卖结束后，金属盘就会放出安塔兰法典，然后返回艾扎恩人那里。”

“他们怎么自己不过来？”博强问道。

“他们更倾向于通过中间人工作，”萨拉特说，“但是我怀疑这个星系内就有他们的飞船。”

“你和他们见过面吗？我的意思是面对面的见面。”玛丽问道。

“我们都是用全息图像沟通。”

“全息图像完全可以作假。”瓦基斯大吼道，“我现在就要见到这个艾扎恩人本体，我要知道我在和什么人打交道。”

瓦基斯可能是个傲慢的混蛋，但是他知道如何规避风险，所以财团主席派他来这里完全合情合理。

“这完全不可能。”萨拉特说，“他们呼吸的大气和我们不同。但是我向各位保证，我已经和他们做了两年生意，我从没有怀疑过他们。如果大家按照艾扎恩人的规矩做生意，那么以后还有更多的惊喜。布雷克里奇是因为想偷安塔兰法典，所以才死在这儿的。”

我发现我们当中少了一个人，于是问道：“甘多亚哪去了？”

“他正在返回苔原镇的路上。”萨拉特回答道，“他被淘汰出局之后，就要求马上离开。”

“你该把他留在这儿，直到最后的赢家离开这颗星球。”我说道，心里非常确信甘多亚会在轨道上准备伏击带着安塔兰法典的最后赢家。

“在这一点上，我完全同意凯德船长的看法。”博强说，“让甘多亚离开是非常不明智的做法。”

“先生们，你们到底怎么了？”瓦基斯说，“难道你们还怕一群乞丐一般的海盗吗？”

我非常想挑明“并不是所有人都是开着战舰来这里的”，但是，那会暴露我一直在研究他飞船的行动。“有些人决定铤而走险呢。你有什么看法，博先生？”

博强点了点头说：“我完全同意。”

警卫走过来盖住了布雷克里奇的尸体，然后开始打扫现场。我们也回到了各自的房间。

等我们走远了之后，玛丽对我和亚斯悄悄说：“甘多亚不会让最后的赢家就这么远走高飞。”

“或许我们应该让瓦基斯赢，”亚斯说，“然后让他俩互相残杀。”

“然后我们平分残骸里的东西。”玛丽非常同意亚斯的想法。

“飞船的残骸都归你，”我说，“安塔兰法典我要了。”

第二天早上，我来到石塔顶端的瞭望台。这里不过是一个有着矮墙环绕的小广场，上面没有任何防护措施抵挡冰冷的海风。通信阵列和气象观测系统安装在角落里的金属塔上，广场的石头下面还埋设了加热系统，可以避免地面结冰。瞭望台上的景色非常优美，可以看到远处的石塔排成一排，从西北方向一路延伸到东南，海面上的浪花拍打着冰山。

我启动了埃曾留给我的通信器，上面还加载了一个功能强大的加密器，我用身体挡住海风，说道：“埃曾，能听到吗？”

他的回答非常清晰：“听到了，船长。我的机器人没有完成你交付的任务。他还没爬到探测范围，就被炮艇摧毁了。”

“要是它起飞了，就盯住它。等咱们走的时候得知道它在哪。”

“它今天早上很早就起飞了，船长。炮艇飞到行星另一边的时候，我就失去它的信号了。”

甘多亚肯定会让我们从冰顶星出发的返程之旅变得非常艰难。也许他根本就没打算在拍卖会上获胜，只想知道拍卖的时间和地点，这样他就可以对最后的赢家下手。“你能确定我们的位置吗？”

“做不到，船长。你那里的系统防御非常复杂。”

“要是没人帮我，这场拍卖我就输定了。”列娜给我的钱已经花了四分之三，剩下的四分之一还要用在之后两轮的竞价中。瓦基斯是财团的代表，所以他的钱肯定比我多。

“我需要你从那边给我系统的访问权。”

这时，电梯大门轰然打开，两个萨拉特的警卫从里面冲了出来，他们手里的突击步枪对着我。“我得走了。”我飞快地说完，然后举起双手投降。

一名警卫从我手里夺下了通信器，怒吼道：“没有允许，谁都不能使用通信设备！”

“谁说的？”

警卫无视了我的问题，拿着通信器在我脸前晃了晃，问道：“你刚才在和谁通话？”

“我刚才在联系我的飞船。我想看看保养工作的进度。”

“那为什么要用加密信号？”

看来他们确实在窃听我们的一举一动，就连瞭望台都没有放过。“我用它沟通商业机密。我可不喜欢那些带着突击步枪的人知道我的商业机密。”

警卫冷冷地盯着我，让我感觉刮在脸上的海风也不过如此。

“为什么你来的时候，我们没能扫描到这个通信器？”

“是你们的人进行的安检扫描，问你们自己人去。”我并没有提到塞在我左脚靴子里的通信器，只有最先进的检测设备才能找到它。

警卫把通信器揣进了口袋，说：“等你离开这儿的时候，我们就把它还给你。你身上还有其他的通信设备吗？”

“我现在想不起来了，我的记性可差了。”

要不是来参加拍卖会，我肯定已经被他用枪托揍了一顿了，但我现在是萨拉特的客人，他也只能遏制住打我的冲动。“10 分钟后开始早餐。”警卫怒吼道，然后和他的同伴回到了电梯里。

我必须尽快联系埃曾，不然的话瓦基斯就一定会胜出。我看着漂浮在海面上的冰山，整理了下思绪，然后下楼吃早饭。

\·\·\·\·\·\

“你跑这么远却一无所获，我都替你觉得可惜。”瓦基斯一边说着一边喝了口浓浓的咖啡。他的脸上不带一丝微笑，语气中没有丝毫的幽默，只能感受到用来动摇对手自信的语气。

“但是这趟也不亏。”玛丽说，“萨拉特先生准备的食物和酒实在太棒了。”

萨拉特点了点头，表示欣然接受了玛丽的夸奖：“我们的艾扎恩东道主让我好好款待大家。他非常慷慨，而且好好招待贵客也是艾扎恩人的文化之一。”

“说得好像我们真的在和艾扎恩人做生意似的。”瓦基斯的口气中不乏怀疑的成分。

“如果这是艾扎恩人第一次和人类做生意，”博强狡猾地说，“那么他们是如何为这一切付账的？”

萨拉特点着了自己的烟管，说：“他们给了我一些宝石，我卖了宝石换钱，才承办了眼前的这一切。”

“是你选了冰顶星吗？”玛丽问道。

“不是我，是阿尼·哈塔·贾选了这个星球，不过这个石塔是我挑的。”萨拉特回答道。

“所以，他们知道我们的地球海军不会来这种地方。”而且他们还选择萨拉特作为中间人。“所以，可以很轻松地在这个星系藏下一条船，他们想藏多久都可以。”

“这我就不知道了。”萨拉特并没有直接回答我的问题。

“他们甚至可能在这里还有一个基地。”玛丽说，“我认为，当地人根本不会发现这里还有外星人的基地。”

“万事皆有可能。”萨拉特说道，他听上去对这些事情并不关心。看来他收了不少钱，让他不必在意这些问题。

艾扎恩人在选择自己的代理人和拍卖地点上非常用心，因为他们和地球几乎没有任何联系，但是对人类却有着非常深的了解。我看着萨拉特坐在那里抽烟，心里好奇他是否明白自己对于艾扎恩人的用处是有限的，只要他犯一点错，他就会发现自己也不过是一枚可以放弃的棋子。

“如果他们真的在冰顶星建立了基地，交易结束后就会马上放弃它，”萨拉特补充道，“他们会在地球建立永久性大使馆，然后商谈贸易协定。”

“为什么要管它叫安塔兰法典？”我问道，“这也太老气了吧。”

瓦基斯一脸惊讶地看着我，心想我到底还知道些什么，但是却没有说出来。

“我们的语言无法明确说明这东西到底是什么，”萨拉特说，“所以艾扎恩人选择了尽可能贴切的表达。这玩意经过了高度压缩，非常容易读取其中的数据，而且几乎能承受住任何打击。”

“万物皆有终。”博强说道。

“你需要一次聚变爆炸才能击穿它的整体结构，鉴于聚变武器已经被列为违禁武器，我觉得能摧毁它的可能性微乎其微。”

“为什么要把它造得这么坚固？”我问道。

“阿尼·哈塔·贾说，如果没有安塔兰法典，我们将动弹不得。”萨拉特和我玩起了文字游戏。不论他到底是什么意思，想必其他人一定明白是怎么回事。“古罗马人发明了第一部法典，因为羊皮纸的卷轴实在是太脆弱了。安塔兰法典在太空中漂浮了这么久，想必是非常坚固的。你说呢？”

书籍是知识的载体，但是法典里究竟有什么样的知识？外星科技对人类来说毫无用处，因为我们缺乏使用它们的工业设施和理解它们的理论背景。但是，瓦基斯、博强和玛丽都对安塔兰法典的价值深信不疑。

“我想艾扎恩人有类似的设备，”瓦基斯说，“为什么不直接卖给我们一个同类型设备？”

“因为那样的话，观察者马上就能确认是他们的科技，这样就会让艾扎恩人陷入非常尴尬的境地。贩卖文物不过是一笔生意，但是移交自己的科技可就是重大政治决定了。”

“你的意思是说，如果交易失败，那么要被追究责任的人是阿尼·哈塔·贾，而艾扎恩当局却不必承担责任。”

“正是如此。”

“但是艾扎恩人也是银河系议会的成员，”玛丽说道，“他们难道不是观察者吗？”

萨拉特摇了摇头说：“他们还没有达到那个级别。只有少数几个文明能够成为观察者。阿尼·哈塔·贾认为观察者完全会认为人类发现漂浮在太空中的安塔兰法典是完全可能的，所以我认为这也基本符合事实。将安塔兰法典秘密卖给我们，而且还不会查到是艾扎恩人卖的，就可以避免让他们陷入尴尬的境地，而且我们也不会被钛塞提人制裁。”

基本符合事实也还是属于谎言的范畴，而且地球议会从来不会对观察者撒谎。之所以成为观察者的文明那么少，也是有原因的。所有成为观察者的种族，都是银河系中最古老、最先进、最公正的文明。观察者向议会提交的材料被认为是客观、正确的事实，所以其他成员都会支持他们的建议。他们从不会出错，从不会自以为是，而且只会在银河系律法规定的范围内进行决策。作为唯一和人类有接触的观察者文明，人类一直认为他们的科技能够看穿任何谎言。我们虽然可能忽略有关生物插件技术的秘密，但是如果他们问我们问题，不论这个问题有多难，我们都会给他们提供答案。万幸的是，我们一直遵守他们设定的规矩，所以他们很少问问题。

“等你把那个金属圆盘还回去的时候，”亚斯说，“你完全可以追踪它。然后你不就可以找到艾扎恩人躲在哪里了吗？”

萨拉特想了一会儿，然后摇了摇头说：“阿尼·哈塔·贾一定会发现我跟踪金属圆盘的探针，这有可能破坏我后期和艾扎恩人的生意。”他的用词非常谨慎，但还是暴露出“如果可能他就会第一时间背叛艾扎恩人”的打算。

萨拉特拧灭了烟管上剩下的烟草，然后站起来，说：“现在该进行下一轮的竞拍了。”

等我们聚在会议厅的时候，艾扎恩贸易代表的全息图像又冒了出来。“各位客人，你们好，”阿尼·哈塔·贾很正式地说道，“我在此欢迎那些前来做生意、但永不知足的人。”

现在，一名被淘汰的竞拍人已经死了，另一个则在轨道上准备伏击最后的赢家，阿尼·哈塔·贾的致谢已然苍白而空洞。我不禁在想，他是不是从一个非常遥远的地方发送信号，以至于他不知道这里究竟发生了什么事。

他大手一扫，说：“让我们开始第二轮的竞价。”

萨拉特让我们在拍卖器上输入自己的出价。按照艾扎恩人的传统，上一轮出价最低的人将是这一轮竞价的第一个出价人，于是玛丽上前输入了自己的出价。我第二个出价，我深知必须认真对待这次的拍卖会，不然就会被淘汰，于是就押上了列娜账户里所有的钱。博强跟在我后面，他的脸上完全看不出任何紧张的痕迹。瓦基斯最后一个输入出价，因为他在上一轮竞价中名列第一。

等到出价结束后，我们聚在酒吧里喝着咖啡，然后看着窗外狂风掀起滔天大浪。大家在等待竞拍器得出最后结果的时候一言不发。玛丽看起来非常焦虑，博强依然摆出一副让人无法看透的样子，瓦基斯一个人站在一边，不耐烦地等待着拿到最后的战利品，然后踏上返回核心星系空间的漫长旅途。

午饭之后，萨拉特宣布道：“竞拍器已经完成了对第二轮出价的检查。如果你的名字没有出现在屏幕上，那你就被淘汰了。”

他转过身看着石墙上的大屏幕。玛丽紧张地捏紧了拳头，瓦基斯努力装出一副冷静的样子。而博强神情放松地坐在一旁，好像完全不担心这一轮的结果。当我看向他的时候，他摇了摇头，我知道一定有什么事出问题了。他看我的表情就好像看一位老朋友，让我以为他已经不想拆穿我的伪装。他一定在想一些很重要的事情，但是他现在却不想解释。

窗户外面，来自北半球冰原的风暴将天空变成了深灰色。保护窗户的压力场提高了功率，让窗外的景色越发模糊，狂风的呼啸声也渐渐听不到了。

萨拉特身后的屏幕变成了蓝色，所有人都屏住了呼吸。屏幕上出现了出价第二的竞拍人。

萨拉特转身对我说：“恭喜你，凯德船长。”

“太棒了！”亚斯兴奋地说，“我们要成功啦！”

我接受了萨拉特的祝贺，脸上装出一副很高兴的样子，但是我知道我已经输定了。我赌上了所有的钱，但还是名列第二，所以最后一轮只能是走个形式而已。

“干得漂亮。”玛丽紧张地说，但是她的眼神告诉我，她不喜欢失败。

“谢谢。”我温柔地说道，心里好奇如果她不能完成这次任务，她是否要向互助会交罚金。

过了一会儿，我在最后一轮的对手也揭晓了。

“恭喜你，瓦基斯先生。”萨拉特说，“你还是出价最高的竞拍人。”

瓦基斯放松了下来，第二次的胜利让他找回了自信：“我希望李杰康不会因为你名列第二就发布赏金，让全宇宙都来追杀你，凯德船长。”

“我猜主席先生也会这么干。你要是空手而归的话，他会让你去扫厕所吧？”我看了一眼博强，说：“希望你下次能走运一点，博先生。”

博强看着萨拉特，仔细思考了一下，然后和我握了握手说：“能赢不算本事，输了还能爬起来才算本事。”

“你这样的精神很值得我学习。”我说着，和他握了握手。

“我有个提议，凯德船长。”博强说，“我建议我们俩联合起来共同出价，如果你赢了的话，我们就共享安塔兰法典。”

这就是他没有告发我的原因吗？他已经发现自己的出价无法超过瓦基斯，所以就拿我当作最后的保险。“你刚才说共享安塔兰法典，”我说道，“那用的时候，安塔兰法典该拿在谁的手里呢？”

“如果你独立出价赢得安塔兰法典，那它当然归你。如果我们联合出价，那么安塔兰法典归我，但是你可以到我的船上去。”

这都是很早以前就有的规矩了，最后出钱的人拥有决定权。“我会考虑你的建议的。”我转头看着萨拉特，然后发现瓦基斯也在全神贯注地看着我。我说道：“如果我、博先生还有玛丽三个人……”

“我什么时候同意合作了？”玛丽质问道。

“因为你被淘汰了，现在唯一的希望就是和我，还有博先生一起合作。”我转头问博强，“我说的没错吧？”

博强点了点头，说：“如果杜伦船长能遵守条件的话，我愿意共同分享安塔兰法典。”

“本次拍卖接受联合出价吗？”我问道。

“阿尼·哈塔·贾只在乎最后的报价，”萨拉特说，“他不关心其他的事情。”

“当初的协议里可没这规定！”瓦基斯怒吼道。

“规定中没有明确禁止联合，”萨拉特说，“况且你还代表银河系财团，它本身就是个巨型联合组织。”

“但是他们早就被淘汰了！”瓦基斯看着玛丽和博强怒吼道。

“凯德船长负责投标。他的钱从哪来和我毫无关系。”萨拉特若有所思地抽着自己的烟管，“据我所知，艾扎恩人可不是什么多愁善感的种族。他们不会排斥尽可能高的报价的。”瓦基斯一言不发地皱着眉头。萨拉特继续说道：“30 分钟后进行最后一轮竞价。”

我看了一眼亚斯，让他和我一样与其他人保持距离。等我俩走到一边的时候，我说：“我们必须尽快联系埃曾。”

“为什么？你这不是挺好的吗？”

“我马上就要被淘汰了，必须快点联系埃曾，让他想办法。”

亚斯很明确地指出：“萨拉特的警卫才不会让我们靠近他们的通信系统。”

“我知道，但是你可以干掉一个不带枪的警卫吧？”

亚斯微微一笑，说：“那可不！我能干掉两个不带枪的警卫，要是喝多了就能干掉三个！”

我对此表示怀疑，但是我很欣赏他的积极性。“保护好自己，别让萨拉特发现你。我们要是不想办法作弊的话，就别想离开这个大冰块了。”

等我们回到会议厅准备最后一轮竞价的时候，我拉着博强和玛丽走到一边，告诉他们一个坏消息：“博先生，感谢你的提议，但是我决定自己独立竞拍。”博强点了点头，略显失落。“我们还有什么问题吗？”我问道，借此试探他是否会揭穿我的身份。

“没什么问题，反正我们输定了。”博强的口气中有一种宿命论的味道。

“如果你已经认为要输了，那么何必要提议联合竞拍呢？”

“我这个人好奇心很重，凯德船长。我好奇艾扎恩人是否真的希望出现最高竞价。”

“你觉得他们不希望出现最高竞价？”玛丽吃惊地问道。

博强看了眼萨拉特，显得非常犹豫：“我也不知道，但是这场游戏很明显有什么地方出问题了。”

“如果我们要共享安塔兰法典，”玛丽说，“那我们也不过会打起来而已。我会告诉互助会他们为我准备的资金还不够多。”

“我会支持你的说法。”

“你真以为互助会能相信你的借口吗？”

安装在地板和天花板上的全息投影盘亮了起来，我们转身看到萨拉特身边出现了艾扎恩贸易代表的图像。

“尊敬的客人，你们好，”阿尼·哈塔·贾说道，“欢迎来到你们决定的环节。让我们开始最后一轮的竞拍吧。”

所有人看着我和瓦基斯，但是没人注意到亚斯不在场。窗外灰色的云层已经变成了黑色，呼啸的狂风吹拂着雪花从窗户上划过，让人感觉保护窗子的压力场随时超载。在我们开始投标前，警卫们启动了窗子上的金属格栏，让我们彻底和外部世界隔离了。

萨拉特指了下地球银行的竞拍器，然后说：“凯德船长，你可以第一个输入竞价。”

我走向拍卖器，把列娜的账户密匙插进卡槽，然后输入了我的竞拍金额：一块钱。我没有必要输入全部的钱，因为我知道我的钱肯定没有瓦基斯多，我就想看看整个过程是否完全受机器控制。拍卖器接受了我的竞价，完全不在乎我输入的金额，于是我转身回到玛丽和博强身边。

“让我们赶紧完事吧。”瓦基斯一边输入金额，一边不耐烦地说道。

“钱这东西，省着点用。”我说道。如果他赢了，我一定要告诉他千万别花超过两块钱，因为我只花了一块钱。

\·\·\·\·\·\·\

“这层楼西侧的控制室负责控制所有系统。”我和亚斯靠在一扇窗户的格栏上，等待着最后结果的公布，“门口有一名警卫，里面可能还有好几个。”

和这些警卫正面交锋可能非常困难。如果冲突进一步扩大，那么悄悄将安塔兰法典带出去就是不可能的。“房间的电力是从哪来的？”

“所有电力来自电梯后面的配电室，配电室在楼下捕鱼船队的后勤中心。配电室上锁了，但是没有警卫。”

“你能进去吗？”

“估计不会有什么问题。”

“很好。今天下午 6 点准时切断电力供应，只切断 5 分钟，不能多不能少。如果到时候电力供应正常，我只能假设你的任务失败了。”

“你到底有什么打算？”

“我想看看萨拉特的警卫们的夜视能力有多好。”

\\·\\·\\·\\·\\·\\

灯光准时熄灭了。因为抵御风暴用的格栏已经打开，所以整个套房里漆黑一片，唯一能看清周围环境的人只有我。我的基因检测器在所有警卫的脑袋上做了标记，我可以知道他们都是谁，视觉神经内的生物纤维插件捕捉到了红外信号，刚好可以在我的脑内界面上显示他们的位置。至于那些我看不到的人，我能听到他们在黑暗中摸索，互相大喊彼此的名字。

虽然这还不是最理想的效果，但是在黑暗之中，拥有插件技术的地球情报局人员无人可挡。

警卫们还在黑暗之中摸索，我从他们身边溜了过去，来到了控制室门口。控制室门口的警卫更加训练有素。他虽然在黑暗中看不到任何人，但是依然站在门口等待电力恢复。我悄悄地靠了上去，用腿把他扫到，然后把他的脑袋狠狠砸在墙上。我听到了颅骨骨折的声音，然后我把他轻轻地放在地上，朝控制室大门前进。因为控制室一直处于工作状态，而且门口有警卫把守，所以门并没有上锁，但是当我把手放在门控传感器上的时候，门却没有任何反应。切断电力系统不仅关闭了照明系统，连门禁系统也瘫痪了，我只能手动一点点推开控制室的房门。

我的插件检测到里面有两名警卫，其中一个人坐着，另一个摸着墙向门口走来。我对着朝门口走来的警卫踹了一脚，基本上踢中了他的肾脏。他因为突如其来的疼痛弯下了腰哀号起来，然后我抬起膝盖猛击他的脑袋。这名警卫倒地的同时，我转身准备对付那名坐着的警卫，但是他已经向我冲了过来。

“瑞特，怎么回事？”他小心翼翼地问道。他肯定已经听到了开门声和同伴倒地的声音，而且意识到控制室里还有别人。

我向他冲了过去，瞄准他的喉咙出拳，但是他闪到了一边，我的拳头不过是擦伤了他的脖子。他本能地冲向眼前的黑暗，拳头从我身边擦过，虽然这一下不会让我慢下来，但是和我身体的接触已经足以让他确定我的位置。他抡起另一条胳膊向我打了过来，正好打中我的脑袋。能打中我纯属正常，因为我完全没机会躲闪。我还没反应过来，就被他打飞了，然后重重摔在石头地板上。我被打得头晕目眩，各种插件提示不停在我眼前闪过。我昏头昏脑地滚到一边，虽然这样发出了不少响动，但是能为我争取时间清醒过来。

警卫的热能信号向左边移动，他试图包抄我，因为他知道我已经倒地了。他对着黑暗中踢了一脚，刚好从我脸上擦过。从他踢腿的动作可以看出他受过良好的训练。我的插件能为我在黑暗中提供一定的视力，但是他先打到了我，而我却没有时间慢慢恢复。距离亚斯恢复供电只剩几秒钟时间了。只要照明系统恢复工作，警卫马上就能认出我来，我也只好杀他灭口，但是我不喜欢杀人。

我右手在地板上狠狠砸了一下，然后悄悄滚到左边，再站起来。警卫马上对着我右手砸过的地板开了一枪，电磁加速造成的闪光暴露了他的位置。

他刚才的攻击让我无法站稳，但是我还是对着他的手腕踢了一脚。这次攻击虽然不完美，但是力道足以打断他的胳膊，他手里的枪飞了出去。他并没有因此而哀号，反而是用完好的另一只胳膊攻击我的脑袋。我抓住他的胳膊一拧，把他拉向我的方向，然后一只脚勾住他的脚踝，把他的脸狠狠砸向地板。趁他还没反应过来，我用膝盖狠狠砸在他的背后，在照明恢复的同时将他弄瘫痪了。他刚想转身，我用手肘狠狠砸在他的脑后，他的脸被扣在了地板上的同时发出了骨头碎裂的声音。这下他终于不动了，我也省得打断他的脖子了。

我慢慢吐了口气，拍了拍昏迷的警卫的后脑勺说：“这可能有点疼，但是你好歹还算活着。”

我摇摇晃晃地爬起来，感觉脑袋上肿了一块。要是我的脸上肿了，那我可就没法解释了。

我把走廊里不省人事的警卫拖进控制室，然后关上了门，仔细打量房间里的一切。控制室里有各种通信器材和气象观测设备，监视器可以看到每个房间，就连我的卧室也能看得一清二楚。我无视了监视器，专门选择了埃曾一直在监听的频道，然后直接和苔原镇建立了联系。

“我明白了。”埃曾回答道，说话的用词努力避免让别人发现我们的身份，因为这个频道可能也被人偷听了，“你的信号没有加密。”

“我知道，我时间不多了。他们在用地球银行的拍卖器进行拍卖。我需要你确保我能赢。”

“就算我知道了你的位置，我也不可能破解地球银行的加密程序。”

为了确保拍卖期间的保密性，顶层套房的控制系统已经和楼下后勤中心进行了隔离。我启动开关，让套房和当地数据网重新连接，给埃曾留下一道程序后门。“现在如何？”

“我可以看到他们的系统了，但是他们也能看到我进入了他们的程序。”

“除了我，没人知道这事。赶快干活。”过了一会儿，通信控制台前的屏幕上出现了一条来自外部的安全权限请求，我立刻进行了许可操作。“现在如何？”

“我已经有了全部权限。”

“很好，现在藏起来，你得靠你自己了。”

我删除了过去 100 小时内所有的记录，然后关掉了监控系统。

在确定没人看到我后，我回到了自己的房间，准备给脑袋上的大包好好冰敷一下。

让埃曾通过后门进入系统还是很简单的，但是他要是在晚餐结束前还找不到突破人类最强大的金融设备的办法，那么瓦基斯就会带着安塔兰法典离开。几个小时之后，它就会被送到君王号战舰。

到了那时候，我就无法拿回安塔兰法典了。

\·\·\·\·\·\·\

吃晚饭的时候，萨拉特就停电之事向我们道歉，但是丝毫不提我偷袭控制室的事情，但是安保措施却明显增强了。兼职服务生的警卫再也不必顾忌藏在晚礼服下的武器是否会太过显眼，把守电梯的警卫也装备了突击步枪。我们在森严的戒备下聚在一起，一边等待拍卖器完成验证，一边讨论着安塔兰法典。

“鉴于这玩意是外星科技，”我说，“我们该怎么用它？”

“这里没有我们，凯德船长。”瓦基斯说，“我可没打算和你分享这东西。”

“还没到手的东西，又何谈分享呢。”博强干巴巴地说道。

“谢谢你。”我对博强说，“这是孔子说的？”

“不，是我博强说的。”

我举起酒杯说：“这杯敬伟大的博强先生，银河系中的大圣人！”博强歪了歪脑袋，接受了我的好意。我转头对萨拉特说：“鉴于刚才的话题……”

“安塔兰法典使用一种万能适应性界面，可以和各种电脑连接。”萨拉特说，“我们只需要提供导电的接触面和对数据库的访问权就好了。法典会处理剩下的事情。”

“这个小盒子还真厉害。”亚斯坐在瓦基斯和博强中间。没人注意到他在断电期间失踪了，因为当监控系统重启之后，他已经回到了我们的房间。

“那些发明法典的人，现在变成了漂浮在安塔利斯星系的残骸？”我问道。

“是的，科里人发明了法典。按照阿尼·哈塔·贾的说法，他们来自矩尺座悬臂。虽然他们的科技高度发达，但是内部分裂严重，以至于经常爆发内战。安塔利斯星系是映射空间内唯一一座墓园纪念碑，但是我知道银河系其他地区还有不少。”

“鉴于法典的历史，”玛丽说，“科里人难道就不想要回安塔兰法典吗？”

“不幸的是，这并不可能。”萨拉特回答道，“他们的文明早在几百万年前就崩溃了。他们没有灭绝，但是居住的世界已经不足以支持他们重建文明。”

“他们摧毁了自己的家园世界？”博强问道。

“按照阿尼·哈塔·贾的说法，他们的家园世界资源已经枯竭，完全依靠来自其他星球的资源。资源耗尽之后，工业文明无法保持运转，其他制度更无法自保。不妨想象一下，几千年之后地球耗尽了自己的资源，完全依靠殖民地运来的资源会是什么样子。”

“地球没有核心星系的支持活不了多久。”瓦基斯傲慢地说，“但是没有地球，我们还是可以活下去。我们之前就这么干过，现在肯定也没有问题。”

“我们大多数的科技和工业产品还是来自地球。”萨拉特反驳道，“没有地球，我们将会受到重创。”

“地球就希望你这么想。”瓦基斯说，“核心星系有些人希望地球议会不要再插手我们的事情。”

“就是这些人让全人类陷入了麻烦。”我果断指出了这一点。

“为什么没人去找科里人做生意？”玛丽问道，“要不是钛塞提人给了我们新星元素驱动飞船，我们也不会有现在的成就。”

“议会对科里人启动了第五条款。”

第五条款要求议会成员使用一切可能的资源避免其他种族灭绝，在此前提下，任何人不得阻止第五条款的执行。确保生命的延续非常重要，因为这将让该文明未来的世代有机会克服前人犯过的错误。如果一个种族灭绝了，那其他也就无从谈起了。

“所以为了避免科里人自己灭绝了自己，”我说道，“银河系中其他种族禁止和他们做交易？”

“正是如此。议会认为给科里人提供重建文明的机会只会加速他们的灭绝，这是绝对不能允许的。”

“因为种族灭绝是违背准入协议最严重的情节。”我说，“很幸运的是，他们还没有对人类做出同样的事情。”

“他们差点就这么干了。”萨拉特说，“万幸的是，在战术世界大战之后还有几个世纪的和平，所以议会决定放我们一马。”

“这完全是个扭曲的法律问题，”瓦基斯满心厌恶地说道，“为了不让一个种族自我毁灭，就把他们彻底隔离。”

萨拉特耸了耸肩说：“你说得可能没错，但是科里人并没有停止战争。他们的内战还在延续，只不过不是用太空舰队，而是用石头武器罢了。我猜，即便对于某些星际文明来说，一些进化路线也会走入死胡同。所以如你所见，安塔兰法典的制造者不会要求拿回自己的财产。这不过就是一场回收来的外星科技的拍卖会。不过，既然说到这了，”

萨拉特起身继续说道："我们也该完成手头的生意了吧？"

"你说过会进行产品演示？"瓦基斯问道。

虽然来到这里的理由各不相同，但是我们头一次达成了一致。瓦基斯想确认自己买到的是不是真货，而我想知道安塔兰法典究竟是什么东西。

萨拉特点了点头说："那是当然，先生。请随我到这边来。"

我们聚集在会议厅，在房子里可以隐约听到屋外狂风吹过金属格栏的声音，过了一会儿，阿尼·哈塔·贾的全息图像就冒了出来。

"欢迎你们，我亲爱的顾客们。"眼前的艾扎恩人说道，"欢迎来到激动人心的交付货物的时刻，我们所有的努力都为了这一刻。"

"尊敬的委托人，"萨拉特毕恭毕敬地说道，"我们需要进行货品展示。"

"这非常合理，还能展示下我们的诚意。"阿尼·哈塔·贾说完，就消失不见了。

"他去哪了？"瓦基斯质问道。他怀疑自己是否已经被骗了。

萨拉特示意大家冷静下来。"阿尼·哈塔·贾使用的全息投影仪稍后要用来进行产品展示。"

安塔兰法典下面的圆形金属盘闪闪发光，然后飘了起来，飞到了地板上的全息投影仪上。当法典和全息投影仪建立了链接之后，生成了一个本星系群的全息图像。50 多个小型星系围绕着位于中央的两个更大星系运转，巨大的旋涡星系是仙女座星系，较小的螺旋星系是我们的银河系。所有这些星系组成了直径 1000 万光年、拥有 10000 亿颗恒星的本星系群。

"这就是安塔兰法典所储存的星图。"空中响起了阿尼·哈塔·贾的声音，"为了证明法典的价值，让我们来看下你们所谓的三角座星系，它距离地球有300万光年。”画面不断拉近，一个个星系从我们身边飞过，最后锁定在本星系群内第三大星系中。“按照现在为你们展示的航线，你们可以从靠近银河系的一端直接到达三角座星系的另一端。”一条蜿蜒的红线从三角座星系400亿颗恒星中间蜿蜒穿过，跟着这条红线，一艘飞船可以用最快的速度横穿整个星系。

我明白了！

整个安塔兰法典就好像映射空间！二者都标记了太空中所有的暗物质，但是映射空间不过是银河系0.5%的空间，安塔兰法典覆盖了整整1000万光年。这就是为什么安塔兰法典要坚不可摧，为什么艾扎恩人说没有它将寸步难行，因为只有它才能为我们在宇宙中进行导航。这可是通向王国乐土的钥匙啊！而且这不仅解锁了我们自己的银河系王国，而且还能通向其他的乐土，当然我们现在科技还不能让我们飞过去。

“这里面有本星系群的所有星系星图？”我问道。

“它包含所有的星图，而且精度无人能敌。”艾扎恩人说道。

“星系之间的空间也包括其中。”萨拉特说道。

“科里人是怎么获得这些信息的？”我说道。安塔兰法典内星图覆盖的空间范围让我非常震惊。

“这和测绘整个悬臂地区和测绘整个银河系的方法是一样的。”阿尼·哈塔·贾说，“在几百万年的时间里，上万个文明互相分享自己的知识，最后汇成了这部安塔兰法典。单独一个文明不可能完成这项工作，只有多个文明合作才能完成这种伟业。”

“钛塞提人从没告诉我们还有这种规模的合作。”玛丽说。

我们一直以为合作只存在于银河系内的文明，从没有人想过银河系议会的资深成员们居然还和其他星系中的文明进行过合作或者联系。

二者之间的距离非常遥远，我们一直致力于加入银河系大家庭，却从没想过有一天甚至会卷入跨星系交流之中。

“你们知道又能如何？”阿尼·哈塔·贾说，“等你们能够运用这些知识的时候，已经是很多年以后了。”

他说得没错。我粗粗计算了一下，银边号飞到三角座星系要花2200年。

“既然安塔兰法典已经有700万年历史了，”博强问道，“那么里面的数据是否已经过时？”

“这怎么可能？”阿尼·哈塔·贾说道。

“都过了这么长时间，所有东西的位置都变了。古老的恒星已经死亡，新的恒星已经诞生。”

“我亲爱的客人，”阿尼·哈塔·贾说道，“有些事情一旦明白了，可就永远不会忘了。”

“你的意思是说安塔兰法典可以预测现在宇宙的发展吗？”我说。

“你对于商品的描述没错，但是这件产品的作用也限于此。你需要更大的设备才能进行全宇宙的星图测绘。我们不会卖这种设备，但是它确实存在。很抱歉，艾扎恩人不能卖给你们这些东西。”

“那么钛塞提人有吗？”玛丽问道。

“我们不知道钛塞提人是否拥有这类科技。”阿尼·哈塔·贾回答道：“但是可以确认的是，他们在入侵者战争时期曾经派飞船进入你们所谓的室女座超星系团，这说明他们可以航行到安塔兰法典记录的范围以外。我们艾扎恩人可做不到这一点。”

艾扎恩人的话让其他人脸上泛出惊讶的表情，但是我发现他们似乎并不完全理解安塔兰法典到底是什么。它知道1000万光年内所有的可见和不可见物质的位置，只要有了它，可以精确绘制1000万光年内的星图。它能够计算每一个重力变动，每一次碰撞和爆炸，以及每一次对本星系群可能造成的变化。可以进行的计算近乎无穷无尽，安塔兰法典本身就是物理学集大成的体现。

“在可以预见的未来，我们谁都不会去三角座星系。”瓦基斯说，“我要看的是我们的银河系。”

“如你所愿。”阿尼·哈塔·贾说。

眼前的三角座星系很快就被替换成了我们的银河系，从距离银心1/3银河宽度的地方画出了十几条航线直达银河系的边缘。“这是安塔兰法典记录的从你们地球通往银河系边缘的航线。”

瓦基斯点了点头，表示信服。只要有法典在手，银河系财团就可以在全银河系范围内派遣飞船寻找商机。如果互助会拿到了法典，那么他们可以垄断映射空间以外的星际航行，然后建立一个可以和艾扎恩人比肩的商业帝国。如果它落到了博强或者甘多亚手里，那么他们将在地球海军的管控范围之外继续犯罪活动。

“法典可以识别宜居世界和资源分布吗？”我问。

“你们看到的一切都是根据已知数据计算得出的结果。”阿尼·哈塔·贾说道。

这就解释了布雷克里奇的动机。只要有了法典，他的矿业集团就可以开采遥远而无人开采的矿产资源。

我现在明白了艾扎恩人究竟在卖什么，不论他们开价多少，安塔兰法典都值这个价。

“演示到此结束，”萨拉特说，“各位还有什么问题吗？”

在场没人说一句话，那个艾扎恩人拿着金属圆盘带着法典回到了展示桌上。当金属圆盘和全息投影仪脱离接触的一瞬间，银河系的图像就变成了四肢笨重的阿尼·哈塔·贾的全息图像。

“很高兴来到做出最后决定的环节。”阿尼·哈塔·贾说。

萨拉特转头看着身后光滑的石头墙壁。墙上有一个和宴会厅一样的屏幕，竞拍器向它传输数据的时候，它就变成蓝屏。瓦基斯现在已经知道了法典的真正实力，正在心里盘算银河系财团要如何利用它的无限潜能。对输掉竞拍的恐惧让他脸上浮现出一丝举棋不定的表情。我们盯着大屏幕，等待着最后获胜者的名字。但是，屏幕发生了好几次黑屏和静电杂音。

这是埃曾在屏蔽拍卖器的信号吗？

萨拉特看了一眼警卫，问道：“怎么回事？”

警卫耸了耸肩，检查了下拍卖器的各种设置，然后说：“一切工作正常。”

在萨拉特身后，屏幕又亮了起来，我的名字出现在了上面。屏幕上的字体、字号和之前的完全不一样，但是每个人都能看到最终的结果。这只能说明一点：埃曾已经突破了层层加密的地球银行拍卖器。

“耶！”亚斯兴奋地挥舞着拳头，“干得漂亮，船长！”

萨拉特转身对我说：“恭喜你，凯德船长。我相信李杰康对这次胜利非常满意。”

“这不可能！”瓦基斯盯着我大喊道，“义武会不可能压过我的出价！”

“你低估了李杰康。”我说，“很多人都犯过类似的错误。”我看了一眼博强，他似乎对于我能赢得竞标非常意外。

“我已经履行了诺言。”阿尼·哈塔·贾郑重地宣布，“我们汇聚于此的目的已经达成。谢谢。”他的全息图像就此消失，标志着整场拍卖会彻底结束。

博强走上来和我握手，说：“干得漂亮，凯德船长。”他靠过来悄悄地说：“似乎有人低估了你。”他意味深长地瞟了一眼瓦基斯。

“谢谢你，博先生。”我顺着他看的方向看过去，好奇他到底想表达什么，“你不会觉得难过吗？”

博强用近乎哲人的表情看着我说：“得不到的东西，又何谈失去呢。”

玛丽对着我勉强摆出一个笑脸说：“我以为瓦基斯赢定了。”然后靠在我身边悄悄地说：“你是怎么办到的？”她肯定知道我作弊了。

“不过是把钱花够了而已。”我悄悄说道。

她在我的脸上亲了一下，然后凑在我耳边说：“我现在可以确定你在撒谎了。”

萨拉特示意我走过去：“拍卖器会自动更新你的账户密匙。”

我好奇萨拉特要花多久才能发现拍卖器只从我的账户转走了一块钱。我知道用一块钱参加竞标是个愚蠢的错误。等萨拉特看到转账金额，他就会发现交易结果已经被锁定。我必须带着法典尽快离开这里，不然他的警卫就会把我包围。

萨拉特从保护力场里拿出了安塔兰法典，然后交到了我的手上。“现在，它是你的了，凯德船长。我相信你的赞助人会好好利用它的。”

我迟疑了一下，说：“我不会像布雷克里奇一样被切成两半吧？”

“保护力场和我的生物信号相连。”萨拉特解释道，“只有我才能从金属圆盘上把它拿起来，是现在它还是很安全的。”

我把法典拿在手里，感受着它的重量，说：“它比我想象的要轻。”

“而且比最坚固的合成钢还要结实。”萨拉特向我保证道。

我的手掌有种刺痛的感觉，法典一定是想和我手里的生物纤维进行连接。我大吃一惊！它一定是发现了我的插件，然后以为我是一个可以连接的系统！我启动了手腕的神经屏障，试图阻断它的信号，但是毫无作用。我的防御系统在法典面前一无是处。

“拍卖器会自动支付我的酬金，”萨拉特继续说道，“然后其他的钱会转到位于地球的艾扎恩人代表手里。”

我转向亚斯，点头示意他过来拿走法典，努力不暴露出自己正在被外星科技攻击。刺痛的感觉已经蔓延到我的胳膊上的时候，亚斯从我手里拿走了法典，切断了刚刚建立的连接，不然我就要变成一台人形终端机了。趁着亚斯打量着法典的时候，我不停捏紧拳头然后再放开，让刺痛的感觉慢慢消退。

“赌上你的性命，好好保护它。”

“那是当然。”亚斯转身对萨拉特说，“现在拍卖结束了，我的枪呢？”

萨拉特犹豫了一下，怀疑亚斯是否要为哈迪斯城的事情报仇。

我赶紧说：“他拿枪完全是为了保护法典。我没说错吧，亚斯？”我的口气与其说是在询问不如说是在命令他。

“是的。”亚斯不情愿地说道，“就按你说的来，船长。”

我对着萨拉特点点头，然后萨拉特示意旁边的警卫赶紧去拿武器。

“飞机在楼下的停机坪待命，”萨拉特说，“它会带你们回到机场。”

“这次飞行一定非常刺激，”玛丽说，“毕竟瓦基斯随时准备把你活剥了。”

“我们会把法典放在他能看到的地方，”我说，“但是谁都不许碰它。”我才不想碰它呢！

两名警卫带着一个工程诊断扫描仪朝我们走了过来，它和埃曾平时用来检修封闭部件的扫描仪差不多。他俩把扫描仪放在萨拉特面前，萨拉特拿起艾扎恩人保护法典用的金属圆盘，然后放进了扫描仪的扫描舱里。警卫锁死了扫描仪，然后开始全面诊断扫描。

“你的艾扎恩朋友可能不会喜欢你偷窃他们的科技。”我说。

“他们永远都不会知道的。”萨拉特说，“这个检修扫描仪并不是用来对外星科技进行逆向工程研究的，但是有些公司为了获得不完整的非人类科技扫描数据，他们的出价会超乎你的想象。”

一名警卫带着一个放着各种武器的托盘走了过来，我被没收的通信器也在上面。玛丽拿起了两把尺寸不大、但是非常致命的针弹枪，还有一把近距离电击枪，然后我和亚斯才拿回了自己的枪。

“你现在都带三把枪了？”我惊讶地问道，然后把通信器揣回了自己口袋。

“我一直都带着三把枪啊。”她回答道，心里一定非常开心，因为我花了这么久才发现她的一个小秘密，“你不是还带着那门大炮到处跑吗？你就不能带点不那么野蛮的武器吗？”

“我喜欢野蛮一点的。”我一边说着，一边掂量着手中的 50 式电磁加速精准手枪，装出一副为自己辩护的样子。这把威力巨大的重型手枪可以发射所有小型超音速弹药，具有非常高的泛用性。我的手枪比标准的电磁加速手枪要大一点，但是射程和精度非常适合我的超级反应感官。

“又或者说，你是对自己的枪不满，所以一直带着这个玩意儿到处跑？”

亚斯在旁边笑了起来。玛丽意味深长地看着亚斯的两把速射枪。“你又在那笑什么呢，金发小子？他的家伙比你大多了！你是不是就因为这个原因才带两把枪的？”

亚斯被她说得哑口无言。他空闲的一只手按在放在枪套里的速射枪上，说：“我以为你们女人知道用双手操控的武器需要更高的技巧呢。”

“是吗？这都是你晚上自己琢磨的吧？”

我不禁笑了起来，亚斯终于明白不该和玛丽吵架。“我可不会为你吵架。”我说着，收起了自己的 P-50。

一名警卫走到萨拉特旁边耳语了几句，然后萨拉特对我们说：“很抱歉，风暴太强，飞机不得不停飞。大家得在这里再待一个晚上。”

“不能飞到风暴上面去吗？”亚斯说。

“可以，但是飞机无法在如此猛烈的强风中起飞或者降落，它从停机坪上起飞就会被扔进大海里。以前发生过这种事情，所以驾驶员不会在这种天气起飞。”

“我来驾驶。”亚斯说，“我来教教这些人该怎么开飞机。”

“他们不会让你驾驶的。明天早上风暴就减弱了，到时候你就可以飞回苔原镇了。”

但是我和亚斯如果不劫持一架飞机逃跑的话，就只能留在这过夜，如此一来萨拉特就可能发现我在拍卖中作弊了。

“既然如此，我希望你还有一些玛拉雅红酒。”玛丽说。她的眼神告诉我今晚会非常精彩。

“那是当然。”萨拉特回答道，“艾扎恩人从不亏待自己的客户。”

\·\·\·\·\·\

晚饭的时候，亚斯把安塔兰法典放在自己正前方的桌子上，就好像法典是自己的战利品，还时不时地对着它敬一杯酒，然后把酒杯放在上面。天知道瓦基斯看着眼前的这一切有多生气。我和玛丽则努力喝空萨拉特的红酒库存。晚餐刚刚结束，瓦基斯就起身回自己的房间了，他大概再也不想看见亚斯庆祝胜利的样子。当我们喝完最后一瓶红酒的时候，萨拉特和博强也离开了餐桌。

“你从银河系财团嘴里抢走了法典，到时候李杰康肯定要给你一大笔钱。”玛丽说。

“这一杯敬李杰康！”我必须为我的伪装身份敬一杯。我喝空杯中的酒，然后又倒了一杯，想到博强对李杰康的描述，我想估计过不了多久也会有人出高价买我的脑袋。

“敬穆库尔·萨拉特，让他在地狱里腐烂吧！”亚斯恶狠狠地说。他直接用酒瓶喝了一口，然后把瓶子砸在法典上，重重坐在凳子上，双目无神地盯着前方。“我连她俩名字都想不起来了。”他又想起了萨拉特在哈迪斯城杀掉的那两个姑娘。

玛丽看着亚斯，摇了摇头说：“那可是通往无尽财富的钥匙，而他却把酒瓶子放在上面！”

“那东西在太空中已经飘了700万年，”我说，“而且还能抵御一次聚变爆炸，我觉得它肯定防水。”

我们喝光杯中的酒，然后我凑在玛丽耳边说：“再喝一瓶还是……”

“还是？”她假装什么都不知道的样子。我俩不需言语却自有默契，她微微一笑站起来，帮着亚斯站起身，说：“好了，大英雄，该去睡觉了。”

当亚斯摇摇晃晃站起来的时候，我一只手抓起了法典，完全忘记了之前它给我的糟糕感觉。玛丽轻轻推着亚斯穿过大门，走向我们的房间，然后我俩手挽着手走到了一起。

“你下次能告诉我你到底要干什么吗？”我问道。

“我当然信任你，西瑞斯，但是我的钱可不信任你。”

我隐约感觉到了手上的刺痛感，这才反应过来是安塔兰法典试图再次和我的插件系统进行连接。酒精让我的本能变得迟钝，让我以为之前的戒备不过是多此一举。我观察着法典的每一步操作，感受着它通过生物纤维一点点爬上我的肩膀。当它发现位于我肩胛骨的数据储存节点的时候，就开始向里面传输大量数据，数据流量几乎达到了插件传输的极限。这看上去不过是一次单纯的数据传输，但是数据流中还夹杂着一些东西，它们正在我胳膊的生物纤维里高速运行。它们穿过位于我肩胛骨的数据储存节点，然后开始向我身体的其他地方扩散。等我们走到走廊的时候，下载的数据已经占据了插件记忆库中 14% 的空间，而且不明入侵数据正在试探我的感官核心。我的视野一片模糊，窗外的风声也变得非常奇怪，我整个人已无法站稳。我的脑内界面出现了插件安全警告，位于锁骨的一个自主指令核心已经遭到了攻击。脑内界面的插件提示也变得一团糟，我根本看不懂都是些什么内容。不论法典向我会传输了什么东西，我的插件防御系统都被破坏了。

肾上腺素突然战胜了体内的酒精，让我暂时清醒过来。我启动了一个插入每一位地球情报局基因改造特工的指令，以至于如果我们被抓了，或是正在被类似法典这样的外星科技打得溃不成军的时候，我们也不至于泄露情报。

启动紧急数据清除！

我启动了最后一道安全协议，这就等于是对着我的插件核心开了一枪。

“过来！好好拿着这块通往无尽宝藏的钥匙。”我说着，就把法典塞到了玛丽的手中。

“你可知道我就是喜欢钱呐！”她笑着说道，然后接过了法典。

我的眼前一片白点，紧急协议试图将插件内所有数据全部删除，同时还努力将法典传输到我体内的东西也一并清除。我的耳朵里满是高频的噪声，鼻子里是各种奇怪的味道，嘴巴里是苦涩和甘甜的味道，能想到的味道我全都感受到了。我踉踉跄跄地摔在地板上，无法控制自己的四肢，瘫在地上，呼吸困难。

玛丽试图扶我起来，但是我对她而言太重了，而且一切发展得太快。我瘫在石头地板上，浑身无力，好像一具尸体，心脏都停止了跳动。当插件失效之后，整个神经系统都会随之失灵，这就是生物插件技术的软肋所在。

“西瑞斯，你没事吧？”玛丽跪在旁边，脸上的表情夹杂着疑惑和担忧。

这不是我第一次启动数据清除协议，但是我之前都是在训练中使用，从没有在实战中使用过。而且情况从没有像现在这么复杂！整个过程花费的时间比在训练中要长，因为协议检测到了外星科技，并且用几乎让人害怕的精度清理着每一个字节的数据。对于数据清除协议来说，我是死是活并不重要，真正重要的是确保清除干净外星科技的影响和数据库里的所有信息。一旦事关插件科技，那么特工的死活都是第二位的，真正重要的是保密。

我逐渐模糊的脑内插件里弹出一条消息：数据清除完毕。

数据清除协议让我重新控制自己的身体，让我在身体死亡之前还有一线生机。

重启生物插件！

我下令对插件进行全面重启。

我的身体恢复了知觉，心脏恢复了跳动，在深吸一口气之后，肺部也充满了空气。我趁着玛丽把我扶起来的时候赶紧喘了几口气，她完全没意识到我刚刚去地狱散步了。我的插件传感功能逐渐恢复，但是我的插件数据库却空无一物，所有的安全码和权限全都无影无踪，我无法向其他地球情报局特工、地球海军、人类和外星政府证明自己是地球情报局的特工。我现在无法呼叫增援，只能靠我自己了。

“船长，你没事吧？”亚斯摇摇晃晃地问道。

我点了点头，让他不要担心：“我猜不过是红酒喝多了。”我一边说着一边坐了起来，再也没有醉酒的感觉。安全协议在清除数据的同时也清除了我体内的酒精，因为它认为酒精是侵入体内的毒素。我整个人放松下来，假装轻度醉酒。

我对玛丽投以感谢的眼神，心想，现在体内已经没有残留的酒精，今晚一定是个难忘的夜晚。

还没等我说话，玛丽说：“我的房间是左边第二间。”

亚斯点了点头，非常清楚今晚要被放逐到别的房间里去睡觉了，于是点了点头，说：“我就知道。”

“还有，不许翻我的东西，”她补充了一句，“别以为我发现不了你动我的东西。”

亚斯非常难过地看了她一眼，然后去她的房间睡觉了，而我俩就留在我的房间里。

“我该把它放在哪？”她举着法典问道。

“就放在梳妆台上吧。”我绝对不能再碰它了。不论它用的是哪种适应性操作界面，简直就是我体内插件的克星。

她把法典放在梳妆台上，然后用我最喜欢的猫步缓缓向我靠近。我俩四臂相交，双唇紧锁，在接下来的几个小时里，我完全把法典忘到脑后了。

一声爆炸打破了黑夜的宁静，黑暗中电磁加速武器开火的声音越来越密。我坐起来，听着外面走廊里回荡着嘈杂的战斗声和警卫们的叫喊。

“怎么回事？”玛丽迷迷糊糊地说。

“战争爆发了呗。”我跳下床，穿好衣服，拿起装着 P-50 的枪套。就在此时，亚斯踹开门冲了进来，他手里拿着一只速射枪，另一只揣在枪套里。

“外面有东西！”他喊道，“萨拉特的警卫都被撕碎了。”

“你这话是什么意思？”玛丽问道，同时用床单盖住了自己赤裸的身体。

我启动了自己的 P-50，枪里装的是反人员子弹，可以对裸露的肉体造成巨大伤害，但是对装甲却没有多少效果。我对亚斯说：“待在这儿。”

“那可不行，船长！”

“看好法典！”我指了指放在梳妆台上的法典。当我从他身边跑过的时候，我放低声音又补了一句：“看好玛丽。”

“我才不需要人保护呢！”玛丽扔掉床单，光着身子跑到放衣服的地方。但是在穿衣服之前，她先检查了下武器的状态。

“好！你来保护亚斯！”他俩完全能照顾彼此，但是我接受了超级反应能力改造，拥有他俩都比不了的优势。我对亚斯说：“外面的敌人肯定是为了法典来的，千万不能让他们拿到法典！”

“该死，船长，乐子全让你抢走了！”

我就当他是同意我的安排了。“等你有了自己的飞船，你也可以抢走所有的乐子。”我默默地看了一眼玛丽，权当是和她告别，而她终于开始穿衣服了。我转身走进了走廊。

套房的照明系统已经失灵了。红色和橙色的曳光弹在走廊尽头飞来飞去，一道红光从中央客厅的窗外照了进来。外面风暴正猛，金属格栏应当盖住了窗户，那么这光又是从哪来的?

石塔在爆炸的冲击下晃了起来，然后传来石墙倒塌的声音。枪声中夹杂着警卫的叫喊，他们的声音中夹杂着恐惧和疑惑。

“在那边！”

“左边！”

“我中弹了！我中弹了！”

“在你后面！”

“它动作太快了！”

一个男人惊恐地大喊着，然后声音戛然而止。

“他死了。”另一个人惊恐地喊道。

“它在我们后面！开火，开火！”

萨拉特的警卫都是训练有素的退伍军人，但是这次战斗他们完全不占优势。我把光学插件的接收功率调到最大，然后慢慢爬向走廊的尽头。

我的右边躺着两名死掉的警卫，他们的尸体被笼罩在窗外照进来的红光之下。他们的尸体还在释放微弱的热能信号，尸体上几个温度较高的地方是反人员子弹造成的伤口。他们的武器掉在一边，我的视觉插件还能看到刚刚开火后的痕迹。一名警卫丢了一条胳膊，尸体上没有爆炸造成的痕迹，看起来就好像是被外科医生精准切除了一样。

在我的左边，5 名警卫对着红光的来源一边开火一边向会议厅撤退。他们 5 个人密切配合，心里害怕但是没有慌张。他们相互掩护着彼此的后背，一旦看到敌人的动向就会大喊通报同伴。一个比人类高一半的纤细黑色虚影在走廊尽头闪了一下，看来他是打算包抄这几名警卫。他在我的左边消失，然后开火的枪焰照亮了 5 名警卫。一名警卫胸口中弹，子弹带着他飞到了墙上。入侵者的枪声听起来像经过消音处理的民联军铁匠式步枪，这种重型突击步枪足以打穿所有人类的防弹护甲。但是眼前这名入侵者绝对不是人类!

那么，外星人为什么要用人类的武器攻击人类呢?

在客厅的另一头，萨拉特站在会议厅的门廊里，让警卫立刻撤退。他退进了会议厅，剩下的 4 名警卫跟在他身后，一边开火一边撤退。突然，右边又冒出一串曳光弹，一名警卫沿着窗户一边跑向会议厅一边开火。

那个外星人再次从我身边闪过，冲向会议厅，他的速度太快，警卫们很难打中他。一名接受了手部和眼部强化的地球情报局狙击手也许可以打中他，但是经过坚韧强化改造的步兵完全打不到他。外星人跳到空中开火，枪焰照亮了他的身形——修长的爬行类动物身体，纤细的三角形脑袋，长长的四肢和在空中保持平衡的鞭尾。外星人一手拿着铁匠式步枪，另一只手里拿着一把类似长刀的武器，刀刃在黑暗之中泛着光。民联军的突击步枪对于人类来说太重，难以单手持握，但在眼前的外星人手里却像用刀一样轻松。入侵者一下子从跑向会议厅的警卫旁边闪过，手起刀落，把警卫切成了两半。外星科技打造的长刀能够轻松切开警卫的身体，就好像毫无阻力一样，警卫的身体碎成几片落在地上。

其他警卫纷纷开火，子弹从灵敏的外星人身边飞过，但是他的动作太快了。在会议厅门口，一名警卫肩膀中弹倒在地上。正当他准备起身的时候，外星人冲了上去，一刀砍掉了他的脑袋。外星人没有减速，直接冲进了会议厅，以极高的速度和准头开火和挥砍，完全是一副受过专业训练、杀戮成性的杀手模样。

我爬进客厅，检测器发现了五名死掉的警卫和两名受伤的警卫。一扇长方形的金属窗户格栏被砸进了屋内，它的下面还有一名死掉的警卫。窗户外面还有一个灰色的飞船，它周围的一圈红光为它抵挡肆虐的风暴。飞船黑色的舱门正对着被打开的窗户，那个爬行类外星人就是从这进来的。

一颗晕眩手雷在会议厅内炸开，各种武器都在开火，空气中充满了呼喊和尖叫。我知道战斗马上就要结束了，于是跑步穿过客厅，当我跑到客厅中间的时候，墙壁被炸开了。我被冲击波甩到了一边，直直飞到了旁边的墙上。有那么几秒钟，我躺在地上头晕目眩，耳朵里的轰鸣声盖过了枪声和濒死之人的哀号尖叫。

我看不清眼前的东西，插件标记死亡和受伤警卫的标志也看不清楚。会议厅里已经听不到枪声，说明所有的警卫都死了。过了一会儿，高大的爬行类外星人带着一个长方形的盒子走了出来。我第一眼没有认出来那是什么东西，但当我的意识逐渐恢复之后，我发现那是昨天萨拉特用来扫描金属圆盘的诊断扫描仪。我眯着眼睛想看清眼前的一切，心里渐渐明白外星人的目标并不是安塔兰法典。它想要的是金属圆盘和萨拉特的扫描数据。

当他走向破碎的窗户时，我开始朝着掉在一旁的 P-50 爬了过去。我拿起手枪，笨手笨脚地瞄准眼前的外星人。我的胳膊在颤抖，第一枪打在了石头天花板上。爬行类外星人本能地闪到一旁，我气喘吁吁地跟踪着他的动作不停开枪，在打飞几枪之后，他的肩膀上终于泛起了子弹命中后才有的白色光环。子弹的冲击让他晃了一下，但是没有受伤。子弹被它黑色的紧身服弹开了，他并没有穿防弹护甲，但装备了附在皮肤上的护盾。

怪不得警卫的火力伤不了他！

他没有用民联军的铁匠式步枪对我开火，而是扔下诊断扫描仪，然后从胸前的刀鞘里抽出了长刀。他的长刀有我的小臂那么长，而且上面还刻有蛇一样的花纹。这种带有仪式性质的武器两侧刀刃上闪着电光，刀身上的蛇形雕纹泛着白光。我听说过这种武器，但是从没亲眼见过。这不是真正的刀，是足以切分原子的量子武器。眼前的外星人拿着刀冲了过来。

我用 P-50 的全自动模式开火，用每秒钟 3 发的射速喷吐着子弹。爬行类外星人的胸口闪着光，但是护盾将我的超音速子弹全都弹开了，每一发子弹都让他退后一步。过了一会儿，我的子弹打完了，屋子里也安静了下来。

他也发现我打空了枪里的弹药，于是拎着刀向我砍了过来，随时可能让我身首异处。他弯下身子准备向我跳过来，但是我身后响起的熟悉枪声打破了房间的宁静。两串破片弹头打在高个外星人的胸口附近，子弹在击中他的同时就碎成了细小的弹片，但是却让他不得不后退。突如其来的攻击让他吃了一惊，不得不滚到一边，但是飞来的破片弹却紧追不放。

跟在全自动发射的破片弹之后的，是一个长了一头金发的家伙。亚斯双手端着两把速射枪，眼睛紧紧盯着目标朝前走去。爬行类外星人的护盾上出现更多的光圈，过了一会儿，他的躯干上出现了电光弧纹，这说明护盾在连续的攻击下已经开始超载。

爬行类外星人不得不逃到一边躲避亚斯的火力，套房里也响起了警报。鉴于很快就要面对更多的警卫，眼前的外星人开始撤退，关闭了刀上的能量场，然后一边跑一边把刀收回刀鞘。它一把抓起地板上的诊断扫描仪，然后跳过窗户，钻进了停在外面的飞船里。灰色的金属制舱门缓缓升起，然后飞船就直接飞离了石塔，让客厅暴露在寒风的洗礼之中。

亚斯收起枪，冲到我身边说：“船长，你还好吗？”

我慢慢坐起来，点了点头说：“我让你好好保护法典。”

“我一直在保护法典，然后就听到你的枪开火了。”亚斯说。我的枪开火时的高频噪音确实非常独特。“我就知道你遇到大麻烦了！”

我慢慢地站了起来：“赶紧回去看着法典。”

亚斯很难过地看着我说：“不用谢，我刚刚救了你一命。”然后就转身朝客房走去。

“亚斯，”当他停下脚步转过身的时候，我说道，“多谢了，你干得漂亮。”

他非常得意地笑了一下，然后跑回了我们的房间，而我则努力想弄明白到底发生了什么。寒风和雪花从破损的窗户吹了进来，几百米之下的停机坪里的灯光将一切都照得清清楚楚。两名受伤的警卫现在已经死了，他们的尸体在寒风之中迅速降温。在会议厅内，所有的警卫都死了，有些人的四肢或者脑袋都被爬行类外星人的刀切了下来。萨拉特躺在墙根，急促地喘着气，估计也快死了。他的下腹部一片血迹，右腿也被切断了。

我跪在他身边说：“你到底为谁工作？”

他用惊恐的眼睛盯着我，喉咙里发出咕哝的声音：“阿尼……哈塔……”

“不可能，我甚至都不能确定他是否存在。”

他的脸上浮现出疑惑的表情：“艾扎恩……”

“艾扎恩人和这事没关系。你和攻击你的外星人以前打过交道吗？”

“没有。”萨拉特咳出了血，咕咕哝哝地说道，“只有……全息……”

看来他从头到尾都被蒙在鼓里，从来都没怀疑过自己到底在和谁打交道。

“为什么？”他的嘴里挤出这么几个字。

“因为他们恨我们。”我小声说道。

他的脸上写满了不解，然后脑袋一歪，彻底死了。

我用基因检测器扫描着房间，只找到了人类的基因。客厅里的情况也是如此，到处是人类的基因，但是没有任何证据可以证明那个外星人的存在。雪花灌进了客厅里，气温变得非常低，警卫的尸体上和破败的家具上都盖了一层雪花。我按照爬行类外星人的行动轨迹寻找着有用的生物残留痕迹，最后在破损的落地窗前停下了脚步。倒在地板上的窗户格栏不可能是爆炸造成的，因为爆炸留下的能量残留可以当作证据。窗户格栏看起来是被推进来的，似乎是外星飞船直接撞向了格栏。地面现在非常的湿滑，地板上满是雪花，狂风吹得人站不住脚。就在我准备放弃的时候，我的探测器找到了一条可能有用的线索。

我趴在地上，慢慢爬到窗户边，猛烈的寒风吹打着我的脸。在这种风暴的摧残之下，任何线索都会被抹除，我把脑袋探出窗户，让检测器能够寻找线索。陡峭的石壁之下就是灯光通明的停机坪，被钢缆和磁力钳固定的飞机正在遭受暴雪的洗礼。在停机坪之下，海浪拍打着黑色的石壁，浪花直接飞到了半空中。

我的基因检测器在光滑的石壁下搜索着可能的生物质残留物。脑内界面上突然出现了一个定位方框，方框就锁定在不到一米远的一块石头上。亚斯肯定破坏了他的护盾，所以石壁上才会有少量的血迹。但是石头上的血迹也不过只有一滴！狂风正在将唯一的生物学证据一点点吹散，但当我靠近的时候，检测器马上确定了血迹的来源。我的插件数据库已经被清空了，但是部分数据直接编入了生物纤维，所以不论发生了什么，我都不会弄丢它们。而眼前的血迹，刚好和这些永不丢失的数据相吻合！基因检测结果在脑内界面上触发了警报。我只在训练的时候才触发过这种警报，而且我在执行任务的时候从没遇到过这种情况。但是按照现在的情况来看，出现这种警报一点都不奇怪。

检测结果显示这是马塔隆人的基因！

我已经认出了爬行类动物的身形和刺客使用的量子刀，但是机器可以采用任何一种外形。眼前的血迹已经证实冰顶星上有马塔隆人，他杀了萨拉特和警卫，偷走了运送安塔兰法典的外星设备。我现在明白了：马塔隆人希望法典能够落在人类手上，而且他们认为任何人都不会想到是他们把法典移交给了人类，只不过他们低估了萨拉特的贪婪。萨拉特扫描了他们的运输器材，才迫使他们不得不现身，因为这无疑破坏了他们的计划。扫描结果肯定能将法典和马塔隆人联系起来。

又或者他们害怕扫描结果足以让钛塞提人怀疑马塔隆人？能让马塔隆人感到害怕的东西不多，钛塞提人就是其中之一。我们的爬行类敌人领先我们 70 万年，但是钛塞提人要比他们领先几百万年。这种落差让马塔隆人根本不清楚钛塞提人的科技究竟有多强大，而这种无知让他们越发疑神疑鬼。

3154 年，人类极端分子在马塔隆人的家园世界上引爆了自己飞船的反应堆核心，因此我们就不得不面对一个无法匹敌的敌人。这个敌人恰巧还绝不接受道歉和赔偿。这些排外的人类极端分子挑选了一个完美的目标，他们为尚武而排外的马塔隆人提供了一个目标，一个可以让他们发泄仇恨的目标，而且人类的军事科技绝对无法和马塔隆人比肩。但是银河系议会绝对不会允许他们伤害人类。在恐怖袭击发生之后，他们试图摧毁地球，但是他们的舰队在太阳系边缘遭遇了耻辱性的失败——前来调查情况的一艘钛塞提飞船让整个马塔隆舰队瘫痪了。

议会经过几个月的讨论之后，钛塞提人将地球上储存的用于星际航行的新星元素全部进行了无效化处理，在映射空间内的所有人类飞船也遭受了同样的对待。时间已经过去了 1500 年，但是我们还是不知道他们是如何做到这一点的。

那时候，地球上的人类并不清楚发生了什么，一名钛塞提大使向我们解释了这一切。人类强烈谴责了这次恐怖袭击，并且用人类历史上最严酷的惩罚处决了所有相关人员，但是在银河系看来，全体人类都要为这次恐怖袭击负责。这就是责任原则，准入协议的第一条，也是整个准入协议的基础。不论我们的行为有多疯狂，联合政府应当为全体人类的行为负责，而我们并没有认真对待我们的责任。

全人类要为一小撮疯子的行为付出代价。

在接下来的 10 个世纪里，银河系议会对人类行使了禁航令，停止对人类供应新星元素，让我们管理好自己。这无疑将人类囚禁在了太阳系，而且我们花费了数个世纪建立起来的殖民地也逐渐萎缩。大多数殖民地都撑过了禁航令，但是那些崩溃的殖民地只能在恐惧中吞下苦果。

这就是违反准入协议的下场——他们不会毁灭你，而是选择将你囚禁。这比种族灭绝要文明得多。

禁航令持续了整整 1000 年，马塔隆人说绝对不会让我们重返星空，但是钛塞提人却带着全新的新星元素来到了地球，于是我们又开始向着银河系议会的成员席位发起了第二次冲击。当然，如果这次我们又搞砸了，那么第二次禁航令要比上次长 10 倍。这就是建立地球海军和地球情报局的目的所在，他们的任务就是确保我们这次不会搞砸。这是一项非常艰难的任务，而且马塔隆人还总给我们找麻烦。

马塔隆人对于人类的仇恨，随着人类的发展而与日俱增。虽然他们已经能够在全银河系之内航行，他们内心的排外情绪让他们在家园星系之外只拥有寥寥几座前哨站，而人类却乐于在简陋的飞船里飞行几个月甚至几年，所以人类才可以在映射空间内快速扩张。而正是这种快速的扩张，让复仇成性的马塔隆人怒火中烧。人类的扩张速度让钛塞提人都瞠目结舌，因为他们以为我们要花 5000 年的时间才能达到现在的规模，但是我们只用了 500 年。但是对于钛塞提人来说，只要人类遵守银河系律法，那么人类不论走了多远还是干了什么，对他们而言都无所谓。

很幸运的是，银河系律法是公正的。而且钛塞提人一直认为马塔隆人的抗议缺乏具体事实作为支撑，所以对其不予理会。在入侵者战争期间，马塔隆人保持中立，不愿帮助那些挣扎求生的当地文明，所以当战争结束后，没有人愿意和马塔隆人做朋友。当然，如果我们在第二次考察期间又犯错了，那么钛塞提人只能支持马塔隆人的提议，因为观察者文明必须公正地解读银河系律法，并且在必要时刻确保律法能够得到执行。

鉴于马塔隆人打算让我们重新置于禁航令的管制之下，所以我不明白他们为什么要给我们最想要的东西。因为只要有了安塔兰法典，那么我们就可以不受约束，随意探索太空和建立殖民地。我们是缺乏必要的技术脱离直径 10000 光年的猎户座悬臂的，但仅仅是让人类能够脱离这种束缚的期许就能让所有人类跃跃欲试。

如此一来，完全可以理解为什么用安塔兰法典作为诱饵了，但是这个陷阱的本质是什么？不论这个陷阱到底是怎么回事，马塔隆人都在积极制造一场准入协议的违规事件，而我们正大踏步地朝着这个陷阱迈进。

这个想法让我不寒而栗，就连吹走最后一丝马塔隆血迹的寒风都似乎让我感到要更温暖一些。我很想摧毁法典，但是它几乎牢不可摧，所以只能放弃这个念头。我想把它交给钛塞提人，但是仅仅拥有法典就足以算触犯准入协议。

我爬回客厅，然后冲向自己的房间，脑子里充斥着无数想法。套房里的照明系统还没有恢复，但是从客厅反射的光足以让我的视觉插件看清前面的路。

我的房门半敞着，亚斯和玛丽昏倒在地板上。我的插件显示他们俩都被打晕了，武器就掉在旁边的地板上，而梳妆台上的法典却不见了！

我的理智被怒火吞噬，我知道一定是瓦基斯打晕了他俩，然后偷走了法典。我试图晃醒亚斯，然后就听到走廊里有脚步声。门口出现了一个人，他用手电筒照着我的脸，让我看不清眼前的一切，但是我的插件确认他就是瓦基斯。

我向他冲了过去，把他拉进房间里，然后用空膛的 P-50 戳在他的脸上。“那东西在哪？”我大喊道，因为我知道现在已经不仅仅事关一件外星科技，而是关乎人类是否能真正成为星际文明。

他试图推开我，不停地用手电向我挥来，我挡开手电，用手枪握把砸在他的脸上，把他彻底打倒在地。

“你到底要用它干什么？”我大喊道。

“你到底在说什么？”瓦基斯质问道。他的额头已经开始流血了。

“法典！哪去了？”

“不是他干的。”玛丽慢慢地说道，她努力想清醒过来。

“肯定是他！我就知道是他！”我说道，随时准备用拳头把他揍到神志不清。瓦基斯从一开始就想把我踢出局，他代表着那些资本雄厚的家伙，他们能最大限度利用法典。我知道这一切肯定和他有关系。

“不，”玛丽慢慢坐起来，摇着脑袋说，“是博强干的。”

博强？那位平易近人、谦逊而睿智的博强，在能拆穿我身份的时候都没下手，为什么现在要动手？我个人还是挺喜欢他的，特别是他说的那些孔子说的话更是深得我心。怎么可能是他呢？

“我可没骗你。”她说，“他把我打晕了，然后拿走了法典。”

瓦基斯愤怒地把我推到一边，整理了下自己的衣服，然后说：“你让一个无足轻重的律师从自己的眼皮子底下偷走了法典！你比我想象的还蠢！”

亚斯翻了下身子，一边揉着脑袋一边说：“刚才什么东西打了我？”

“飞机是离开这里的唯一办法，而且现在根本无法起飞。”我放开瓦基斯，穿过客厅冲向电梯。万幸的是，电梯还能用。等电梯门打开的时候，亚斯跌跌撞撞追了上来。

“抱歉，船长。”他说道，“我回去的时候，他肯定就已经在你屋里了。我根本没看到他。”

我们坐着电梯来到了机库。

“萨拉特死了。”我说道。电梯门慢慢关上了。

亚斯一脸惊讶地问：“你干的？”

“不是我，是马塔隆人。”

亚斯笑着点了点头，说：“省得我动手了。”

当大门打开后，我们冲向了办公室，而电梯就自动回到了顶层套房。长方形的防护门已经降下，彻底封闭了机库，但是透过上面的窗户还能看到飞机被牢牢固定在外面的停机坪上。

我俩发现博强坐在值班员办公桌前。他抬起头，惊讶地发现我的P-50瞄着他的脑袋。

“法典在哪？”我质问道。他脸上的困惑说明事有蹊跷。

“不在你手上？”博强问道。他身上根本没地方可以藏下法典，而且他完全不清楚我在说什么。

“当然不在我手上！它不见了！”我说。

他的脸上显出恍然大悟的神情：“被偷了？”

该死！我现在开始怀疑到底发生了什么。“法典也不在你这？”

“当然不在我手上。”他看了眼值班员，说：“我在这多久了？”

“从换班之后，他就一直在这了。”值班员小心翼翼地看着我的枪说，“我们一直在研究天气，想看看什么时候飞机才能起飞。”

值班员身边的空管控制台上忽然响起了警报。他转头看着控制台，脸上的表情越发不安。

“怎么回事？”我问道。

“有个傻瓜想降落！”

“是刚才那艘飞船吗？”

值班员一脸疑惑地看着我：“刚才怎么了？”

“刚才有一艘飞船就悬浮在顶楼套房的窗户外面。就在15分钟前！”

“不，先生。”值班员看了看显示屏，说：“自从风暴开始后，就没有飞船在附近，直到现在才出现这艘船。”

“那艘船比你的飞机都大，你从停机坪一定能看到它。”

值班员皱了皱眉说：“想在这种天气起飞！除非他是打算去游泳！”他打开通信器说道：“龙牙三号基地呼叫不明飞船，马上表明自己的身份。”当对方没有回应的时候，他又说：“我不管你是谁，停机坪已经关闭了，不要降落。完毕。”

值班员等了一会儿，但是渐渐靠近的飞船还是没有回答。

“那是什么型号的飞船？”我扭头看着他的显示屏，代表着那艘飞船的标记正在靠近石塔。

值班员耸了耸肩说：“不知道，但是它是直接从低轨道飞过来的。”他凑近屏幕，眼睛因为恐惧睁得大大的：“这个笨蛋！他根本没打算降在停机坪上，他打算在顶上降落。”

“石塔顶上？”我问道，“就是那个瞭望台？”

“这是自杀！”值班员摇着脑袋说，不敢相信自己看到的一切。

空管显示器上显示风速一直很高，凭借合适的飞行器能在这里降落的飞行员除了我，冰顶星上还有一个人可以做到：“一定是乌戈！”

亚斯一脸惊讶地看着我：“你说的是加登·乌戈？”

“跟我来！”

我俩跑回电梯，指示器显示电梯现在还停在瞭望台。我得让电梯赶紧下来，心里计算着所需的时间。

“乌戈这会儿还在这颗星球的另外一边呢，船长。”亚斯完全不相信我的话。

“他就在这儿。”我看着上方说，“他现在正准备降落呢！”

等大门打开之后，我们看到电梯地板上全是雪花。

“船长，如果乌戈也在这，那就是说……”亚斯小心翼翼地说。电梯带着我们越爬越高。

“我知道你要说什么。”我现在的心情非常糟糕。

当电梯大门打开的时候，狂风抽打着我和亚斯，我俩不得不抓着护栏才能站稳。在电梯门外的地板上插着一根带着抓钩的鱼叉，15 米外还有一艘灰白色的货船悬浮在狂风之中。它大敞着侧面的舱门，一根钢缆从货船内部延伸到鱼叉尾部。玛丽挂在货船下面，身上穿着一件挽具，免得被狂风吹走。她一手抓着法典，另一只手被一名来自幸福号的船员抓着。货船的船员正忙着把她拽进货船里。

“她拿走了法典！”我几乎不敢相信她居然这么做，毕竟我俩刚刚欢度了良宵。

“该死！是她从后面打晕了我！”亚斯摇着脑袋，不敢相信这一切，然后冲出门去追她。

我把他拉了回来说：“别动！你会被吹跑的！”

幸福号的船员把玛丽拉进货船，然后先在她的腰上挂了一条安全绳，再解开了拴在鱼叉上的钢缆。

她回头看着电梯，给我送来一个飞吻，然后在狂风中大喊道：“亲爱的，真对不起，但是生意就是生意！”

“玛丽！”我绝望地大喊道，“赶紧回来！你根本不知道自己在干什么！”

她又送我一个飞吻，然后缩进了飞船内部。过了一会儿，钢缆被切断，货船的舱门也彻底关闭了。

货船的驾驶舱内，一个高大、秃头的家伙一边对我们大笑，一边娴熟地操纵着飞船。加登·乌戈是玛丽的副驾驶，他为玛丽的父亲工作了 20 多年，现在玛丽继承了幸福号，他又成了玛丽的飞行员。乌戈嘲讽地对着我敬了个礼，然后加大引擎输出功率，操纵着短翅膀的货船开始爬升。飞船在空中划出一道白光，然后消失在低垂的云层里。

“该死！”亚斯说，“我就知道不该相信她！”

“她完全不知道自己干了什么！”我确定玛丽还以为在玩我俩的小游戏，而且她以为抓到了一个能占上风的机会。

亚斯大睁着眼睛，惊讶地说道：“我不敢相信她居然会从你这儿偷东西！”

“谁说不是呢，她还真是个尤物！”

而且她现在已经让自己身处险境！

“我们现在怎么办？”亚斯的语气中不乏忧伤的味道，他以为自己赚不到那份佣金了。

寒风带着雪花在我们的腿边打转：“我们现在唯一能做的就是赶紧追上去，把法典抢回来！”

龙牙岛没有联合警察的分部，只有渔业公司的代表和后勤人员，他们都不想负责调查萨拉特顶楼套房里的大屠杀。位于苔原镇的联合警察局同意让一名调查员坐下一班飞机过去调查，但是他们看到的只有被弹片和量子刀肢解的尸体。所有的尸体都会进行冷冻处理，地球海军联络官几个月后会来检查这些尸体，但是他的调查结果不会和联合警察的调查结果有什么区别。

为了躲避来自苔原镇的调查员，我和亚斯向基地经理保证我们什么都没看到，然后就坐着第一班飞机离开了，同行的还有瓦基斯和博强。在离开之前，我们都向经理承诺回去接受苔原镇警察局的问话，但是我们谁都没心情和当局交涉。等我们到太空港的时候，幸福号早就起飞了。如此一来，玛丽就比我们领先了一天的时间。太空港外面，一架小飞机正在待命，他会把瓦基斯从机场带回君王号，而君王号的引擎已经开始预热了。他一言不发地爬上了飞机，然后就扔下我们飞走了。

“真是个彻头彻尾的输家！”亚斯说着走向银边号，准备进行起飞前的准备工作。

我和博强在飞机舷梯下面握了握手。虽然他输掉了拍卖，而且还被我的 P-50 顶过脑袋，但还是显得很有礼貌。

“你要去追她？”博强一边问我一边和我握手。

“必须得去追她。”

“子不复仇，非子也。”① 博强又开始借鉴孔子的话了。

“我不是去复仇，博先生，我不过是拿回属于自己的东西罢了。”他并没有发现我除了关心法典以外，还很关心玛丽的人身安全。

博强点了点头，说：“凯德船长，鉴于你……对规则进行了修改才赢得最后的拍卖，我觉得这个所有权还是有待商榷的。”

该死，被他发现了！“我不过是找了捷径而已。”

博强颇为赞赏地点了点头，说：“我不知道你是怎么做到的，但是你肯定是作弊了。如果你不作弊的话，赢的人就是瓦基斯。”

“如果你知道瓦基斯有那么多钱，你干吗要来呢？”

“在我来这里之前，我并不知道要赢的人是瓦基斯。”

我好奇地看着他说：“你怎么知道的？”

博强用手拉起左眼眼睑，然后把左眼球放在手里，现在他的左眼眶里什么都没有了。他拿起这个电子眼，让我好好打量它。“你觉得我为什么要在第一轮最后一个输入竞价？只有如此，我才能看到你们的出价，时刻跟踪你们出价的变动，然后把你们的出价都压下去。”

我不解地盯着电子眼，说：“但是第一轮你输了！”

“是的，而我的出价还是最高的。”他说完，就让我自己慢慢参透其中的玄机。

“整个拍卖被人操纵了？”

---

① 出处《春秋公羊传》，作者公羊高。

“从一开始就被人操纵了。”

我们不过是这次演出的群众演员，为拍卖会的幕后主使掩盖拍卖的真正目的。“所以你才一直没有揭穿我的身份？”

“就算揭穿了你的身份，也没有任何好处。不论我们做什么，最后的胜利者都是瓦基斯。你在第二轮的出价已经超过了他，但是他还是赢了。”

“但是你还提议和我一起联合出价。”

“你的第二轮出价确实很高，说明支持你的人实力雄厚。我个人感觉你不是那种轻易投降的人。”他耸了耸肩说，“我的预感没错，也许我应该联合杜伦船长更为合适。”他忧伤地看着我说：“每个人都有弱点。”

“所以有人破解了地球银行的加密措施，就是为了把法典交给瓦基斯。”我若有所思地说。

“是送到正确的人手中。”博强说，“了解如何突破地球银行的加密措施比法典更有用。”

我不能告诉他突破地球银行加密措施的人是马塔隆人。地球银行的加密措施过于复杂，它的存在简直是在嘲讽那些试图破解它的人。地球情报局多年以来一直想破解它，但是从没有成功过。要是我能把拍卖器交给地球情报局，那么他们可能通过逆向工程重现马塔隆人做过的事情。我不禁好奇拍卖器在马塔隆人的攻击之后究竟发生了什么，它可能埋在一面倒塌的石头墙之下，也可能就躺在黑暗之中。然后我看到博强拎着一个大箱子，虽然他的表情没有变化，但是发白的指节说明箱子很重。

“我的天啦！”我说，“你把拍卖器偷走了！”

“这趟出差也还算有点收获。”

我的脑内插件里跳出了一条警告，提示我一道粒子束正在瞄准我的胸口。我的插件很快确定是博强的飞船已经锁定了我。他们肯定在窃听我们的谈话。

“可以分享研究结果吗？”我这番话完全能让眼前的人打死我好几次。

“凯德船长，我认为这并不可能。”博强把电子眼又塞回了眼眶里。

在远处，瓦基斯的飞机已经带他飞到了君王号硕大的货仓前，然后一扇巨大的舱门缓缓升起，让这架飞机飞了进去。

“博先生，我相信李先生也不会对你太生气。”

博强尴尬地笑了笑说：“我的朋友们都叫我……杰康。”他微笑着看着我在一旁慢慢理解这番话的意思。像义武会这样组织严密的黑帮，绝不可能派一个低级成员来参加一场赌上全部财产、只为争夺一块价值不明的外星科技文物的拍卖会。在这种事情上，只有独一无二的李杰康才能做出决定。“凯德船长，也许有一天你真的会为我工作，我很需要像你这样的人。到时候你可以告诉我是怎么干掉那个两面三刀的萨拉特先生的。但在这之前，再不要假装为我工作了。我可不想对你这样的人才下手。”

“成交。”

李杰康犹豫了下，然后笑着说：“一块钱！”他拍了拍自己的电子眼，这说明他知道我的最后出价。“真是个绝妙的选择。”说完，他就登上了那条看似老旧的货船。

我赶紧跑回银边号。等我跑到气闸的时候，李杰康的飞船已经升空，拖着一道白光飞入低垂的云层，整艘飞船的性能表现和它破旧的外表完全不相符。回到船上，我直奔舰桥，亚斯正在那里进行最后的起飞前检查。

“我现在只需要在自动导航系统里输入一个目的地了。”他笑嘻嘻地看着我爬进抗加速座椅。

“玛丽和互助会还有一个合同，”我说，“她肯定想把报酬收了。”

亚斯整个人脸色都变了：“哦！不！”

“我很抱歉，但是我们必须得去一趟安克森空间站。”

安克森空间站是距离最近的互助会总部。那里是商人和走私犯的天堂，可以在那里安心交换货物，开开心心赚钱，完全不用担心地球海军的突击检查。不幸的是，因为几年前的一次纠纷，当地黑帮头领花大价钱要买我的人头。

“我们有发射窗口了吗？”我问道。全角显示屏上显示外面开始下雪了。

“这地方可没有什么起飞安排。”亚斯说，“空管要求我们在准备起飞的时候进行广播。如果有人已经发出了广播，那么我们就要停两分钟，然后才能起飞。”

因为这里一个月只会来一条船，所以我认为这要求非常合理。我启动通信器，然后在全频段播报：“银边号准备起飞。”

亚斯启动了自动导航系统。我们的着陆姿态控制推进器推着飞船离开停机坪，飞船前部对准天空，然后两个主引擎带着我们以 20 倍于重力加速度的推力飞入云端。飞船的自动导航系统调整着飞船内的惯性力场，确保我们的身体只会感受到 1 倍重力。苔原镇的预制建筑群和弯曲的海岸线消失在云层之下。厚重的灰色水雾笼罩着飞船，过了一会儿我们冲出了云层，然后突破薄薄的大气层。

黑色的宇宙很快就取代了冰顶星蓝色的天空，我们的屏幕上出现了一个代表飞船的标记。他在我们的左舷，高度要比我们高，而且关闭了应答机，用一条截击航线向我们飞了过来。它距离我们只有 2

万千米，等我们脱离大气层之后，它刚好就占据了开火位置。他们肯定从轨道监视着太空港，我们一起飞他们就开始进入截击航线。

“它的能量读数是我们的 8 倍。”亚斯盯着中子计量器说。这么高的能量读数只可能来自大型引擎或者武器，当然也可能二者皆有之。他对照着数据库里的中子特征，然后说：“是甘多亚！”

埃曾在甘多亚的海军小艇起飞的时候就已经记录了相关数据，并存进了数据库，这已经成为埃曾的例行工作内容之一。

我启动船内通信系统：“埃曾，我们需要给护盾充能。准备迎接武器攻击。”

“船长，是哪种武器？”埃曾用合成声音问道。他平静的语气就好像是在问我是不是要清洗飞船然后再上蜡一样。

“假设飞船护盾快速流失，无法保持稳定水平。”

“明白了。”埃曾专心维护着反应堆，确保护盾的能量供应。

“你不会真打算开着银边号去战斗吧？”亚斯忧心忡忡地问道。我们都知道哪怕眼前的小艇老旧不堪，银边号也不是它的对手。

“不可能的！”我们的粒子主炮勉强能够伤到小艇强化过的外壳，而我们藏在船腹里的秘密武器只能发射一次。要是我们打偏了，甘多亚就只能把我们打成碎片以绝后患。“咱们接下来要跑得像尾巴着火的瓦卢瑞安野兔一样快！”

“就喜欢听这个，船长。我不是怕打仗，但是我可不想死。”

根据自动导航系统的提示，我们还要飞 9 分钟才能到达超光速飞行的最小安全距离。现在棘手的问题在于，我们要在这 9 分钟里不被击毁，然后就可以从甘多亚眼皮子底下逃跑了。

“我们已经脱离了中层大气。”亚斯说道。现在，我们完全身处黑色的太空之中了。

我重新设定了自动导航系统，把飞船的速度抬升到了船内惯性力场的极限——35 倍重力加速度。银边号的引擎完全可以提供更高的出力，但是那样我们就会被摁在座椅上难以呼吸。

“又发现一个目标。”亚斯说，“它正在从星球表面爬升。”过了一会儿，我们终于收到了它的应答机信号：“是君王号！”

它的航线和我们类似，距离我们只有两分钟的航程。如果君王号有我预想的一半火力，那么甘多亚老旧的海军小艇在它强大的火力面前将毫无还手之力。

“马上停船，交出法典！”舰桥的通信器里传出了甘多亚的吼声。

这说明他并不知道玛丽已经拿走了安塔兰法典，一想到玛丽能安全脱身，我就安心了不少。

“法典不在我们手上。”我轻松地说。

海军小艇轨道更高，速度更快，它已经抢占了有利位置，我对此无能为力。在最早期的空战中，攻击方通常会选择从高空背对着太阳发动进攻。如果我们不按照甘多亚的话去做，他就会冲过来，在从我们旁边经过的时候将我们击垮，然后再减速回头，从我们的船上抢走想要的东西。如果我们投降的话，那么他就会在减速的同时锁定我们，随时都能击毁我们。

“你骗人！”甘多亚说，“我买通了萨拉特的一名警卫，他说你拿到了法典。”

“萨拉特和他的警卫都死了。他们死后，法典就被人偷了。”

“关闭你们的引擎，”甘多亚威胁道，“不然我就炸了它们。”

“他可没吓唬人，船长。”亚斯紧张地说，“他的右舷有一个高温区！”

亚斯把红外传感器收集到的信号投放到大屏幕上。小艇右舷一半都被高温区覆盖，说明那里有大型武器正在充能，它的位置刚好能对着我们开火。甘多亚精通这种战术，他已经习惯于对毫无反击能力的商船发动突袭，而且他也足够聪明，不会让我和他隔空吹牛，为超光速飞行拖延时间。

“关闭引擎。”我对亚斯说。然后对甘多亚说：“银边号已关闭引擎，你派一支登船小队过来吧。你会明白我们没有说谎。”

“算你聪明，凯德。”甘多亚低吼道。

海军小艇马上调转了180度，用船尾对着我们，然后开始减速。小艇右舷的武器一直瞄准着我们，这是甘多亚在警告我们“他随时都可以开火”。

亚斯困惑地看着我：“你就让他这么上船了？”

“如果我真的让他上船，那么就别想把船要回来了。”就算他在银边号上没找到想要的东西，他也会把银边号留作战利品，然后把我俩扔进太空以绝后患。“埃曾，你需要多久才能启动护盾？我是说不考虑安全程序，直接启动护盾。”

“9秒钟。”埃曾说。他一直在听我们的谈话，因为我已经告诉他可能需要护盾。

“他们需要多久才能看到护盾？”

“我可以悄悄启动，最开始的几秒应该没问题。”

“好的，你来控制护盾。”我嘴上说着，心里盘算着如何分散甘多亚的注意力，为启动护盾争取时间。在这种距离上，他想要击毁我们只需要1秒。

“你觉得他有多少船员？”亚斯问道。他肯定打算在气闸和他们打上一架。

“100个？或者150个？”他们人太多，实在不适合爆发枪战。

因为我们关闭了引擎待在原地，所以代表着君王号的图标越来越大。我操纵着光学传感器，看着它一点点从星球表面爬升。

“用激光通信呼叫瓦基斯。”我说。等亚斯确认激光已经指向君王号之后，我开始呼叫这艘超级货船：“银边号呼叫君王号，请求紧急援助。海盗马上就要跳帮我船。”我可以确认瓦基斯正在看着我们，而且对发生的一切了如指掌。

瓦基斯的回复是用全频段发回来的，甘多亚肯定也可以听到。他的脸出现在我们的屏幕中间，他的身后是君王号造价不菲的控制室。“凯德船长，我真的不知道现在谁才是海盗，是你还是甘多亚。”

“听着，瓦基斯，你不需要喜欢我，但是你知道如果甘多亚的人上船会发生什么。我知道你可以阻止这一切。”

瓦基斯装出一副困惑不解的样子说：“我完全不知道你在说什么。君王号是一艘无武装的货船，鉴于它比你的小船贵 10000 倍，我实在不能用这条船冒险。我相信你会理解我的决定。”瓦基斯说完，就消失了。

“这混账居然敢切断通信！”亚斯怒吼道。

我用光学传感器锁定了甘多亚的小艇。它现在马上就要和我们对接了。它方形的船尾有 1 台巨大的发动机，周围还有 4 个闪着蓝光的离子推进器。它肯定正在监视着我们的一举一动，但是甘多亚想完好无损地拿下银边号，所以除非他确认我们要逃跑，不然不会对我们开火。

我们的内部货舱里什么都没有，但是外面的二号磁力钳上还挂着一个真空辐射货柜，它的位置刚好在两个发动机中间。货柜里装的都是废铁——准备运往天琴座外部地区的坦诺斯垃圾场。我们大可以把它扔下去。

亚斯一脸疑惑地看着我研究货物清单，说：“就算海盗也不会要这堆垃圾。”

“哦，他绝对会要的。”我非常肯定地说，“只不过他现在不知道罢了。”

“银边号准备对接。”我说完，就开始让船首对准小艇，让银边号看起来不过是一条准备用右舷气闸进行对接的笨重货船而已。甘多亚的传感器一定会发现我们的主炮没有充能，而且如果他知道我们的货舱里还有撒手锏的话，他也会看到货舱门已经关闭。

“已准备好。”

“干吗？”亚斯问道。

当我们的船首对准小艇的航线时，我说道：“埃曾，现在就启动护盾！”

埃曾开始启动护盾，而我将速度提升到35倍重力加速度，这让银边号像一颗炮弹一样向前飞去。还没等甘多亚开火，我们就飞到了他的引擎下方，刚好处于他的射界盲区。我拉起飞船，从引擎的尾焰中冲了过去，引擎的闪光占满了我们的屏幕。

亚斯紧张地说：“船长！要撞了！”

我笑了一下，眼睛一直盯着屏幕。亚斯以为我疯了的样子又把我逗乐了。

当小艇引擎的尾焰烧灼着飞船外壁的时候，主屏幕上亮起了高温警告，但是只要护盾还撑得住，这点温度完全不是问题。舰桥上响起了碰撞警告，我释放了二号磁力钳，让挂在外面的货柜飞了出去。我们从小艇的一个推进器旁边擦了过去，然后飞到了小艇的左舷。我做了一个滚筒动作，坚持待在飞船的另一边，然后顺着小艇黑灰相间满是伤疤的船体飞行。

现在甘多亚知道我们要逃跑，但是装满废铁的货柜正飞向他的主引擎，他的耳边一定回响着碰撞警告。小艇横向漂移了一点，然后开始转向，试图在躲避货柜的同时用主炮攻击我们。作为一名海盗，甘多亚的驾驶技术非常不错，但是小艇对于这种机动动作来说还是太大、太慢了。

就算小艇的另一侧也装备了武器，很明显他们根本就没有启动它，因为我们从小艇旁边飞过的时候，根本没有遭到攻击。当我们飞过小艇船头的时候，我用光学传感器锁定小艇，在爬升的时候紧紧盯着它。当货柜和甘多亚的主引擎撞在一起的时候，小艇后部爆发出一阵明亮的闪光，然后一个巨大的火球就包裹住飞船的后半段。以小艇为中心，一团超高温等离子火球正在飞速扩大。

就在同时，我们的战斗护盾也全面启动，暂时模糊了甘多亚小艇的图像。当光学传感器恢复图像之后，受到重创的小艇周围冒出了一团黑色的浓烟，整个尾部已经和小艇完全脱离。随着小艇慢慢转向，我们能清楚地看到小艇中部的高温区正在向我们转动——甘多亚马上要用主炮对我们开火。虽然它的引擎已经被摧毁，但是位于中部的反应堆还能为武器供能。一道黄色的光束从高温区射了出来，开始消耗银边号的护盾。

“该死！”亚斯气喘吁吁地说，“他开火了！”

甘多亚使用的是辐射光线炮，这是地球海军使用的短程武器，用它撕扯轻型装甲简直就像撕锡纸一样简单。这种武器需要大型电容器为其充能，所以地球海军通常把它安装在更大型的飞船上，根本不会装在这种小艇上。甘多亚肯定是对飞船内部进行了大规模改装，但是像甘多亚这种杀人狂是怎么弄到这种武器的？

“船长，”船内通话系统里响起了埃曾的声音，“护盾衰减率为43%。”他的合成声音听起来一如既往的平静，但是我知道他肯定也非常担心：“护盾随时可能崩溃。”

“再坚持几秒。”我说道。我知道我们正在和甘多亚拉开距离。

虽然我们越飞越远，但是辐射光线炮依然能够命中我们的护盾，这说明甘多亚的瞄准系统非常优秀。一个圆形的光斑出现在了银边号尾部下方，而护盾努力将辐射光线的热量偏转到其他方向去。虽然护盾越来越薄，但是我们距离甘多亚的小艇越来越远，护盾上的闪光也越来越暗。辐射光线的强度随着距离的增加越来越低。

“护盾已经稳定了，船长。”埃曾说。

在我们后方，小艇的尾部已经开始翻滚，无法和小艇的其他部分保持对齐。爆炸产生的圆形火焰正在逐渐冷却，二次爆炸从船尾向着船体蔓延。每次爆炸之后，都有一阵浓烟从船体内部冒出来，每一个烟柱都代表着一个舱段失压。

“它完蛋了！”亚斯不敢相信眼前的一切，“你居然用垃圾罐干掉了它！”

“我也是头一次这么干。”

辐射光线炮停止了开火，一艘灰色的救生艇在低功率助推器的推动下从小艇里飞了出来。我们满心期望地等着，但是只有这一艘救生艇飞了出来。眼前的这艘救生艇就是超载也不可能装四十个人。一艘小艇至少有四艘救生艇，肯定是甘多亚为了装下辐射光线炮，拆掉了其他几艘小艇。

“你觉得甘多亚能逃出来吗？”亚斯问道。

“他这种人总能逃出来。”他们这种人总是第一个弃船，然后留下其他人等死。我盯着小艇看了一会儿，逃逸的气体越来越少，甘多亚的小艇彻底瘫痪了。冰顶星的引力可能要花几个月甚至几年，才会把小艇拽入大气层，将它彻底烧毁。我忧伤地爬出抗加速座椅。我知道甘多亚和他的手下双手占满了鲜血，但是作为一个在太空生活的人，并不想看到另一艘船就这么死去。我说道：“等达到最小安全距离，就飞到安克森去。”

“咱们就不能去布里加吗？”亚斯说，“看了那么多的冰雪，我想晒晒太阳。”

布里加是一颗干旱的星球，表面温度非常高，人类定居点不是建在地下就是建在山体内部。

“干吗要去那？那里只有到了晚上才能去地表。”

“你说得没错，但是你在那能找到的冰都在酒里。”

“下次吧。”我说完，就走到了工程舱，埃曾还在那里专注于维持护盾的能量供应。“你可以关闭护盾了，埃曾。船体有受损吗？”

“受到的损伤这几天就能修好。”

我看着埃曾关闭了护盾，然后说：“你在冰顶星干得很漂亮。你是怎么破解拍卖器的？”地球情报局一定很想知道埃曾是怎么做到这一点的。

“我没破解它。我之前就跟你说过，船长。我没法破解地球银行的保密措施。我不过是发现拍卖器会把数据传到一个显示终端软件上。我不过是入侵了那个软件，然后把瓦基斯的名字换成了你的名字。”

“哦，”我若有所思地说，“所以拍卖器判定是瓦基斯赢了？”

“是的，船长，但是现在这已经不重要了。”

“这对瓦基斯很重要。”

“为什么这么说，船长。”

“因为它会从他的账户密匙里转走一大笔钱，虽然他最后还是空手而归。”我笑了笑说，“我好奇那个混蛋知不知道这事。”

“等他下次检查银行账户的时候当然就会发现这事了。”

“万幸的是，他起飞前没有检查。”我笑着说，“不然的话，他也不会把我们留给甘多亚处理，他肯定会亲手杀了我们！”

04
安克森空间站

自由空间站

寿衣暗星云

天琴座外部地区

人造重力

距离太阳系 1 082 光年

居住人口 18 000 人

我们花了 3 周时间，飞越了 78 光年，终于来到了安克森空间站。经过了几个世纪杂乱无章的扩建之后，这里已经是核心星系之外最大的人类浮动居住地之一。整个空间站依靠重力停靠在寿衣暗星云的边界处。寿衣暗星云是一个巨大的灰尘和电离化气体的聚合体，新的星体在几百万年之后将从这里诞生，它们将昏暗的星云变成光线与色彩的狂欢。安克森集团 3 个多世纪以前在这里建成空间站，他们将这里作为加工氢气的基地。因为空间站刚好处于哈迪斯城和天鹅座外部地区的殖民地之间，于是这里很快就成为商船的中途休息站。当商人造访这里之后，其他商贩和走私犯也紧随其后。

安克森空间站是一个自由空间站，完全受企业管理而不受政府的影响。它和地球上四大政府都保持良好的关系，同时还小心翼翼地维护着自己的独立性。这种自主性加上空间站特殊的位置，进一步助长了当地的非法贸易，这里终于变成了天琴座外部地区的黑市之都。这里有一小队联合警察为守法公民提供服务，但是因为我已经抹除了数据库的资料，所以无法联系到当地的地球情报局特工。因为这里特殊的位置、自由的贸易氛围和欣欣向荣的成交量，所以互助会在这里设立了地区总部。这里的贸易量进一步说明了互助会和黑市之间的联系。距离这里最近的互助会分部有好几个月的航程，所以我相信玛丽一定会来这儿。

在天琴座外部地区飞行是非常危险的，因为在星云的影响下，航道异常狭窄。所有这些狭窄的航道都由导航信标做了标记，过往的飞船都会在这里脱离超光速状态，然后修正航向。渡鸦帮通常都会在这些要地周围埋伏，等待货船出现。大家都知道在星云内部有一个渡鸦帮的基地，但是兄弟会以外的人都不知道基地的确切位置。即便对于兄弟会的人来说，基地位置也是只有少数高级领航员才知道的秘密。这些人就算被打死，也不会把这些秘密交给地球海军。

这次我们一路顺利地飞到了倒数第二个导航信标，然后在传感器探测最大范围的边界处发现了一个信号。

“说不清那是什么东西。”亚斯说，“没有应答器，没有能量信号外泄。我甚至不能确定是否是人类的飞船。”

那肯定是人类的飞船，其他种族不会使用我们的导航点。“有紧急求救信标吗？”

“没有。也没有主导扫描信号。如果说那条船还在运转的话，那它一定是在窃听周围的信号。”

它可能是一条废船，也有可能是正在埋伏的渡鸦帮海盗船。我小心翼翼地研究着信号，心里非常清楚兄弟会习惯于引诱那些好心的傻瓜上钩。它没有发出求救信号，反应堆也没有启动，这说明它不过是一条毫无生机的废船。即便如此，我也不想让一条船就那么漂浮在太空中，因为上面可能还有幸存者。然后，我忽然想起了我哥哥。他可能就在太空中的某处，也许就在寿衣星云里，又或者在某个类似的地方。每当我看到类似埋伏的场景或者是准备做些愚蠢的事情时，我就会想到他，想象万一是他埋伏在那里，然后我就赶紧启动超光速泡泡逃跑。

“等我们到了安克森就把这事上报。”我说道，其实亚斯他们也不会就此做任何事情。寿衣暗星云可能是条捷径，但是里面危机重重，大家都知道能做的也就是努力活下去而已。

我们很快调整好了航向，然后飞向安克森空间站。几个小时后，我们飞跃了 10 万千米，然后在抵达安全距离时关闭了应答机，开始扫描停在空间站里的飞船。我们停在空间站重武器的射程之外，他们肯定会锁定我们，等待我们表明身份。在寿衣暗星云，关掉应答机，然后远距离进行观察才是明智之举，但是在别人的射程之内关闭应答机则会付出惨重的代价。

空间站内停着二十几条船，但是并没有幸福号的踪迹。我们要么在飞行过程中错过了它，要么幸福号飞向了更远的互助会基地，有可能是核心星系空间的柯提思空间站。

“向他们表明身份。”我说着就启动了姿态控制推进器，亚斯启动了应答机。

我们在靠近安克森的同时，从空管站预定了一个泊位。空间站上能看到上万点灯光，每一个光点代表一个观察窗。靠近中央废弃的精炼厂灯光较少，那里到处都是捡破烂求生的下层人。整个空间站是由多个尺寸各异的垂直桶状居住区组成的。有些居住区靠在一起，有些居住区用管道相连。每个居住区顶端都有停机坪和高塔，但是个别顶端还有透明的穹顶，穹顶里面有专为富人准备的公园和房子。机器工人和人类工程师像虫子一样绕着还没建好的建筑结构飞来飞去。空间站的周围布置了很多炮塔，12 个武器平台更是向周围人说明空间站自卫的决心。一个多世纪以来，渡鸦帮的飞船没有靠近过空间站，但是会在空间站射程之外扫描太空港里的飞船。

“你这次还下船吗，船长？”亚斯小心翼翼地问道。

“我当然要下船，你得在船上待着。”

他大吃一惊地说：“要是克里格兄弟知道你来了，肯定会找你麻烦的。”

克里格兄弟以前有 3 个人，他们统治着当地的一个犯罪团伙，整天嗜酒好赌，欺负弱小。因为在某次勒索行动中挑错了目标，现在克里格兄弟只有两个人了，而且他俩都发誓要杀了我，为自己的兄弟复仇。这座空间站不是他们的王国，但是他们认为就是。

“等他们发现我的时候，咱们早就跑了。”我安慰着他，心里确认克里格兄弟手下的探子会第一时间把我靠港的消息送出去。

亚斯对此表示怀疑：“要帮忙就叫我。”

“不论发生什么，千万不要下船。”我说道。我相信只要亚斯踏上空间站一步，他们就会绑架他然后要挟我，最后一定会把我们俩的喉咙都切开。他们的行为一贯如此。

亚斯很失望地看了我一眼，但是他知道我不会改变主意。他和克里格兄弟没有过节，我希望他以后也不要和他们打交道。我这可都是为他着想。

“准备靠港用的机械钳。”我说道。银边号已经按照引导光线停靠在了泊位上，我希望克里格兄弟的眼线还没有覆盖整个太空港。

我这次可没时间陪他们胡闹。

\·\·\·\·\·\·\

安克森空间站上不存在港口安全部门。在这种高度危险的空间里，每个人都带着武器，而且都不会乖乖交枪，所以我能带着 P-50 大摇大摆地走进空间站。

如果说哈迪斯城是一座灯火通明的蜂巢，那么安克森空间站就是无数阴暗的走廊、生命维持系统和帮派领地组成的聚合体。位于居住区两端的白区是个例外，因为那里是富人居住的地方。这些富人有私人军队保护，享受着充足的电力供应、干净的空气和优质的食物，还能从宽敞的房间里欣赏寿衣暗星云的壮观景色。白区和无法无天的中心区是两个完全不同的世界。

黑区位于空间站最古老的精炼厂周围，这里的瘾君子为了抢走你的靴子，会毫不犹豫地朝你的脑袋开枪，更别说我还带着这么一大笔钱了。这些瘾君子们依靠着黑区的最低限度电力供应苟且度日，他们呼吸的空气中充满了废弃管道和生锈储气罐的味道。

白区和黑区中间是灰区，这里充斥着各种非法交易，装备精良的义警会把黑区的瘾君子死死堵在越来越腐烂的贫民窟里。白区和灰区之间有电梯和人行道相连，白区之间甚至还有专门的渡船。但是没有一种交通工具会连接或者穿过黑区。

灰区的毒品实验室支撑着天琴座外部地区的毒品交易，这里的工坊还可以生产人类的各种武器。在毒品实验室和武器工坊之间，还有为数众多的医学实验室，可以在这里找到各种各样的身体改件和植入物。这里最出名的就是上灰区的大锅，它是方圆 500 光年内最有名的红灯区。大家都知道安克森空间站在干些什么勾当，地球海军对此也是心知肚明，但是因为地球海军可以在这里免费停靠休整，所以也就睁一只眼闭一只眼了。

我在闸门支付了停靠费用后，就进入了空间站内部。这里甚至不会扫描视网膜，这进一步说明安克森空间站根本不在乎客人到底是几个星系的通缉犯，只要能赚钱，谁来都欢迎。我坐着电梯来到上白区，和船只管理中心确认幸福号上个月是否造访过空间站。玛丽的老货船幸福号要比银边号慢，所以我只能寄希望于我们超过了幸福号，玛丽过一两天就会到达空间站。

我觉得在互助会可能会找到有用的信息，于是就来到了他们为天琴座外部地区设立的分部。互助会的分部建在上白区零售区的另一头，这里到处都是宽阔的走廊，走廊两边是各种商店，在这里可以找到各种商品，只不过大多数商品都是偷来的。为安克森空间站送货的走私犯大都和渡鸦帮有关系，所以联合警察很难追查赃物流向。走私犯会从星云里事先约定的地点回收赃物，然后再卖到安克森空间站或是其他黑市。在抽取报酬之后，他们就把剩下的钱都转给渡鸦帮的会计。整个行动效率极高，参与其中的每个人都能大赚一笔。

这就是地球海军一直无法剿灭海盗兄弟会的原因，这也是我进入互助会分部之前要先把 P-50 交给他们代为保管的原因。和其他商人一样，我也是互助会成员之一，因为互助会垄断了所有的货运业务。距离地球越远，这一点就越明显。他们为每一名商人提供担保，同时抽取 3% 的报酬。互助会还把持着交易办公室，只有互助会的成员才能进入。这是一种合法的勒索，但是我们能从互助会认可的商人那里获得折扣。理论上来说，互助会不会从走私得来的钱里抽取分红，但是互助会本身也进行走私活动，不过没人提起这一点罢了。

和互助会结清佣金之后，我请求互助会第一时间告知我幸福号靠港的消息。互助会成员可以通过互助会互相联系，互助会不会对此进行任何形式的询问，也不会做任何记录。我检查了下安克森空间站上哪些商人得到了互助会的认可，因为我可以在他们那享受折扣。经过这次和甘多亚的冲突，我认为银边号火力不足，这一点在我为地球情报局工作的时候更为突出。幸运的是，阿明的军火店还在名单上。大家都从他的店里买东西，因为他的武器质量很好，而且都有许可证，当然许可证可能是伪造的，但是在地球海军看来完全没有问题。

我离开的时候取回了自己的手枪，然后坐着电梯来到了上灰区，这里的街道非常拥挤，空气中混杂着各种香气，但是有些味道并不是那么沁人心脾。这里所有人都带着武器，个别没有带枪的富人身边也有装备精良、穿着护甲的保镖。卖药的商人在街角招揽客户，几个脏兮兮的瘾君子在后巷里游荡，但是大体上大家都彬彬有礼。

这种和平的景象完全是因为这里武器的泛滥。

阿明的店外有几个营养不良的家伙在游荡，他们看上去不是来自黑区的瘾君子，但肯定是最低级的混混。其中一个人勉强保持着清醒，他把黑色的注射器插进脖子，让兴奋剂缓缓地注入他的血液。另一个人戴着放下了面罩的脑波调节器，双手比作两把枪，想必在玩什么游戏。第三个人坐在一堵画满涂鸦的矮墙上，手里拿着一个小型仪器。当我靠近店门口的时候，他用手里的仪器对准了我。他手里的仪器是一个阿尔法波扫描仪，能够记录检测范围内所有人的身份信息，但是当我意识到这一点的时候已经太晚了。他睁大眼睛抬起头看着我，想象着能从我身上赚到多少钱，然后跳下墙飞奔而去。我想直接对他开一枪，但是只能在他逃进小巷之前锁定了他的基因。

在一旁忙着给自己注射毒品的家伙慢慢转过头，用手指比作枪，对着我开了一枪。我还真得谢谢他提醒我小心周围。我很想用他的注射器切掉他的喉咙,但是鉴于他正在嗑药,说不定还会很享受这个过程。我现在最明智的选择应该是直接返回银边号，但是我必须升级银边号的武器装备，所以我还是走进了商店。我相信，当我走出商店的时候，一定会有很多人准备伏击我。

阿明的武器店是一栋 3 层楼高的仓库，每一扇门都有警卫把守，天花板上还装了自动炮塔。我进去的时候并没有上交我的手枪，因为完全没有必要。店内随处可见的告示在提醒顾客千万不要触摸自己的武器，不然自动炮塔就会开火。“为了确保我的人身安全，他们会干掉任何一个举止异常的人，就连我也不例外。”这还真是贴心的服务！阿明的武器店一直被认为是整个灰区最安全的地方，想必这就是原因吧。可惜的是，这里只有一个出口和入口。

我小心地把双手放在自动炮塔的视线范围之内，然后开始浏览货架上的各种商品。在这里各种武器应有尽有——能找到适合放在女性钱包里的晕眩枪，甚至还能看到各种船用重型武器的全息图像，这些重型武器应该可以安装在地球海军的战斗巡洋舰上。自动售货机花了几个小时向我介绍各种武器的技术性能，这些武器完全可以替代银边号上那门不起眼的粒子炮。

我终于找到了一门令我满意的主炮。

“天体动力学公司生产的 KD-496 光子速射炮装有全绝缘、多段式电容器，充电过程中热能泄露比不超过 1.8%。”

换句话说，这就是一门隐形的主炮，正好是我喜欢的类型。它的价格很高，而且充电很慢，但是低泄露的电容器能够让速射炮充电的同时躲避人类科技的传感器探测。如果启动这门大炮，钛塞提人可能只要花 1 纳秒就能发现它，但是我根本不会蠢到向他们开火，所以这一点完全不是问题。在一定距离内，速射炮的火力是可以和体型 3 倍于它的武器相媲美的，所以它和银边号非常般配。毕竟，银边号的主要防御措施是速度优势和护盾。

而我的战斗方式就是：对着敌人的弱点狠狠打一下，然后快速逃跑。

没人会想到银边号这种小船上能安装这么昂贵的武器，所以这样刚好可以打敌人一个出其不意。幸运的是，列娜给我的钱完全可以承担这笔费用，而且我觉得她也欠我的。等阿明承诺一个小时内就把速射炮送到银边号的货舱之后，我就从地球情报局的账户密匙里给他转了一大笔钱，然后下楼去巷战用品区买东西去了。

我知道门外那个拿着阿尔法波扫描仪的家伙会带人在外面等我，所以我必须准备点能够对付他们的武器。小型手雷刚好能握在手里不被人发现，而且它的作用半径比较小，不至于让半个空间站的人都来找我麻烦。

“先生，你需要多少 G-MAX 晕眩手雷？”银色的多臂售货机问道。它拿着一个展示模型让我仔细观察一下要买的货物。

“买一个就好了。”

“先生，一盒内共有 12 个晕眩手雷，我不能拆开包装单独售卖。”

“好吧，那我就买一盒。”

售货机礼貌地问道：“需要把它和其他商品一起送到你的船上吗？”这种自动售货机善于提供信息和接受订单，但是缺乏实际智能。

“我随身带一个，然后你送走剩下的。”

“明白了，先生。你离开本店的时候，武器启动密码会自动输入手雷。现在内部防御系统已经确认，所有手雷处于关闭状态。”

“多谢。”我很庆幸在屋里摸手雷的时候，自动炮塔不会打飞我的胳膊。

“先生，我们还有全套巷战课程。你可以通过这些课程更好地使用这些高质量、全额退款的武器。”

“多谢，我会用。”

“如你所愿，先生。”售货机说完，就伸出一条胳膊，递给我一颗 G-MAX 晕眩手雷。我已经很多年没用过这种武器了，但是这种手雷启动简单，而且对于我这种拥有超级反应改造的人来说，能很精确地把手雷扔出去。“你还需要其他帮助吗？我们今天 TNK 护甲打折甩卖。各种尺码应有尽有。你要试试吗？”

“下次吧。”我手里捏着手雷就出了门。

我刚走出商店，红色的锁定方框就套在了刚才那个小混混身上。他和一群剃了光头的小混混站在街对面，他们每个人的额头上都纹着 V 字形的闪电文身。每个人手里都拿着电击棍，这玩意儿能让人痛不欲生，但是还不会留下致命伤。还有几个人别着手枪，这说明他们是来活捉我的。人群中最高最壮的人背对着我。他的同伴指了指我，然后他也转身看到了我。和其他人一样，赫克·克里格的额头上也有 V 字形闪电的帮派文身，眼眶下面还纹着几道向下的闪电。

我俩四目相对，然后他说：“就是他！”

我发现身后有人在活动，然后一根电击棍就戳到了我的后背，一道神经电流爬上我的脊柱，让我直接瘫在了大街上。我完全失去了对肌肉的控制，然后在金属制的地板上瘫成一团。我的插件检测到了攻击，然后控制了我的神经系统，让手指紧紧握住手雷。等我的身体能够活动的时候，赫克带着他那群接受了肌肉改造的手下已经把我团团围住了。他用夹着钢板的靴子踹向我的肚子，我疼得翻了个身。脑内界面弹出了一条提示：我的肋骨出现了擦伤，但是还没骨折。六条电击棍不停地抽打着我，每条都设定在低强度模式，所以我的心脏暂时不会因为电流的刺激而停止跳动。我的插件检测到了攻击，屏蔽了疼痛接收器，让我的身体全身麻木，而我的手指还能把手雷紧紧捏住。

等他们终于停止殴打的时候，赫克凑过来说：“凯德，我一直在等你。”

我很想嘲讽一下他糟糕的牙齿,但是却只能愤愤不平地哼唧几声。

“我和我兄弟会让你好好活下去，”赫克和科尔德在这里垄断了保护费勒索的生意。我不是有意杀死他们的大哥尼克拉斯，但是当时他让我毫无选择。再说了，他长得比他两个弟弟还要恶心。“但是你也不会无聊，你可以在那认识好多新朋友，他们会对你这身肉非常满意的。”

赫克坏笑着用电击棍戳着我的脸。我能感觉到因为电流而引起的疼痛，但是插件屏蔽了大多数痛觉。他的脸上浮现出迷惑的神情，他也发现有些事情不对劲。

我对插件下令说，启动语音功能。当插件让我又能控制话语后，我说：“低一点……朝左一点……嗯，好多了！”

赫克皱着眉头从我脸上拿开了电击棍，用另一只手戳了戳我的下巴：“凯德，你是不是嗑药了？”

“你的体味快熏死我了！”我试着闻了闻，“你在这儿是不是都不洗澡？”

赫克惊讶地看着我说：“你这个油嘴滑舌的脑残疯子！我要让你后半辈子都在小笼子里过，凯德！你唯一的活动时间就是我们收拾你的时候。”他又开始用电击棍在我的脸上戳来戳去，我的身体在电击的刺激下不停抽搐。

我张开嘴巴，假装说不出话。赫克拿开了电击棍，凑近了说：“你说什么？”

我对插件下令“启动全面身体控制”，我又全面接管了身体的控制权。等他的脸离我非常近的时候，我说：“我不喜欢笼子。”然后用额头狠狠撞向他的鼻子。

赫克向后倒了下去，用手捂住自己的鼻子，但是鲜血已经从他的指缝里流了出来。

“屏蔽视觉信号，3 秒！”我对着插件下令，同时按下手雷上的起爆器，然后让手雷从手上滚了出去。

我的插件屏蔽了视觉信号，所以我的眼前一片黑暗。手雷从地面弹射到和眼睛一样高的高度，然后放出了一道耀眼的白色闪光。这道闪光持续时间较长，亮度非常高，但是没发出任何声音。

等我恢复视力的时候，手雷也掉到了地面，它的内置电池已经完全耗尽了。大街上的每个人都弯着身子捂着眼睛，有些人在哀号，还有些人在尖叫，所有人都被暂时致盲了。我摇摇晃晃地站了起来，赫克和他的手下都东倒西歪地晃来晃去。他们扔下了手中的电击棍，双手捂在自己的眼睛上。

我拿起赫克已经关闭电源的电击棍，对着他的脚踝敲了一下，让他脸着地摔在地板上。等他捂着眼睛倒在地上的时候，我用电击棍敲着他的后脑勺说：“赫克，走路要看路啊！”

“老子要杀了你，凯德！”

“今天不行。”我用靴子给他翻了个身，把电棍开到最大功率，然后把电棍塞到他的身子下面。

他的肌肉在电流的刺激下开始抽搐，身体不停摇摆，整个人无法脱离电棍。他会待在原地保持这个状态，只有等他的手下视力恢复之后才能帮他关掉电棍电源。

我凑上去说：“刚才还挺好玩的，赫克。但是以后还是别这么干了。”

我挺直身子，伸展下因为电击而僵硬的肌肉，然后浑身僵硬地走向电梯。等科尔德发现自己的兄弟被人教训了，一定会带人来找我麻烦。我得让埃曾在气闸做好警卫工作，免得他们试图登船。埃曾肯定不会拒绝这项任务的。

毕竟，埃曾是个出色的伏击型猎手。

\·\·\·\·\·\

等我回到银边号之后，发现互助会发来了一条消息。安克森空间站收到报告，一艘快帆D级中型货船在二号导航信标附近沿着天琴座外部航线漂浮。这艘船关闭了应答机，而且和我们来时发现的未知信号很近。现在我知道当时发现的信号是一艘和幸福号同级别的船发出的，只不过当时我们并没有想到它就是幸福号！

我联系了安克森空管站，询问他们能否派遣一艘救援船，但是他们说自己根本没有这种船。当我提议去调查的时候，他们很高兴地给了我目击报告。这时候，我才发现事有蹊跷。这份报告在我们达到安克森空间站几个小时前就已经传到了空间站，而发出这份报告的飞船却是君王号！君王号没有靠港，而是从空间站旁直接飞走了，报告是从很远的地方传过来的。所以互助会才会花了这么久才收到报告。

渡鸦帮不太可能在玛丽睡觉的时候发动袭击，但是如果真的这么凑巧，那么幸福号可不是专业的作战飞船，这艘老旧的货船是一匹饱经风霜的老马，船上有少量的武器，但绝对不是战舰的对手。和大多数飞船一样，它擅长快速进入超光速飞行，能够在战斗开始前就逃跑。所以，玛丽为什么不启动超光速泡泡呢？是渡鸦帮在导航信标附近的安全地带设立埋伏圈了吗?

他们通常会在航线的边界地带徘徊，一来可以躲开地球海军的巡逻，二来能够避免与来往的飞船相撞。

又或者是君王号袭击了幸福号?我不能排除这种可能，但是同样怀疑瓦基斯会不会对一艘手无寸铁的货船开火。就算他真这么干了，为什么要冒着被随时可能赶来的地球海军报复的风险?也许在发现幸福号之后，他可能不会拿自己的船去冒险，因为他知道，渡鸦帮会把他当作千载难逢的猎物。

我急于起飞，于是在工程舱找到了埃曾和亚斯，给他们看了这条信息。

"埃曾，我希望你在飞行途中安装新的速射炮。"刚买来的速射炮在我回到飞船之前就已经送到了，埃曾一直在检查零件和查阅技术手册。他学什么都很快。

"维修机器人可以轮班出舱工作。"埃曾说，"这样可以减少它们暴露在超光速泡泡高温下太久。"

"很好，安装要花多久?"

"六周。"

我花了那么长时间挑选一门完美的主炮，研究每一项数据，计算各种可能的战术，唯一没有考虑的就是我的坦芬工程师要花多久才能把它装好。"你有两个小时。"银边号从空间站飞到幸福号飘浮的位置刚好两个小时。

"船长，电容器尺寸太大，武器槽位放不下它。我得把它装到货舱，然后还得升级连接反应堆的主线路。主炮还得进行试射，瞄准系统也得进行调整。这个工作量可不小。"

我明显低估了提升银边号火力的工作量。"好吧，那就把原来那门炮先留在原地。有好过没有。”

“但是有也和没有一样！”亚斯说。

“但是在保证现在主炮运行的同时，先处理其他升级工作。”

“好的，船长。”

“亚斯，找出我们过来时发现的那条飞船的记录，然后计算漂浮路线。等我们到了地方，我想尽快找到它。”

“要是它漂进星云里了呢？”亚斯忧心忡忡地问道。

“那我们就跟进去。”各种气体和尘埃会影响传感器的有效距离，但是渡鸦帮也很难找到我们。

“那可是海盗的地盘，船长。”

“我知道。”渡鸦帮善于在星云中藏身，但是他们的传感器和我们一样。尽管如此，他们发现幸福号也不过是时间问题，到时候他们不仅能抓到货船和玛丽，还能得到法典。

我可以为玛丽付赎金，但如果渡鸦帮得到了安塔兰法典，那我就再也拿不回来了。

我们在导航点的中心位置脱离超光速泡泡，我们就是在这里第一次发现那条飞船的。我关闭了应答机，然后把能量信号降低隐蔽自己的位置，同时搜寻幸福号的行踪。

“我发现了一个微弱的能量源，距离我们5000万千米。”亚斯说，“它就藏在星云里，肯定不是幸福号。”

微弱的能量读数说明它将反应堆的功率降到了最低，尽可能减少中子信号。它和我们一样都在隐藏自己的位置。“他们发现我们了吗？”

“就算发现了我们，他们也不知道我们在干什么。”

“那就别给他们时间反应过来。”

我选择了自动导航系统计算的幸福号最有可能的漂浮航线，收起传感器，然后进行了一个1微秒的光速跃迁。银边号径直飞进了寿衣星云。等传感器恢复工作之后，我们已经进入星云边沿超过100万千米的地方，现在距离那艘试图隐蔽自己位置的飞船超过1000万千米。星云干扰了我们的传感器，所以我希望渡鸦帮的侦察兵找不到我们的位置，并且以为我们已经通过超光速泡泡离开这里了。

光学传感器在4万千米外看到了一个船影。电脑自动对准了船影，然后画出了它的轮廓。轮廓旁边出现了一个方框，方框内闪过各种飞船的信息，电脑已经开始进行数据比对。突然，方框里跳动的飞船信息停了下来，一艘飞船开始旋转，然后和获得的轮廓进行比对。数据库的全息图像开始闪动，这说明系统已经找到了一个匹配的对象，剪影下方也出现了一段话：

快帆D级中型货船

12500吨

注册信息不明

“找到了！”亚斯大叫道，对比用的方块已经从屏幕上消失了。

“让我们祈祷那边偷偷摸摸的朋友不会看这边吧。”我说着，开始向姿态控制引擎输送能量，然后银边号开始穿过灰尘和氢气，慢慢靠近星云中的这艘飞船。我们突然飙升的能量读数就像圣诞树一样醒目，而引擎的热量在冰冷的星云中也是非常醒目的红外源，会直接暴露我们的位置。就算星云会干扰传感器，但要不了多久就会有人来找我们的麻烦。

“飞船完全停止工作了。”亚斯说道。中子探测器完全检测不到幸福号上有任何能量读数，这说明幸福号已经完全停止工作了。

船员去哪了？玛丽又在哪？

船影慢慢变大，然后变成一个剪影，最后我们终于看清了长方形的货架和船尾的结构。幸福号的船头指向星云慢慢漂浮着，全船上下一盏灯都没开。

“我看不到任何损伤。”我说道。银边号已经飞到了幸福号的旁边，万幸的是我并没有发现它有任何破洞或者能量攻击造成的灼烧。

“看起来它不过是反应堆停止了工作，”亚斯说，“然后它就这么一直漂着。”

我让银边号减速以匹配幸福号的速度，然后飞到了船尾结构旁边。如果还有人活着，那么他们肯定在这个位置。当我对接气闸的时候，亚斯一直盯着传感器传来的数据。

“一艘飞船在星云边界处脱离了超光速，”亚斯说，“我检测到有主动扫描器正在照射我们的位置。”

“让他们看个够。”我们刚才加热的星云气体会扰乱他们的传感器，为我们争取一点时间。

全角主屏幕上的一个标记代表着正在搜索我们的飞船。我们无法确定它的具体型号，但是我认为他就是刚才在星云边界处埋伏的那条船。

“又来了两条船，信号非常微弱，距离也很远。”亚斯说，“他俩都没有启动应答机，但是体积肯定不小，不然我们也不会这么远就看到他们。”

“渡鸦帮。”这是兄弟会常用的一种战术。刚才那条小船是侦察兵，这两条大船才是真正的麻烦。负责侦查的船一定是可消耗的小型快船，较为宝贵的大型飞船都留在后面较远的地方。如果前方小船发现他们跟踪的是一艘海军战舰的话，那么后面的大船就可以马上转向撤退。

“侦察船距离我们多远？”

“80 万千米，而且速度很慢。”

海盗的指挥官肯定在侦察船上。他那两条负责进攻的船肯定在给武器充能，只要收到命令，马上就会跃迁到我们头顶上。但是他们先要摸清我们的底细才会开始下一步的行动。他们只需要 1 秒就能跃迁到我们的位置，所以我们和幸福号对接的时候简直就是活靶子。

我找到了一条以前的记录，然后从里面删掉了银边号的名字，然后把记录传给了亚斯。“把这条消息用全频段广播出去。这大概能给我们争取点时间。”

亚斯看着这条记录笑出了声：“我希望寿衣星云能干扰他们的传感器，不然的话，这些海盗在把我们打死之前就会笑死。”

“我打赌我们距离幸福号这么近，他们也看不出我们的底细。赶紧把它发出去。”

亚斯开始播放我们在飞往麦考利空间站时的记录，这是地球海军拿骚号护卫舰上的军官发出的信号。所有信息都是真的，只不过不是我们发出的而已。“关闭引擎，准备接受检查！不要启动你们的跃迁引擎，不然我们就会开火！”

过了一会儿，我们检测到侦察船的中子信号开始飙升，然后开始加速转向，离我们越来越远。

“这下终于引起他们注意了！”亚斯说，“两条大船已经开始减速了。”

“我们把他们吓了一跳。”

显示屏上远处出现了一团微弱的蓝光，寿衣星云的气体和尘埃让侦察船的引擎尾焰越发模糊。它并没有被我们吓破胆，而是采用测向航线，确保传感器能够继续侦查我们的动向，确定我们是否真的是地球海军拿骚号。如果他完全相信我们的诡计，那么早就采用超光速泡泡逃跑了，我们也就不必担心他们会找我们的麻烦。

“盯住他们。”我说，“他们要是发现身后没有护卫舰在追，马上就会意识到自己被骗了。”

“发现一个热能信号！”亚斯大喊道，然后又皱起了眉头，“信号来自幸福号内部。但是太小了，根本不可能是反应堆的信号。”

“在哪？”

“飞船尾部上层结构的右舷。”

我经常去玛丽的船，所以对上面的结构还是很清楚的。“那是他们的救生艇。这船肯定是被抢劫了。”如果他们的救生船上还有热信号，那么玛丽和她的船员就可能还活着！我一边爬出抗加速座椅一边说：“要是那条侦察船掉头回来的话，第一时间通知我。”

“你要一个人过去？”

“要是那些渡鸦帮的人回来，咱们总得有个人留在船上把银边号开走。”我盯着舱门，想到自己是在命令亚斯把我留在幸福号上。他刚想抗议，我就打断了他：“把地球海军应答器关了，渡鸦帮已经收到信号了。”

\·\·\·\·\·\·\

我穿着增压服从气闸进入了幸福号，发现船内处于零重力状态。飞船的主动力和维生系统已经关闭，系统提示船内已经完全失压，处于真空状态。走廊里只有几个紧急照明灯和我头盔上的头灯提供照明。在我的正前方，一只磁力靴和一个咖啡杯悬在空无一人的走廊里。

“幸福号已经完全失压。”我用短距通信器呼叫埃曾，“埃曾，向幸福号输送点能量，然后启动诊断程序。看看它的维生系统到底出了什么问题。”

“你得先打开连接带才行，船长。”埃曾回答道。

我来到幸福号内部舱门的控制面板旁边，然后转动释放开关，这样银边号就可以介入幸福号的系统。“连接带已启动。”

我站起来，刚准备从舱壁飘开，然后耳机里就传出了埃曾的声音，只不过这一次用的是紧急模式，说话的声音更大，语速更快。

“船长！马上切断连接！”

埃曾几乎从来不用紧急模式。我知道肯定出了什么问题，于是马上反身回到控制面板，关闭了连接。“已经切断连接。怎么回事？”

“有东西想访问我们的飞船系统。”埃曾用正常模式说，“等一下。”

我抑制住去检查救生艇的冲动，静静地飘在气闸的内侧舱门旁边，等待着埃曾完成技术调整。我等了好几分钟，他还是没有通知我继续前进。

“埃曾，我还在等你呢。”

过了一会儿，埃曾说：“有东西控制了幸福号。它试图通过连接带进入银边号，然后自我复制。我已经隔离了系统里的原始文件，但是完全删除它还需要时间。现在我知道它的增殖模式了，下次可以阻止它继续扩散了。”

“好的，尽快解决它。”我说道，突然想起上次接触法典时的刺痛感。难道是法典让幸福号瘫痪了吗？“亚斯，渡鸦帮有动静吗？”

“远处的两个信号已经消失了，侦察船距离我们越来越远。它已经关闭了引擎，进入漂浮状态，肯定是在监听我们。”

“他想让我们去追他，”我说，“这样他就能看清我们的真面目了。”

“你可以恢复连接了，船长。”埃曾说。

我重新打开开关，然后等着我的坦芬工程师确保银边号不会被未知的东西所控制。

“目前，它寄存在幸福号的气闸紧急系统里。”埃曾解释道，“就等着一个连接带而已。我现在已经把它从幸福号的气闸控制系统里删除了。”

“很好，马上恢复维生系统和人造重力系统。我现在去紧急舱位看看。”

我在气闸闸门上推了一下，然后在走廊里慢慢滑翔，走廊里的灯光让人感到不寒而栗。幸福号吨位比银边号大3倍，内部空间也更大。所以在零重力环境下从气闸滑翔到救生艇发射架需要好一会儿。

过了几分钟，埃曾说：“船长，我需要你切断幸福号处理核心和飞船其他部分的连接。”

“为什么？”

“不管是什么在控制幸福号，它现在就在处理核心里。它阻止我接入飞船系统。”

“你不能远程处理吗？”

“办不到，船长。这东西的适应性非常高。我从没见过类似的东西。你必须对处理核心进行物理隔离，我从这边没法做到这一点。”

如果玛丽和她的船员都在救生艇里，我晚去几分钟也没关系。“明白了。”我说着在空中转了个身，在舱壁上踢了一下，然后飞进另一个走廊，前往系统控制室。

我在走廊里飘了几分钟之后，躲开了各种悬浮在空中的杂物，埃曾说：“入侵银边号系统的原始文件已经被摧毁，船长。”

我好奇人类工程师是否也能像埃曾一样如此有效率地处理威胁。坦芬人不仅比人类聪明，他们分段式的大脑还可以同时思考多个问题。从进化学角度上来说，人类远远不及坦芬人。

等我到达幸福号的处理核心，红色的灯光让这里看起来更加空旷。虽然和银边号更加紧凑的型号相比，幸福号的处理核心尺寸更大，但是却没有银边号的复杂。玛丽的老旧货船上的处理核心不过勉强能够完成任务，而且船上所有系统早就该进行更换。与此形成对比的是，我的地球情报局背景让我能够使用更加先进的科技，所以我的银边号就是一座技术的宝库，而且我的坦芬工程师经常对它进行改进。

我的头盔头灯照在中央处理器的访问控制面板上，我发现它已经从原来的位置上被拆了下来，现在飘在空中。面板飘在空中，很明显这并不是因为日常保养不利造成的，而是因为船员在阻止控制飞船的神秘程序时造成的。现在幸福号上一团糟就说明他们肯定已经失败了。

等我来到位于房间中间的八边形控制台的时候，一张人脸朝下浮在空中。他穿着增压服，脑袋和手臂还挤在控制台后面，看来他死的时候还在工作。一个用来拆卸面板的磁力变位器就飘在距离他不远的地方。我向他靠了过去，把他慢慢从面板旁边挪开，然后把他翻过来，透过透明面罩观察他的脸。他的皮肤因为失压而显得肿胀，皮肤颜色也变成了紫色，眼睛和鼻子周围的血迹已经结成了冰。

“我到处理核心了。”我对埃曾说道，“玛丽的工程师在这，但是他已经死了。”

他一定在试图完成埃曾要求我做的事情——切断处理核心与飞船其他系统的联系。我检查了他的增压服，发现他右腿膝盖以下有一处破损。破损处看起来不像意外造成的不规则破损，反而是一道整齐的破口，边缘呈烧焦的黑色，看起来就像是被切割用的喷枪烧过了一样。他的腿已经高度烧伤，伤口深可见骨。

他可能死于失压，但是这绝对不是意外。

我拿起磁力变位器，然后一脚踹在处理核心上，让自己从它旁边飞开。我在空中打了个转儿，让靴子对准墙面。现在我开始后悔没有把自己的 P-50 带来。当我飘向舱壁的时候，我用头灯打量着整个房间。一个八足检修机器人从天花板上向我爬过来，就好像是猎手看到了猎物一样。我从处理核心飞开的时候，它几乎已经在我的正上方了。这台机器人比埃曾用的机器人型号要老，但是同样可以在真空中活动。它的一个前臂上装备了切割用的等离子喷枪，当喷枪启动之后，房间里红色的紧急照明灯上铺上了一层闪烁的黄色光芒。

我在碰到舱壁之前就启动了靴子上的磁力装置，所以我稳稳地站在了舱壁上。磁力变位器在我手中就像一根棍子，此时它就是一把武器，但是和等离子喷枪相比还是差远了。

“哦……埃曾，维修机器人在零重力下战斗表现如何？”

“维修机器人必须固定在一个表面上才能工作，船长。”埃曾回答道，“但是，为了避免和平面脱离，它们必须学会用基本牛顿力学计算。”

维修机器人小心翼翼爬过天花板，向我一步步靠近。看起来它正在打量着我，随时准备进攻。但这太蠢了！维修机器人不过是基本的用于保养维修的机器，又不是具备战术意识的战斗机器人。

“维修机器人在零重力条件下能打败人类吗？”

“当然可以，船长，只要编程得当。”

但如果它的对手是个拿着磁力变位器、并且经过超级反应改造的人类呢？

“人类不适应零重力环境。”埃曾继续说道，“维修机器人可以在零重力下灵活使用自己的肢体，这对于其他生物来说根本不可能。你干吗问这个？”

“因为我眼前有一只拿着等离子喷枪的大章鱼！”我回答道，“它杀了玛丽的工程师，现在我是它的下一个目标。”

“我马上过去，船长！”亚斯大叫道。

“好好盯着传感器，亚斯。要是渡鸦帮回来了，带着银边号赶紧撤退！”

“但是我可以……”

“不行！如果银边号完蛋了，我们都得死。”

亚斯不说话了，然后埃曾说道：“我过去，船长。在那里我可以更快恢复幸福号的系统。”

埃曾至少要花 6 分钟穿好增压服赶到我的位置，但是我没那么多的时间等他来帮我。

“好的，埃曾，你过来。”我说道，眼睛盯着身长 1 米的机器人离我越来越近。

我关闭磁力靴，然后对着舱壁狠狠一蹬，从维修机器人身边滑了过去。看到我要逃走，它就从天花板爬到了墙上，对着我挥动起等离子喷枪，我隔着磁力靴的金属鞋底都能感觉到喷枪的高温。要是它跳起来的话就可以抓到我，但是它选择了抓住墙面。维修机器人可能在零重力状态下比我更灵活，但是它并不想发挥自己的机动性。刚才的攻击没有切开我的增压服，于是它下到地板上，跟在我后面跑了起来。

我踉跄了一下，然后双腿一蹬从墙上弹开，飞到了房间的斜对角，又和八爪维修机器人拉开了距离。它跑到房间中央的控制台上，然后用喷枪向我刺了过来。我再一次翻滚了一下，启动磁力靴固定在舱壁上，然后再跳向舱室门口。

机器人预判了我的动作，然后试图在我飞向门口的时候拦住我，它用后面四条腿撑起身体，挥舞着喷枪向我冲来。但是我用变位器把它打飞，然后自己不受控制地转了起来。我的头盔撞在了天花板上，然后我反向旋转抵消惯性，用另一只手抓住门框。我的身体笨拙地和墙撞在一起，我感觉自己的肺部都快被撞扁了。我以手为支点转了个身，然后膝盖发力，倒着飞出了门。八足机器人跟在我后面冲进了走廊，一只脚卡在了靠近舱门口的天花板上。我向侧面移动了下，藏在它视野之外，然后从天花板走到了靠近舱门口的墙面上。

八足机器人冲进了走廊，抬起一条腿准备爬上墙，我挥起变位器对着它脆弱的传感器阵列砸了下去。透明的半圆形护罩和里面脆弱的光学探头被砸了个粉碎，这下机器人什么都看不到了。我从墙上弹开，踉踉跄跄地躲到一边，维修机器人举着喷枪，疯狂地在我的头顶上挥来挥去。我在零重力环境下翻了个跟头，撞在对面的墙上，然后弹回了走廊。我向着机器人冲了过去，双手握住变位器，对着它的身体狠狠砸了下去。我在反作用力下歪斜着飞了出去，而机器人则彻底短路了。等我在金属墙面上固定住自己，机器人已经毫无生气地飘在走廊里，等离子喷枪的光照亮了它的身体。

整场战斗并不精彩，但是我依然记得零重力战斗训练是多么危险。我暗自提醒自己尽快恢复零重力战斗训练。

“你的牛顿力学计算不过如此。”我说，“维修机器人已经完蛋了。”

“干得漂亮，船长！”亚斯如释重负地说。

“我正在进入气闸，船长。”埃曾说道。

我飘到机器人身边，关掉喷枪，然后回到系统控制台。我很快就发现，死掉的工程师其实很快就能切断处理核心和飞船的连接。但不论是什么感染了幸福号的系统，它一定呼叫了维修机器人来保护自己。我完成了工程师没有完成的工作。等我从控制台跳到空中的时候，看到走廊里还有一个维修机器人，它正透过舱门盯着我。它举起一条腿，腿上装有一个电焊枪，而且电焊枪已经启动了。

“怎么又来了一个！”我嘀咕道。

我正举起磁力变位器准备迎接战斗，忽然维修机器人的躯干爆炸了。它的机械腿和身体外壳向四周飘散，其中一条腿翻着跟头飞进房间，然后从我的头盔旁飞了过去。过了一会儿，埃曾端着他 6 毫米的裂肉枪钻了出来。这把枪看起来就像一把玩具枪，但是枪管非常长，在他手里这把枪能够发挥惊人的精度。

埃曾飘进房间的时候还带着一个小工具箱，我的 P-50 则挂在他的肩膀上。他收起自己的枪，然后把我的枪扔给了我。

“多谢了。”我启动手枪，很高兴地扔掉了磁力变位器。

“船里还有维修机器人，船长。我在靠近气闸的地方干掉了一个，然后在走廊里干掉了另一个。”他看了看中央电脑说，“我会清理幸福号的硬件，然后重启系统。这能让他们把飞船开回安克森，但是他们之后得重建飞船系统。”

“当务之急是恢复动力。”等飞船重新增压之后，我就不用担心这些机器人在我的增压服上戳个洞就能干掉我了。

我留下埃曾清理残局，然后开始向救生艇发射架前进。我在走廊里再也没遇到维修机器人，等我靠近救生艇发射架的时候，埃曾说他已经全面清理了幸福号的处理核心，正准备开始紧急重建系统。

通向救生艇发射架的舱门大敞着，但是发射口却没打开。在紧急情况下，完全可以用化学能炸药把发射口炸开。但是现在这情况看来，要么是船员们不想弃船，要么就是根本无法启动紧急起爆用的炸药。

幸福号的救生艇是一个破旧的卵形飞船，无法进行超光速飞行，但是储备有足够几个月使用的补给品和电力，足够里面的人在太空里漂流几个月。救生艇的驾驶室还有一个小观察窗，可以让驾驶员观察周围环境，但是供能不足的推进器只能用来停船。船体表面涂有反射传感器信号的涂层，还配有两个远距离求救信标，但是如果没人能看到这些信号，那么获救的概率即为零。

从驾驶室观察窗漏出的灯光照在光秃秃的金属舱壁上。我正准备跳到观察窗上，一个纤细的黑影就从黑暗中向我冲来。我开了一枪，子弹把维修机器人打成了一堆碎片，我这才反应过来埃曾在我的枪里装了爆破子弹。当维修机器人的残骸从我身边飘过去的时候，我抓住它的一条腿研究了一会儿，然后飞向救生艇的前部。

我逐渐靠近观察窗，我的心跳在加速，我非常紧张看到里面究竟发生了什么。当然，如果里面空无一物的话，我也不会好受多少。我从观察窗望进去，看到玛丽飘浮在空中，和她健壮的副驾驶加登·乌戈，以及其他几名穿着船员制服的人在聊天。看到眼前的景象，我不禁松了口气。

我收起枪，拍了拍观察窗。

玛丽和她的船员抬起头，一脸惊讶地看着我，然后她踩在一把凳子上使劲一蹬，滑到观察窗跟前，脸上却带着一种非常惊恐的表情。她用自己的手指比画着一只蜘蛛的样子，警告我附近还有一只杀人成性的维修机器人，然后疯狂地指向我身后漆黑的房间。

我看到她为我的安危担心而非常高兴，所以我打算装傻。我摆出一副萌萌的笑容，假装我以为“她模仿蜘蛛的动作是在招手”，所以我也招了招手。她摇了摇头，越发疯狂地指向黑暗的房间，因为认为我无法理解她的警告，而且可能随时会被维修机器人撕碎，所以她看上去越发紧张和生气。

我最后拿起被击毁的机器人的一条腿，她的脸上闪过惊讶的表情，然后我举起自己的 P-50，脸上摆出一副我其实什么都知道的表情。

她整个人放松下来，对我轻松一笑，然后甩了一个飞吻。

＼·＼·＼·＼·＼·＼

埃曾终于恢复了幸福号的动力。糟糕的是渡鸦帮的侦察船开始向我们靠近，那艘船正在用它强大的远距离扫描仪扫描星云，这让我急于想离开这里。等空气供应恢复之后，我拿掉了头盔，然后救生艇的舱门也打开了。

“我就知道你会找到我们！”玛丽说着就跳了出来，胳膊缠在我的脖子上，热情地亲了上来。

等我挣扎呼吸的时候，我说：“你还说这都是生意？”

她羞怯地笑了笑：“哎呀，西瑞斯，你也要明白，小姑娘总得过日子！”

“在冰顶星上，你把亚斯打晕之后，你到底把法典藏哪了？”

“床下面。”而几个小时前我俩还在那张床上共度良宵！她看到我脸上的表情，一脸歉意地说，“我可没时间干别的！我正打算告诉你是瓦基斯偷走它的时候，瓦基斯就走进来了，我只好去陷害博强。”

“然后正好把我骗出去！”

她无助地耸了耸肩说：“乌戈那时候还在等我。他从半夜就开始在天上绕圈子了。”

“干得漂亮。你差点把自己害死。”

她惊讶地看着我说：“到底怎么回事？”

“你觉得是什么让你的飞船瘫痪了？”

“曼尼说是系统故障。”

“他说错了。”

她一下意识到事情不简单：“你见过他了？”

我表情沉重地点了点头，示意她曼尼已经死了。

她的眼里一下涌出了泪水：“我们就知道他的氧气储备耗尽了，我还以为……”

“和他的氧气无关。”当她一脸困惑地看着我时，我说，“是维修机器人干的。”

“还有一个？”她困惑地说，她还以为救生艇发射架舱室里的维修机器人不过是出了故障而已。

“不管是什么控制了幸福号，它都接管了所有的维修机器人。”

加登·乌戈，这个光头壮汉一直以来都兼任玛丽的保镖，他走上来用一只胳膊搂住玛丽的肩膀，说：“我会处理曼尼的事情。”他对我点了点头，我权当这是在说“谢谢”。然后他就带着剩下的船员离开了。

“到底发生了什么？”我问道。

“操作系统失灵，然后引擎也关闭了。为了安全起见，曼尼关掉了反应堆，然后我们就开始莫名其妙地失压。等我们都钻进救生艇之后，他出去进行修理。那是我们最后一次见到他。过了几个小时，一个维修机器人想强行打开舱门。它差点害死我们，不过我们还是把它关到外面去了。”

“君王号什么时候来的？”

她不解地看着我：“君王号？冰顶星之后，我就再没见过瓦基斯。”

就算渡鸦帮就在附近，我也无法想象瓦基斯就这么跑了。“那法典呢？”

“在系统控制室。曼尼想好好分析一下它，但是它却没有任何回应。我还以为我们都被骗了。”

我启动通信器说：“埃曾，你在那边看到法典了吗？”我当时忙于对付一只挥舞着等离子喷枪的八爪鱼呢，没看到法典。

“怎么了？”玛丽问道。

“瓦基斯知道你在这儿。”

“然后他就让我们在这自生自灭？”她的脸上写满了不相信的神情。

“他把你的位置通报给了安克森空管站，所以我才能找到你。”

“船长，”我的耳机里响起了埃曾的声音，“法典不在这儿。”

“该死！瓦基斯肯定偷偷跑上你的船拿走了法典！”他肯定和我一样，猜到玛丽会前往位于安克森的互助会地区总部。

“这个小偷，王八蛋！”玛丽说道。

“嗯，你偷法典在先。”我想到刚才说的也不是很准确，于是补充道：“其实，我先偷的法典，然后你从我这偷的，最后才是他从你手上偷走法典。”

她盯了我一眼说：“我就知道你作弊了！”

“我那叫随机应变。”

处理核心房间里的维修机器人肯定看到瓦基斯拿走了法典，但是为什么系统控制室里没有被摧毁的机器人残骸和君王号船员的尸体呢？然后我想起来博强曾说过萨拉特组织的拍卖被人为操纵，目的就是确保瓦基斯能赢。有没有可能杀人机器人故意让他拿走了法典，因为机器人的操控者肯定知道要让瓦基斯拿到法典。难道是马塔隆人想让他拿到法典?

我启动了通信器:“亚斯，渡鸦帮情况如何了?”

玛丽警觉地看着我:“怎么还有渡鸦帮?”

“侦察船已经回到寿衣星云的边界地带。”亚斯说，“现在慢慢向我们靠近。另外两条船还不知道在哪儿。”

我重新回忆了下刚才是如何吓跑了侦察船。现在它慢慢回来了，那么剩下的两条船肯定是在什么地方等待进攻命令。我对玛丽说:“你得赶快驾驶幸福号离开这里。”

“你有什么计划?”

“我得去找到瓦基斯。他根本不知道自己在和什么打交道。”

“那你知道吗?”

我可不能告诉她,瓦基斯不过是马塔隆人摧毁人类文明的棋子。“这事你得相信我。”

“瓦基斯知道一件事。他对那东西的价值非常清楚。”她慢慢地说，“而且他打算好好利用它。”她脸上浮现出一副恍然大悟的表情，然后一脸狡猾地看着我说:“你不知道他去哪了，对吧?”

“完全没有线索。你知道吗?”

“可能哦。”

“你都不知道他上了你的船!你怎么可能知道他把法典带哪去了?”

“女人的直觉。”她闪烁其词地说，“而且他在冰顶星上也说过。”

“没时间玩游戏了，玛丽。他要去哪儿?”

她抱上来狠狠亲了我一口，胳膊缠在我的脖子上。

好吧，这就是她的答案。“你可不能跟来。就算有埃曾帮忙，你的船也只能飞到安克森空间站。”

“你船上又不是没地方住。”

“你要住吗？”我笑道。

“乌戈可以把幸福号开到安克森，而你，我亲爱的西瑞斯，还得要我帮忙呢。”

“想都别想！”

“你最好还是想一想，毕竟没有我的帮助，你永远都别想找到瓦基斯。”

“我知道他可能没告诉你他的目的地。”

“没说那么明确。”

“所以你也是在猜喽？”

“我这不是推敲线索嘛。”

“把你知道的告诉我，要是结果属实，你就能拿到你的分成。”

她一脸惊讶地看着我，“这和信任没关系，亲爱的，我老爹从小就教育我自己的钱要自己拿。”她的手指挑逗似的从我肩膀上滑过，“我的其他资产随你处置，但是别想动我的钱！”

她的话没错。瓦基斯可能去映射空间内的任何一个地方。没有别人的帮助，我根本不可能找到他。

我叹了口气，心想，经过冰顶星上的一幕，亚斯和埃曾绝对想不到我接下来要干什么，“你要是骗我，我发誓一定亲手把你扔进太空。”

“说得你好像下得去手似的。”她对着我狡猾地一笑，“我亲爱的合伙人。”

“侦察船开始在星云内高速运动。”亚斯的声音在耳机里听起来越发紧张，“他们会在距离我们 10000 千米的地方飞过。”

在这么近的距离上，我们无法隐藏自己的身份，然后另外两艘船马上就会以超光速跃迁过来把我们全部干掉。

“明白了。”我说着，回到了幸福号的系统控制室。埃曾正在收拾自己的工具，乌戈一脸嫌弃的表情说明他对于坦芬人毫无好感。

“飞船可以启动了吗？”

“他们的自动导航系统正在进行启动前的检查，船长。”埃曾说，“15 分钟后就可以形成超光速泡泡。”

“渡鸦帮 10 分钟后就要骑在我们头顶上了。”我说道。玛丽带着一个小提包，已经准备好去银边号了。

她带着一个耳机，所以能听到两条船之间的通话。“你能给乌戈争取点时间吗？”她问道。

“我们可以试试。”我对着乌戈说，“但要是专业战斗飞船来了，我们也得逃跑。”

“我知道。”他带着那种养父的眼神忧心忡忡地看着玛丽，“别等我们了。”他是让我尽一切可能不让玛丽落入渡鸦帮的魔爪。

“他们抓不到我们。”我向他保证。

玛丽抱了抱乌戈，“咱们在安克森见。”她说完，就和我穿过气闸，跑回了银边号。

等气闸关闭后，我呼叫亚斯：“我们进来了，快走。”

“去哪儿啊？”

“堵到侦察船的航线上去，稳稳飞过去。让他们以为我们要打一架。”

“好的，谁让你是老大呢。”我能听出亚斯对我的命令也不是非常赞成。

高速是弱小飞船的首选，火力强大的飞船都选择慢慢飞。他们开火的窗口只有几秒钟射程，要是我们快速冲过去，就会飞出射击范围。这样一来，两艘船就不得不都减速，再次对着彼此冲过来，这样就能有机会逃跑。这也是侦察船的计划。它可以快速接近目标进行侦查，然后依靠星云对传感器的干扰效果再藏起来，让另外两艘船负责战斗。但是如果我们慢慢靠上去，我就是在向侦察船表示我需要一个更大的射击窗口。他们会把消息传给另外两艘船，在弄清楚我的底细之前会好好琢磨一下。

银边号和幸福号脱离连接的时候，船内响起了一声闷响。我和玛丽冲向舰桥，而埃曾则消失在工程舱。等我爬进抗加速座椅的时候，亚斯已经设定了一条航线，刚好可以和侦察船的航线交汇。玛丽爬到了我们身后的第三个较高的座位上。在理想状态下，银边号应该有一名驾驶员，一名传感器操作员和一名导航员，导航员在紧急情况下还应该负责武器操作，但是我和亚斯经常轮流负责这个工作，所以第三个座位通常都没人用。

“侦察船有后退的迹象吗？”我问道。

“有啊，他现在减速了。”亚斯说，“但是另外两艘船正在3000万千米外给武器充能。”

“好吧，让咱们看看它有什么本事。”我说完就启动了自动导航系统，“收回传感器。”

亚斯反应过来我要直接跃迁到侦察船的航线时，一脸惊恐地看着我说：“你真打算这么干，船长？要是那艘船上带着武器，我们可就是活靶子了。”

“我打赌船上绝对没有武器，但是他肯定以为我们带了。”这招非常冒险，但是这能让渡鸦帮继续猜测我们的动机，然后为乌戈再争取几分钟。对于侦察船来说，我们也不是完全在虚张声势。

我们的屏幕一片漆黑，因为启动超光速泡泡之后会产生高温，必须把传感器收回船内。我们花了不到 1 秒就启动了超光速泡泡，然后飞到了截击点。等泡泡关闭之后，亚斯启动了传感器，屏幕上恢复了图像。我让银边号船头船尾调换位置，用引擎减速，然后再调回头来，正对着侦察船的船头，这样我们就能发挥火力优势。

当然，所有这些机动动作都让渡鸦帮侦察船看得清清楚楚。

“我们就这么待在这里吗？”玛丽问道。

她是个天生的商人，毕生所学是如何避免进入战斗，而不是如何战斗。

“这是攻击侦察船的最佳位置。”

“你不觉得就靠这条拖船对付它有点太勉强了吗？”她半信半疑地问道。

“那你可能要大吃一惊了。”我说道。侦查船转向 90 度，虽然还保持着高速，但是已经开始改变航向。“看来渡鸦帮也不想冒险。”

“那是因为他还有两艘船负责战斗。”玛丽说。

“看到双信号的时候就启动超光速泡泡！”我说道，同时准备让自动导航系统同时在两地检测到作战飞船的时候启动超光速泡泡。想要从这种战斗中脱身，就得跑快点。当渡鸦帮进攻的时候，作战飞船会在不到 1 秒的时间内跃迁到我们的位置。因为我们获取的信号是按照光速飞行，所以我们会在他们出发的位置和他们实际的位置附近收到两个信号，这就是双信号。一旦收到这种信号，我们就得马上逃跑。我们收起传感器的时候，他们才开始展开传感器，所以如果运气好，那么当我们进入超光速状态，他们应该还来不及开火。

对于地球海军来说，这种双信号就是开火的标志，这也就是地球海军所谓的“信号成双，无人还乡”。他们很少会使用这种战术，因为实力相当的战舰很少直接跃迁进入战场。地球海军会在全力搜索敌人的同时隐蔽自己的行踪，避免敌人对自己发动致命打击。在海军战斗信条中，通常认为应当让敌人先暴露，等敌人跳进自己的火力范围，而不是在没有启动传感器的情况下跳到敌人面前。这些是最常规的太空飞行常识，而且对于防守方更为有利。在具有决定性意义的最初几秒这种做法非常有用。但是如果一方已经拥有绝对优势，那么一切都无所谓了。较为弱小的飞船通常有机会在进入射程之前就逃跑。所以，地球海军总是无法彻底消灭兄弟会。地球海军在承受大量损失之前，无法快速和海盗展开战斗。

但是对于商人们来说，却是另外一种情况。兄弟会会在商船出现的瞬间开始行动，因为他们知道自己的猎物缺乏足够的火力反击。所以商人们就只能依赖自己船员的警惕性，以及自己的飞船能不能在海盗展开传感器开火前快速撤离。这才是终极的“猫鼠游戏”。

只不过这次，我们是一只伪装成猫的老鼠。

“你又要弄坏我们的传感器吗？”亚斯问道。他一定是在怀疑我是否不等传感器收回到船体内就启动超光速泡泡。“你也知道埃曾对更换传感器这件事有多反感吧。”

“不会的，这次我们时间充足。”如果我们命悬一线，那么我随时准备牺牲飞船上的传感器，但是这次我需要它们来找到法典。真正的风险在于，如果渡鸦帮的作战飞船使用侦察船提供的情报进行攻击，而不是依靠自己的传感器，那么他们完全可以马上开火。那样的话就会非常危险。唯一的解决方案就是确保侦察船无法为作战飞船提供情报。

“我检测到一个很大的护盾。”亚斯紧盯着眼前的传感器屏幕说，

“热蚀型护盾，可能是五级或者六级，但是没发现有武器。”

“你船上的那门小炮根本打不穿他们的护盾。”玛丽说。

“那就希望它起码可以吓唬吓唬人。”我看了眼亚斯，“距离呢？”

“7 万千米，还在快速接近中。”

玛丽身体前倾，好奇我到底在等什么。“你是不是该给主炮充能了？”

“没必要充能。你说得没错，我们的武器奈何不了他们的护盾。”再过几秒侦察船就会从我们身边飞过，而我们的主炮无法有效打击他们的护盾，而这样还可能会刺激他们过早地把作战飞船召唤过来。最好还是让他们摸不清我们的实力，只要看不到我们启动武器，那么侦察船就不会有什么过激动作。

“又发现一个信号！”亚斯大叫道。

我看着屏幕，正前方一个大大的记号表示的是快速接近的侦察船，右上方两个小一点的记号是远处待命的作战飞船，除此以外没有更多的信号。

“你说的信号在哪？”

“在我们后面！还在寿衣星云里，就在船尾 50 万千米。”亚斯慢慢吹了个口哨，“这玩意儿真厉害！我们的中子探测器都要超载了！”

我凑向他的控制台一探究竟，这个信号所放出的巨大能量辐射说明，这绝对不可能是人类的飞船。“它在那儿干吗？”

“什么都没干。”亚斯说，“就是在那里看着我们。”

“有双信号吗？”玛丽问。

亚斯皱着眉头说：“没有双信号。”

“这不可能，”玛丽一定认为亚斯看错了传感器数据，“用推进器保持固定位置都会产生信号。”

我把光学探头转向船尾，仔细打量后方的不知名信号。幸福号在星云尘埃和气体的掩盖下，变成了星云中的一个银色小点，而后面一个圆滚滚的黑色飞船还在星云中释放着高强度的中子信号。我们的识别系统无法通过飞船轮廓确定飞船的具体型号，但是就算可以获得具体型号，眼前的这条船也绝对不可能出现在民用飞船序列中。不过这没关系，因为我已经知道为什么亚斯无法获得双信号了。

“那条船没有使用离子技术。”

亚斯看着我，马上反应过来我要说什么：“还是冰顶星上的那群人？”

“等等！冰顶星上有外星人？”玛丽疑惑不解地问道。

她当时急于偷走法典，所以在第一时间就打晕了亚斯，亚斯还没来得及告诉她马塔隆人杀了萨拉特和警卫。

“最少有一个，”我说，“说不定还有更多。”

“他们为什么要跟踪我们？”她问道。

“多管闲事的外星人。”我闪烁其词地说。

银河系里的外星人通常会偷偷尾随人类飞船，大多数是出于对人类科技的好奇。他们研究这些使用古老科技的飞船，是为了回顾自己在早期星际文明时代的历史，而不是和人类进行公开接触。2 500 年来，我们从没有遇到过一个外星文明使用离子推进系统进行亚光速飞行，人类还不清楚他们使用的具体技术。但是，我可以确定，一直跟踪我们的外星人绝不是为了满足自己的好奇心，来参观古董的。

他们可是马塔隆人。

他们对于我们的科技了如指掌，但是对他们没什么用。他们完全可以躲过我们的各种传感器，但是无法掩盖飞船反应堆放出的中子信号。人类和上千个文明打过交道，只有钛塞提人可以隐藏自己的中子信号，我们怀疑这是因为他们已经不再使用反应式能源。

我好奇攻击了萨拉特顶层套房的马塔隆人在不在那条船上，他会不会知道我是谁。在和外星文明交手的时候，我假设这些外星人什么都能做到，而且他们确实从没让我失望。我认为马塔隆人知道我从银河系财团手里抢走了安塔兰法典，我的存在已经威胁到了他们的计划，所以他们才会一直跟踪我。

他们肯定希望渡鸦帮能干掉我，但是却不敢在这里插手，因为他们害怕钛塞提人发现他们的技术装备的痕迹。还有一种更可怕的可能，他们现在就在某处观察着这一切，只不过我们看不到罢了。因为担心钛塞提人会插手他们的计划，所以即便他们可以瞬间消灭我们所有人，也只能在一旁期望渡鸦帮能干掉我们。

就算人类科技还不是很发达，而且还沉迷于星际扩张，却还是能在一个以律法为基础的宇宙中寻求自己的优势。

“忽视他们。”我说，然后用光学探头对准渡鸦帮的侦察船，把控制台模式从驾驶调整到武器控制，“打开外部舱门。”

侦察船一定会发现船头近 2 米宽的舱门正缓缓打开。要是走运的话，他们现在就会减速然后跃迁逃跑。过了几秒，渡鸦帮的侦察船还是没有撤退的迹象，却向我们的右舷转向。主屏幕上，一个红色的锁定方框套在了侦察船上，说明它还没有进入射程。

“距离目标 3 万千米。”亚斯说，“偏离发射中线 7 度。”

“我们还有优势。”我说着，同时密切注意侦察船的偏航加速度对我们的开火方案有什么影响。侦察船已经飞到了距离右舷 600 千米的地方。我们进行一次短距跳跃就能大大提高命中率，但是这会使我们丧失对外部信息的感知，让远处的群狼能够乘虚而入。我可不能再冒这种险。“弹头将在发射后 3 秒启动。”

“弹头？什么弹头？”玛丽一头雾水，“我还以为你刚才吓唬人呢！”

“我就是这么吓唬人的。”

我们已经在发射器上装上了 1 架无人机，另外 3 架无人机在一旁备用。虽然这不是什么超级武器，但对于那些对高速反舰无人机毫无准备的人来说，它还是能打他们一个措手不及。反舰无人机使用的是常规弹头，而不是反应式弹头，所以只能算是轻微违规而已。无人机会发射一个带有静滞力场的穿甲体直接击穿目标护盾，钻进船体内部，然后高当量的炸药会破坏脆弱的内部系统，最后造成局部失压。

“2 万千米。”亚斯全神贯注地说。

无人机已经开始接收来自传感器的数据，然后向我传输各种开火方案。我选择了一个 65% 命中率的方案，然后让无人机自己控制。很快，锁定方框由红变绿，说明渡鸦帮的侦察船已经进入射程。但是无人机还停在发射架上一动不动，而侦察船却离我们越来越近。

亚斯不耐烦地看着我说：“船长，我们是开火呢，还是对着他们招招手说‘再见’呢？”

“耐心点。”

终于，无人机觉得是时候动手了。一道白光从船内飞了出去，画出一道弧线飞向右舷。

“飞吧，宝贝！”亚斯大叫道。

玛丽眯着眼睛，吃惊地说：“那是不是反舰无人机？”

“哎呀，就是一架小型无人机啦。”我说。

无人机朝着侦察船前方飞去，当它和侦察船的航线交汇的瞬间就马上转向，对着目标迎头飞了上去。

“估计上面的人可能已经被吓得尿裤子了！”亚斯说。

“你是怎么骗过地球海军的检查员的？”玛丽问道。

“啥叫检查员？”我看着亚斯说，“埃曾知道什么叫检查员吗？”

埃曾耸了耸肩，装出一副一无所知的样子。

我们已经被地球海军检查了无数次，但是反舰无人机发射器所需要的空间很小，而且埃曾把整个发射舱巧妙地藏了起来。如果地球海军发现银边号的船首藏了这么个大杀伤力反舰武器，他们肯定会以参与私掠活动为由扣押银边号。银边号并不是唯一一艘装备这种武器的飞船，但可能是最小的一艘。

商船可以装备任意一种护盾或是防御性武器，但是只有地球海军才能装备可以击穿船体的高速反舰无人机。就连兄弟会都倾向于使用能令目录瘫痪的武器，而不是更具有杀伤性的无人机。毕竟，击毁自己的猎物可就赚不到钱了。他们希望捕获的是能够正常工作的飞船和里面的货物。

玛丽一边看着轻型无人机追击渡鸦帮的侦察船一边说：“要是地球海军知道了这东西，肯定会把你的船没收。”

在列娜雇佣我之前，她说的可能没错。但是现在我甚至可能得到一次装备升级，而且一切成本都由地球情报局承担。“你不说的话，没人会知道这事。”无人机引擎的闪光已经被寿衣星云的气体和尘埃吞没。

“渡鸦帮侦察船正在过载他们的护盾，”亚斯说道。侦察船正在将所有能用的能量全部转移到护盾上，但是这并不足以阻止无人机1米长的穿甲体。

“他们根本不知道那是什么玩意。”我说道。他们以为那不过是一枚鱼雷，会在和护盾碰撞的瞬间就爆炸。他们将为这个错误付出惨重的代价。

“天啦，他们正在过载自己的引擎！”亚斯说。

反舰无人机离目标越来越近，高速飞行的侦察船无法进行机动规避。屏幕上代表着无人机的图标开始闪烁，这意味着它已经进入飞行末端，并开始为穿甲弹头充能。渡鸦帮侦察船现在应该已经检测到了来自无人机的高能反应，但是为时已晚。

“他们停止对我们的扫描了！”亚斯说。

“他们正在回收自己的传感器。”我完全想象得到侦察船上已经乱作一团，“他们准备启动超光速泡泡了。”

“来得及吗？”玛丽问道。

“根本来不及。”我阴郁地说道，“渡鸦帮可没有快速跃迁装置。”他们为了装备更多的武器，拆除了快速时空扭曲装置，而眼前的这条侦察船则装备了更强大的传感器。

无人机和护盾碰撞的时候发出了一道闪光，然后它就发射了自己纤细的电磁充能的静滞穿甲体。穿甲体击穿护盾的同时发出了大量的闪光，然后就钻进了船体内部。一道橙色的火舌从船首钻了出来，化学能弹头引发的爆炸已经让侦察船前部开始失压。要是我装的是一颗反应式弹头，那么现在整条侦察船都该蒸发了。但是埃曾绝对不可能在地球海军面前藏得住反应式弹头。

侦察船已经丧失了动力，引擎和护盾已经停止了工作。瘫痪的侦察船正在漂向星云深处，幸存的船员现在一定飘浮在失重的气密舱室里。

亚斯吹着口哨说：“好好记住这一天吧，渡鸦崽子们！”

玛丽看着从我们身边飞过的失控残骸浑身发抖：“里面肯定还有人没死。”

“他们又不用我们操心！”亚斯说道。我猜他现在非常想炸掉残骸，彻底解决这群海盗。

玛丽忧心忡忡地看着我。虽然残骸里的幸存者确实是渡鸦帮的海盗，但是他们现在不过是困在残骸里的人类而已。这么多年以来，她接受的教育都在告诉她，要帮助那些在太空中遇到麻烦的人，他们的身份可以暂时放到一边。这不仅仅是一种传统，更是她的一种信仰。

但是，我完全不受这种信仰的束缚。

“他说得没错。”我说，“他们确实需要帮助，只不过我们不会帮他们。”如果侦察船的反应堆还能工作，他们可能恢复飞船的控制，但是有可能这条船永远都无法飞行了。我看了眼亚斯，问道：“另外两艘船的情况如何？”

亚斯忽然想起来还有两艘非常危险的作战飞船正在监视着我们：“他们的能量读数正在飙升！”

看来他们准备跃迁，但他们到底是准备攻击我们，还是准备逃跑呢？

乌戈的脸出现在大屏幕上，当他的信号到达我们的飞船之后，一切都开始自动播放：“我们现在就启动跃迁。祝你好运，玛丽。”

还没等玛丽开口说话，舰桥里就响起了警报。乌戈的脸消失了，屏幕上取而代之的则是两艘灰色的飞船，它们距离我们不过200千米。一艘船是长方形的矿石运输船，上面装满了各种武器。另一艘是圆形的星系间拖船，一门大型地球海军主炮安装在四个大型引擎的前方。在距离眼前的海盗船很远的地方，两个标记显示着他们之前的位置。自动导航系统让它们的图标在屏幕上停留了很长时间，所以我们马上明白是怎么回事。渡鸦帮已经开始启动传感器，准备锁定我们。我们的屏幕陷入一片空白，自动导航系统开始收回传感器，同时为时空扭曲装置快速充能。舰桥一时间陷入了沉默，我们不由得屏住了呼吸，因为我们知道这是一场自动逃生系统和他们的自动化武器之间的竞赛。

就在银边号的超光速泡泡成形的同时，200 千米外的拖船上的地球海军主炮也开火了。两艘海盗船的渡鸦帮船员只能看到一道能量飞向太空深处，主炮击中了我们刚才的位置。

在银边号的舰桥上，我们盯着空无一物的屏幕，直到上面开始弹出各种数据——从超光速泡泡的完整性到船体的温度不一而足。这说明我们已经进入了超光速状态，暂时安全了。

“看到双信号的时候就启动超光速泡泡！”我的脸上露出了胜利的笑容。

“这话我听了不知道有多少次，”玛丽说，“但还是头一次看到有人真的这么干！”

“而且完成得非常漂亮！”亚斯挥舞着两个拳头大喊，“耶！”

“幸福号逃出来了吗？”玛丽问道。

“我相信乌戈逃出来了。”我和他可能关系不好，但是他确实是个非常出色的飞行员。还没等渡鸦帮靠近幸福号，他肯定已经逃跑了。

“那么，瓦基斯到底要去哪？”

“他说要把法典的每一个原子都扫描一遍。他不仅想要其中的信息，更想获得制造它的技术。”

“这就是你的线索？”

“他可没说要带着它回到核心星系或者回到地球，更没说要复制其中的数据。他的意思非常明确。”

“我怎么可能找到他？”

“你知道如何才能扫描设备的原子结构吗？”

“我当然知道呀。”我说，“你说说看？”

“你需要一台皮米级的扫描仪。你知道映射空间里有多少皮米扫描仪吗？”

“我猜猜……六台？”

“整个映射空间里只有一台，而且还是生物圈建设集团的财产。你听说过他们吗？”

“听说过，他们不是依靠设计顽强的微生物来占领星球的吗？”

她点了点头说：“60 光年以外有一个他们正在改造的星球。我年轻的时候往那送过一次货。”

“这线索可有点不太可靠啊。”我对她的线索有点不太信任。

“你知道生物圈建设集团是谁的子公司吗？”我耸了耸肩，她继续说道：“银河系财团。”

一直以来，都有传言说银河系财团控制了很多公司，没人否认这一点。但是，如果她说得没错，那么我们可以大大缩减自己潜在目标的数量。“那么银河系财团现在正在改造哪颗行星上的生物圈？”

“死木星。”

05
死木星

环境改造候选星球

瑞亚农星系

天鹅座外部地区

0.994 个标准地球重力

距离太阳系 1 029 光年

常住人口 15 400 人

死木星曾经是个植被茂盛的行星，但是在 400 万年前遭受了一场大规模物种灭绝。一颗小行星从它边上飞驰而过，重力扰动催生了板块地震，最后造成了 600 多处火山喷发。几百万吨尘埃和火山气体被带到富氧的大气中，杀死了大量依赖于光合作用的生物。只有少数几个物种在洞穴和以菌类为基础的生态系统的庇护下活了下来。但是那些统治了星球表面长达 5 亿年的巨型树木却没能活下来。这些巨型树木上盖满了火山灰，无法接受星系内恒星的光芒，所以渐渐死亡变成了化石。星球大陆上遍布这些化石森林，纪念着这些往日的参天大树。这颗被当地人称为“弑树星”的行星，终于在星系内获得了稳定的轨道，变成了星系内的第三颗行星。地质检测证明，这颗行星并不是星系内的原生行星，而是一颗在太空中飘荡的流浪行星。

这场大灾难不仅毁灭了行星表面上丰富的生态系统，还让其他星际文明无法进行殖民，这对于那些呼吸氧气的生物来说非常罕见。在之后的几百万年里，大气逐渐进化，那些幸存下来的物种从地下返回地表，再次开始繁衍并重新占领这颗星球。在人类到达死木星的时候，这里的生物圈还没有恢复到之前的水平。但是只要地球肯投资进行改造，那么它就非常有潜力成为宇宙中的一颗明珠。最重要的一点在于，这颗星球之前的主人已经放弃了这里。

根据钛塞提人资料显示，银河系中有5000多万颗宜居行星，这和环绕在2000亿颗恒星周围的几万亿颗行星相比是个非常小的数目。现在人类的问题在于，大多数星球对于人类来说属于禁区，因为其他智慧生物不是已经占领了这些行星，就是正在某些行星上孕育全新的生命。

但死木星是个例外。

它距离地球很远，而且要做的事情还很多，但是只要进行几个世纪的星球改造工作，然后再给它换个名字，它可能就是人类的第二家园。人类文明在几百个勉强宜居的星球建立了殖民地，并在有经济价值的地区建立了人工聚居点，但是其中却没有一处可以和地球的环境相媲美。毕竟，这是我们从有着几百万年历史的其他文明的残羹剩饭里挑选的可用之物。

生物圈建设集团接受了地球议会的委托，在这里建立了人类历史上最复杂的星球改造评估项目。他们现在致力于将这片被蹂躏的世界改造成一个花园世界，然后再从中大赚一笔。他们坚信人类有足够的技术改造星球生物圈，而且正在计划一个星球改造计划，地球方面会负责这个项目的资金。他们现在还需要解决一个问题，一群生存主义者在这个星球上建立了一个聚居点，而且比生物圈建设集团早到一个世纪。他们贴近自然，在化石丛林中建立了一个名叫“避难所”的聚居点，最近还开始武装起义，努力赶走外来的星球改造人员。

生物圈建设集团肯定会在他们的研究设施上投入不少心血，所以我们要在星球的另一侧脱离超光速泡泡以免引起注意。我们关闭了所有主动传感器和应答机，为了降低中子信号，还让引擎保持最低功率，所以我们现在处于相对隐身的状态。

“我发现有两个通信站和一个导航卫星，”亚斯只能用被动传感器监视周围环境，“而且没有人在主动搜索我们。”

我们的全角度屏幕上出现了一个旋转的行星三维图像。图像并不是星球的实时图像，而是从我们的位置看过去的相对图像。生物圈建设集团的基地在星球的另一边，一个浅蓝色的半球体占据了星球空域的 1/10，它代表着基地的监测范围。如果我们待着不动，星球的自转早晚会让我们暴露在地平线之上，到那时一定会被他们发现。

除了生物圈建设集团的基地，星球表面还有几十个自动化科学站，但是我们却没发现任何独立的聚居点，似乎星球表面并不存在生存主义者建立的聚居点。

“下面什么都没有。”亚斯说。

“说不定他们都撤离了？”我说道。

“他们绝对不可能撤离。”玛丽坐在后面斩钉截铁地说，“避难所就在北部大陆的海滨地区。”

“那信标呢？”我问道。

银边号应该能接收到避难所的定位信标信号，并自动标记在星球的立体图像上。这些信标全自动运行，而且能抵御各类自然灾害，所以不论发生什么自然灾害，位于轨道的飞船总能找到聚居点。

“他们没有定位信标，也没有降落引导。”玛丽说。

“那我们怎么找他们？”我问道，同时驾驶银边号进入大气层。

“你不用找他们，”她说，“他们可不怎么喜欢外来人士。”

我反复检查了自己的星图数据库，地球海军认真记录着每一处人类聚居点的位置。但是让我感到惊讶的是，似乎这里从没有什么“生存主义者聚居区”。

“他们要是真在这待过 90 年，”我说，“为什么找不到他们的记录呢？”

“他们的记录肯定被删除了！”玛丽说。

“那你觉得有谁能办到这一点呢？”我生气地说道。删除一个殖民地的记录可是要花不少钱才能买通相关人员的。

每一个太空港的星图数据库都会进行不间断的自动更新，每条船都会为太空港带来最新的数据，每条数据都会按照录入日期排列优先级别。这种有机的系统可以确保所有的飞船总能获得最及时的信息。当然，一条信息从地球传遍整个映射空间可能需要花费数年的时间。删除一条记录有可能会导致相关偏远殖民地的所有记录全部被删除，况且这里的居民还是先于其他人在这里建立聚居点的。

“你只需要找个刚好在这个职位的官员修改记录就好。”玛丽说，“然后整个星球就会被生物圈建设集团纳入囊中了。”

看来只要提到银河系财团，就总会有些阴谋诡计，而且我非常讨厌这种感觉。“怪不得那些生存主义者会对外来人士开枪！”

“那就期望他们不会对我们开枪吧！”亚斯说。

“他们可能不会相信我们，”玛丽说，“但是他们也会讨厌生物圈建设集团。”

“你觉得我们能找到他们吗？”我说道。我们已经开始冲入上层大气。

“我记得有一个类似内陆海的大型港口，”玛丽若有所思地说，“一边是悬崖，一边是一个大型半岛，而且还有好多石头树。”

“石头树？那我们潜在的目标就缩减到星球表面80%的陆地了！”我将死木星北方大陆的图像放大。在大陆海滨地区，一段岩石密布的半岛和大陆之间，有一块半封闭的水域。“是不是这里？”

“就是这儿！”玛丽说。

虽然在星球表面的陆地和海洋上可以找到很多数据观测站，但是在靠近内陆海的地方，数据观测站寥寥无几。要么是生物圈建设集团认为不需要收集避难所附近的星球改造数据，要么就是生存主义者拒绝了在附近修建观测站的提议。我们为了保持隐形，将引擎速度降至最低，让星球的重力将我们拉向地表，我只用姿态控制引擎确保飞船和赤道保持15度角。虽然银边号的外形类似飞翼，但是却无法产生升力。它只能在姿态控制引擎的帮助下，像一块石头一样穿过大气。

过了一会儿，我们渐渐靠近港口，行星的导航图像逐渐被光学探头采集到的实时影像所替代。港口东面是参差不齐的悬崖，而西边不远处则是一道低矮的石墙。在港口的最南端，悬崖和半岛形成的出入口连接着外面的广阔水域。当我们飞过出入口的时候，发现下方有一道白色的缆绳连接着两侧的陆地，水面上漂浮着几个橙色的浮板支撑着线缆。

“那是张网！”亚斯大吃一惊。

这张网封住了港口的入口，让内海变成了水生生物的保护区。在更北方，可以看到地表多了几分绿色。亚斯用光学探头仔细观察其中一块绿色区域，发现那里是一片海带，海带中还有黑色的流线型影子在游来游去。

“我还以为这颗行星就是一片死地呢。”亚斯说。

“有些物种还是活下来了。”玛丽说，“但刚才那些绝对不是本土生物，它们都是从地球迁移过来的。”

一家子的水獭冒出了水面，完全不在意我们的飞船从它们的头顶飞过。我这才发现那张渔网并不足以阻止水獭游入开阔水域，但一旦它们进入外面的开阔水域，就会因为缺乏食物而饿死。

我们飞过港口内平静的水面，从几艘收集海藻和水獭的小艇上方掠过。有些小艇上装备了桅杆和风帆，还有些小艇则是靠桨运动。下面的船员都停下手头的工作，抬起头注视着我们，不过并没人向我们招手致意。

“看来他们见到我们不是很高兴啊。”我说。

我们继续向前飞行，映入我们眼帘的是一片高大的石头树，巨大的树枝相互交错，银边号几乎可以停在上面，但是树杈上却一片叶子都没有。这里的土地无法接受星系内恒星光芒的直射，只有岩石密布的海岸线上才算得上光照充足，所以有几千只水獭躺在那儿享受生活。因为化石丛林占据了大部分土地，所以没看到大规模的农业活动，但是这里的土地曾经能供养这么庞大的植物种类，想必也是非常肥沃。让我们感到惊讶的是，这里的化石丛林并不是一片白色的世界，而是可以看到来自氧化铁和锰的红色、黄色和棕色混在一起的色彩斑斓的世界，正是这些物质在几百万年前把这些参天大树变成了化石。

“绿色植物，右舷！”玛丽喊道，同时指向屏幕右侧，仿佛那里有舷窗一样。

在这片化石的死亡世界里，绿色代表着生，所以我把飞船向玛丽所指的方向稍微倾斜了一点。很快，我们就悬浮在一片绿色的藤蔓之上，这些藤蔓沿着化石树的树枝蜿蜒而下。绿色植物之间有不少石质房屋，很多房屋还有种植在培养盒里的花朵点缀。一群衣着朴素的居民从房子里走了出来，当我们的飞船掠过他们的村庄时，推进器耀眼的尾焰让他们不得不抬起手护住眼睛。在距离房子较远的地方，还可以看到石头围成的牲畜圈里养着牛、羊和猪，牲畜圈旁边就是长条状的庄稼地，种植用的土壤一定是从森林地表里搬来的。人们在化石树的树枝上凿出台阶以此连通每栋房屋，而建立在树冠之上的农场则在化石森林的顶部星罗棋布。在聚居点的南部，一座石桥连接着一个停机坪，这里曾经是一根巨大的树枝，当地人将它平整之后变成了停机坪。几架古老的飞行器停在一栋长条状的石头房子前方，从天上看下去，那栋房子应该是维修厂。

我让银边号避开树顶村庄，免得推进器向下的喷流摧毁村庄，然后我就把飞船停在一架古董飞行器旁边。拿着枪的男男女女从村子里向我们冲了过来，不过没人向我们开火。

“我怎么感觉他们要绞死我们？”我一边说着一边从抗加速座椅里爬了出去。

“别担心，西瑞斯。”玛丽安慰道，“在他们完全知道你是个什么货色之前，绝对不会吊死你。”

“我和埃曾会在货舱门口掩护你。”亚斯说，“要是他们敢动手，我们就炸飞他们！”

“无论如何都不许开枪。这里是他们的家，我们才是入侵者。”

“但是，船长，如果……”

“没有但是！不许用枪！”我转头对玛丽说，“你不会恰好认识什么人可以帮帮我们吧？”

她摇了摇头说：“我在这儿没认识的人，但是我记得他们很传统。要是我们装成一对夫妻的样子走下去，他们可能会感到困惑，这样我们就能和他们好好谈谈了。”

在过去几周的航行中，我俩过得确实和夫妻一样，但是当地人绝对不知道这一点。我们完全可能被误认为是生物圈建设集团的代表，过来告诉他们必须在 24 小时内搬家，不然就等着被轨道炮炸上天。

当外部气闸缓缓打开的时候，玛丽抓着我，我俩深吻了半天。等我俩结束亲吻的时候，气闸早就打开了，外面那群准备吊死我们的当地人放下枪，一脸好奇地打量着我们。

“别人都在看着我们呢。”我说。

“我就知道他们不会向一对手无寸铁的热恋情侣开枪！”

“所以你亲我，就是为了骗过这些可怜的当地人！”

“可能吧。”她狡猾地说道。

“你真是我见过最有心机的女人。”

“你才琢磨到这一点吗？”

我叹了口气说：“那我们去会会他们？”

“走吧。”她挽着我的胳膊说道，就好像我俩不过是晚饭后去散步。我俩走下飞船，踩在石化的巨型树枝上，走向前来迎接我们的人群。

“你们好啊，朋友们。”我说道，“你们这里谁说话算数？”

\·\·\·\·\·\

尤里乌斯·克劳森是当地村落的首领，他身材瘦高，皮肤黝黑，下巴上留着胡子茬，整个人看上去非常从容不迫。他住在一栋用森林里的石化木块搭成的小屋里，屋里的家具也是用石化木制成的，但所有家具都经过了抛光处理，显现出了金属般的光泽。

“你们还能喘气，纯属走运。”克劳森一边说着一边用手示意我们在石头凳子上就座，凳子上还有手工缝制的坐垫。他拿起一个巨大的石椅说：“我们有些人一看到陌生人就会开枪。”

在这种经历了大规模物种灭绝的星球上，热情好客不是生存的必需品质。

“是所有陌生人都有这待遇，还是说只有生物圈建设集团的人才会吃枪子？”玛丽的问题直击要害。

“二者没什么区别。他们都想铲平我们的家，我们决不答应。”

窗外那群拿着劳作工具的农民也不会任人宰割。克劳森斯巴达式的房屋和朴素的衣服也印证了这一点。

“生物圈建设集团是个大企业，口袋里的钱多着呢。”我说，“虽然无意冒犯，但是我还是要说，你们看上去并没有什么资本可以抵挡他们。”

“外表可能会骗人，小飞人。”他意味深长地看着靠在墙边的一把长管猎枪。“我们这么多年来，一直在破坏他们那些闪闪发亮的设备。”

“等他们准备好之后，银河系财团的雇佣兵会用优势火力把这里炸成废土。你们靠几把老枪根本打不过他们。”

“咱们走着瞧。”

我喜欢他的勇气，但是对他的理智表示怀疑。

“他们想要改造这颗星球，”玛丽说，“你们也已经开始进行自己的改造工程了，干吗不和他们做交易呢？”

“我们可没改造这颗星球，我们不过是在适应这颗星球。说实话，我们确实带来了海带，还带来了海胆去吃海带，然后那些水獭会去吃海胆，而这些都是我们的食物。但是我们也没摧毁这些恐龙树呀。我们和它们和平共处呢。”

恐龙树？我看着窗外参天的化石树，整个避难所就建在化石树的树枝上。从这个角度看，这些树和恐龙身形差不多，只不过尺寸更大罢了。

“整个星球都差不多死透了。”我说。

“根本没死！它正在逐渐恢复。这个森林里有各种小动物、昆虫，还有我们的藤蔓。我们从 70 年前就开始从空中播撒种子。现在这些藤蔓遍布整个大陆。再过 100 年，这片大陆将绿意盎然。”他看着缠绕在石化树枝上长满了绿叶的藤蔓。“他们想用炸药来改造这颗星球，但是我们不需要这么做。我们完全可以就这样活下去。”

克劳森是对是错已经不重要了，只要地球议会接受了生物圈建设集团的方案，就会在整个星球启动大规模爆破作业，而他对此无能为力。

克劳森从我的眼睛里看出了怀疑：“我们先来的，他们大可以去找自己的星球。”

“他们删除了你们的资料，”玛丽说，“现在没有证据能证明是你们先到这里的。”

“我们人就在这儿，我们自己就是证据。”

“你们要是死了，那可就什么都没了。”我说道。只要进行 1 分钟的轨道轰炸，就可以把他和这些在树上种地的农民全都炸成灰。

“你真不是为他们工作的？”

“我不为他们工作，但是我打算去拜访他们。”

克劳森眯起了眼睛：“为什么想这么干？”

“他们拿了我的东西，所以我想把它拿回来。”

“他们拿了什么东西？”

“一件外星科技工艺品，”玛丽说，“我们是……收藏家。”

克劳森不置可否地看着我们。“嗯哼。”他站起来从书架上拿起了一个金属三角体，然后扔给我，说：“这玩意值多少钱？”

我在手里翻转着这个三角体，但是我从没见过上面雕刻的文字，问道：“这是什么东西？”

“我还等你告诉我呢，收藏家先生。这里几百万年前还是有外星人的，只是后来弑树星毁了这里的一切。这些外星人撤离的时候一定非常匆忙，因为他们留下了很多东西。”

“外星科技？”玛丽明显是发现了新的商机。

“文物而已。只要能找对地方，这种东西多得是。”

“你说的是哪种外星人？”

克劳森耸了耸肩，说：“不知道，从来没在废墟那里花太多精力，更没见过什么外星人。”

我用手不停地翻动着眼前的文物，好奇心已经被它勾起来了。不论这件文物的真正用途是什么，它的能量早就耗尽了。我把它扔给克劳森，说：“谢了，但是我找的不是这东西。”

他把文物放回书架：“所以你真的想从那些生物圈建设集团的书呆子手里偷东西，还不想让他们发现？而且你觉得我还会帮你，对吗？”

我点了点头说：“你知道怎么进去吗？”

他含糊地咕哝了一声：“那个基地挺大的，而且防御非常严密。”

“你去过？”

“好几年前，他们为了刺探情报，绑架了我们的一个人，我带着几个小伙子冲进去救人。”他粗糙的脸上泛起一阵微笑，“从那之后，他们就再也没干过绑架的勾当。”

很明显，其中的故事远比他说的要更加丰富，但是现在我确定他会帮助我们。“你怎么进去的？”

“走进去的呀。大闹了一场，然后走出来。回家的时候还能赶上晚饭。”

克劳森可能是个疯子，正在打一场必输的战争，但是我开始喜欢他了。“能再走一趟不？”

他的脸色阴沉下来：“从那之后，他们就加强了防御。现在那里有很多高科技防御装置。”

“我们要找的东西肯定和他们的皮米扫描仪在一块。”玛丽说，“听说过这东西吗？”

“没听说过，但是实验室在东边。”

“要不要大家互相帮助？”玛丽说。

“你打算怎么帮我？”

“我们给你弄些武器过来。”她说道。

我诧异地看着玛丽说：“我们要给他们运枪吗？”

“你们看起来可不像武器走私犯。”克劳森说。

“我当然不是走私犯，”玛丽说着就搂住了我的肩膀，“但是坐在这里的西瑞斯，可是现在逍遥法外的最出色的走私犯之一。”她扭过头对我说：“我没说错吧？”

我确实走私违禁品，但那不过是为了弥补开支，走私枪支可就是另外一回事了。在地球海军看来，走私枪支可是头等大罪，一旦被抓到会被立即处死。“你需要什么？”

“更好的枪、智能弹药，再来点反卫星武器。”

“要多少支枪？”

“1000 支。”

这家伙到底是在组织暴动还是武装军队？就算如此，几百个生存主义者带着先进的武器，无声无息地穿过死木星的化石林破坏环境、改造装置，这也足以干扰生物圈建设集团和银河财团的行动。我居然非常喜欢这个点子。

“你有钱吗？”我问道。

“没钱。你呢？”

我还留着列娜给我的账户密匙。估计她也不会介意我为引发一场发生在一颗偏远星球上的秘密战争买点东西吧？我知道阿明的武器店完全可以满足克劳森的需求，就连反卫星武器都能买到。但是这些武器不仅是违禁品，还会招来地球海军的间谍。“我可以给你弄来 100 支枪，以及足够你打 20 年的智能弹药和配件，但是我劝你还是不要幻想能够搞到反卫星武器。”

克劳森想了想我的提议，然后说：“你要是死了，我什么都拿不到。”

“我要是死了，你也别想跑。”

他饱经风霜的脸上浮现出一副不停算计的表情，他肯定是在琢磨我能干掉几个生物圈建设集团的打手。他把我带到研究基地，可能就是为了给生物圈建设集团找点麻烦，把从我这搞到额外的武器当作一种福利。“你们有多少人？”

“我们俩，”我回答道，“再加上我的工程师，他是个坦芬人。”

克劳森抬起了眉毛，很明显他现在非常好奇。他说道：“从没见过坦芬人，只不过听过些他们的传闻。这颗星球很适合坦芬人，赤道地区最适合他们。海洋里的生物不多，他们也没什么吃的，但是气候真的不错。往海里扔几条鱼，过段时间他们就能过好日子了。”

“埃曾会通知他在地球上的朋友。如果他们能到这儿，那么生物圈建设集团就永远都摆脱不掉他们了。”

“我听说坦芬人都是出色的战士。”

“你可不知道他们的本事有多大。”因为坦芬人的过往历史，他们被禁止加入军队或是地球情报局，而且因为他们能力超群，在地球上的时候也被禁止持枪。即便如此，他们的传闻从古至今人人皆知。我见过埃曾如何战斗，所以我知道传说都是真的。

克劳森看起来陷入了沉思，估计正在想像坦芬人在南部赤道的温暖海水里游泳的样子。然后他说：“我带你去科研基地，你给我弄来100支枪和配套的弹药零件，但是我不会跟你去基地。”

“成交。”我说道。

克劳森拿起一盘干辣海带说：“你们饿吗？”

\`\`\`\`\`\`\`

克劳森的飞行器不过是一架老旧的亚轨道飞机，上面带了两台改装过的采矿激光作为武器。这玩意完全可以在几个来回之内就摧毁一座无人保护的机器科研站，不过这种简易改装的武器还完全算不上一台真正的作战飞行器。但是这一点对克劳森来说，似乎并不重要，因为他把这玩意开得像一架战斗攻击机。

“我觉得你还是要点飞机的零件比较好。”我顶着飞机引擎的噪声喊道。我们现在正在海面上空以4马赫的速度飞行。

地平线上出现了一堵悬崖，上面长满了化石树，这意味着我们终于来到了死木星上面积最大的大陆。它位于南半球亚热带地区，北部有雪山，南部一直延伸到南极。

“你要是能给我找到零件，我就照单都收了。”克劳森说，“但是，我还是想要枪。”

他在快撞到化石林的时候才拉起高度，然后贴着化石林的顶端低空飞行。他要么飞入山谷，要么就贴着化石树飞行，有时候甚至还会在树枝下方或者树枝之间的缝隙中飞行。

“还要多久才会进入他们的监测范围？”

“很久。”克劳森回答道，“整个基地建在一个火山口里。我们要用火山口的山体做掩护。等你到了，就得自己爬下去。”

“他们干吗把基地建在一座火山上？”

“一座超级火山！”克劳森纠正道，“火山已经沉寂了几百万年。他们之所以在那儿建基地是因为那是星球上面积最大的开阔地，而且中间还有个湖。整体造价可比自己清理空地然后修建大坝便宜多了。”

我回头看了看玛丽和埃曾，他俩挤在飞机后面拥挤的座椅上。玛丽非常不安地看着我，克劳森鲁莽的飞行技巧让她非常紧张。

埃曾坐在玛丽旁边，紧贴着舷窗，仔细观察着下方的化石林。“那些会飞的小动物叫什么名字？”他问道。

“哪里？”玛丽非常激动地问道，也凑到了舷窗上。

“就在那儿。”埃曾说着，指向至少 10 千米外的一个黑点。

玛丽眯着眼睛仔细打量，但是人类的眼睛还是无法和坦芬人自带远视效果的眼睛相比。

“那是冠翔兽。”克劳森说，“这群小混蛋，单独一只的时候不会对人类下手，但是成群活动的时候就能把你吃了。”

“这里还有肉食动物？”我对此非常惊讶，想不到还有顶级肉食动物居然可以活过弑树星引发的大规模物种灭绝。

“你可说对了。不过，大多数时候它们也就是吃些跃岩鼠，跃岩鼠平时也就吃些苔藓和真菌。但是你真正要小心的是那些刃齿狼。”

“刃齿狼？”

“反正我们是这么称呼它们的。”克劳森说，“它们的牙齿很锋利，而且速度非常快。体型比狗大一些，但是行动起来安静得像只猫，动起手来比恶魔还要棘手儿。它们趁你不注意就会把你的大腿撕下来。”

“火山口里有这玩意儿吗？”

“当然有，但是它们大多数的时候都在丛林里。这个星球上的生物都不喜欢开阔地。要是生物圈建设集团炸掉了化石林，那这些动物的日子可就难过了。”

“最起码你不必担心会被吃掉。”玛丽说。

“我才不担心被吃呢。”克劳森说，“我也不希望它们被灭绝，这是它们的星球。它们才是这里真正的主人，我们才是入侵者。”

埃曾靠上来说：“你们可以吃它们吗？”

克劳森充满好奇地瞟了一眼埃曾，他还是不习惯和坦芬人说话，更不习惯于他的声音合成器。“当然可以吃，但是得先把所有的寄生虫都煮死，不过它们的肉很难吃，吃它们的肉就像啃靴子。我们还是喜欢吃地球上的动物。问题在于，它们也喜欢吃地球上的动物！”

“它们不会被你们带来的动物传染吗？”

“根本没这个可能。我们的先辈当年来的时候，带来的所有一切都经过了全面消毒。就连他们自己都经过了全面消毒！他们可不是过来污染这颗星球的。”

眼前的化石树开始显露出断裂的树枝和树干，很快就可以看到整片树林都倒向一边。几百万年前，弑树星重力扰动引发的火山喷发将整片树林都吹倒了。在岩浆形成的平原之上，可以看到巨大的树根被拔出地表，直直指向天空。这些化石树全都倒向远离冲击波源头的方向，现在那里已经变成了海拔几百米的悬崖。

我们渐渐靠近火山口高耸入云的悬崖，克劳森开始减速，把高度降到悬崖以下，然后慢慢寻找合适的着陆点。

“就这儿了。”克劳森说道，旋转引擎位置，让飞机进入悬停模式。他把飞机降在一片高地上，高地上的空间勉强可以容纳起落架，但是整个机尾都悬在悬崖外面。

“我们怎么下去？”我问道。

“滑下去呗，”他笑着补充道，“这边没那么陡。”

克劳森用肩膀撞开了咯吱作响的舱门，然后跳了出去，我们也跟着他跳出了飞机。等埃曾跳出了飞机，克劳森就走到了悬崖边上。

“埃曾，你觉得风景如何？”我非常开心地问道。我知道他恐高。

克劳森欣赏着岩浆形成的平原，眺望着远方化石林中破碎的化石树。“从这儿看，风景更好。”

“我觉得从这儿看是不是就差不多了？”埃曾背对着悬崖说道。

“你在那儿什么都看不到。”克劳森说。

“我恐高。”

“什么？”

埃曾把细长的大包扛在肩膀上，然后牢牢抓住身边的大石头，说：“我在高处会感到很不舒服。”

“他可是非常怕高的。”我赶紧又补上了一句。

“你在开玩笑吧？”克劳森说，“你怕高，却还整天在太空里飞来飞去？”

“坐在飞船里和挂在悬崖边上是两回事。”埃曾说，“我们坦芬人更习惯于低地和有水的地方，不喜欢高地、悬崖。我们是两栖动物，不是鸟！”

“这可不光是他一个，”我说，“他们全族都恐高！”

“而你还会在浴缸里淹死呢。”埃曾说完，就转身走向悬崖最高处。

玛丽和我相视一笑，埃曾的尴尬确实逗乐了我俩。坦芬人的智力不亚于钛塞提人，而且还是残暴的战士。所以银河系的主要文明联合封锁他们超过 2000 年，而且还打算延长封锁期。谁能想到他们虽然名声在外，却有恐高的弱点呢。

“我其实还没说完呢。”我悄悄说道。

“你可千万别惹埃曾生气。”玛丽警告我说。

“他刚才说浴缸是怎么回事？”克劳森问。

“西瑞斯不会游泳。”玛丽解释道。

“真的吗？”

“我才不用学游泳呢。”当玛丽笑眯眯地看着我时，我感到必须为自己辩护了，“太空里又不需要游泳！”

“你们一个怕高，一个怕水，”克劳森举棋不定地说道，“我希望你俩真的知道如何战斗！”

“没事，这不是还有我吗。”玛丽假惺惺地拍了拍我的脸，然后跟在埃曾后面开始攀登悬崖。

我们躲在悬崖顶上一面石头搭出来的矮墙后面，生物圈建设集团的基地就在距离悬崖底部不远的地方。整个基地是由一片纯白的预制建筑组成，其中不乏研究实验室、维修中心、通信中心、反应堆，以及为几千名科学家、工程师和随行家属搭建的住房。在基地周围有一片片绿地和森林，这些经过改造的绿色植物在大规模播种之前，必须在这里经过测试。技术人员负责监督机器人在绿地上工作，一个复杂的灌溉系统将湖里的水分配到各个位置。在绿地中间还有不少的温室，里面培育着为不同纬度地区准备的植物。围栏里关着改造后的地球动物，正在测试它们对死木星微生物环境的耐受能力。基地东面是一个装备齐全的小型太空港，君王号停在后面的停机坪上。君王号尺寸太过庞大，停机坪几乎放不下它。

我对玛丽说："我猜皮米扫描仪确实在这里。"

克劳森指了指在火山坑中拔地而起的一座针状的塔，说："在基地和太空港中间的就是通信塔，它上面还有传感器，你只要离开悬崖，它就会发现你。"

我看了看埃曾，说："你能对付它吗？"

他打开袋子，然后拿出军用 SN6 型狙击枪。枪上装着一个低功率的光学瞄准镜，刚好和他自带远视的眼睛互补。

克劳森看到狙击枪的时候，眼睛差点跳出眼眶。他这辈子都是在偏僻的死木星上度过的，所以肯定没听说过什么 SN6 型狙击步枪，但是他只要看一眼，就知道这玩意非常厉害。"枪不错。"

"它的弹道有点向左偏。"埃曾说，然后用狙击枪瞄准远处的通信塔。他微微歪着脑袋，把眼睛贴在瞄准镜上，花了好几分钟仔细打量着自己的目标，让眼睛稳稳地盯住目标。"传感器依靠通信塔中部的一个供能管道运作。"他说完，就把一发 12 厘米长的子弹装进了枪膛。

"你不可能打得中。"克劳森说，"这可有 22 千米远呢！我全都测量过了。"

"22 340 米。"埃曾看着测距仪上的数据，纠正了克劳森的数据。他现在已经进入射击位置，整个身体一动不动，好似一尊雕像。坦芬人是伏击型的捕食者，能够保持静止不动等待猎物，然后发动突然袭击。为了隐藏自己，他们已经进化出了保持静止不动的能力，这能让他们成为银河系中最强大的狙击手。

埃曾等待了很久才开火。开火的瞬间，唯一能听到的就是很轻微的响动，电磁加速的弹头飞出枪口的时候并没有产生任何的后坐力和枪焰。弹头上的稳定翼展开，为飞行中的弹头提供稳定性。他的眼睛一直贴在低功率的瞄准镜上，直到弹头打断了供能的线缆，冒出了一片火花。

“打中了。”埃曾说着，放下了手里的步枪。

“这怎么可能！”克劳森大喊道，从腰上的一个饱经风霜的盒子里拿出了一架古老的双筒望远镜。他花了几秒钟才找到线缆被打断的地方，然后缓缓吹了个口哨。“天啦！”他用带有崇拜和困惑的眼神看着埃曾，“你不是说它弹道左倾吗？”

“弹道确实向左倾斜。也就是每 12 000 米会偏差 1 毫米。不过，我已经做过调整了。”

“好吧。”克劳森慢慢地说道，然后转过头对我说：“我要 100 支这样的枪，然后用和他的一模一样的弹药！”他凑到埃曾身边问道：“你家里还有多少人，小伙子？”

“我那一家还有 20 000 个亲戚。”埃曾答道，“基因构成和我一样。”

“枪法都和你一样？”克劳森眨了眨眼。

“我们枪法都一样。”

克劳森已经开始想象 20 000 个坦芬人带着 SN6 狙击枪投入战争的画面。“等你下次回家的时候，让你的兄弟都来我这里。让他们带上枪，我们需要他们的帮助。”

“他们肯定会喜欢沿海地区，但是地球议会非常忌讳我的族人从地球大规模移民到这里，更别说还带着枪。”

“银河系里的其他文明也不会同意。”我悄悄对着玛丽说道。

埃曾问我：“要是维修班想要修理受损的线缆，我能开枪打他们吗？”

“当然可以。”我觉得现在还是让埃曾好好干活比较好，“你负责监视。别让他们修好传感器或者阻挠我们，但是他们要逃跑的话，就随他们去吧。”

“听你的。”埃曾说完，就又塞了一发子弹进枪膛。

我转向克劳森：“你现在要走了吗？”等我们完事的时候，亚斯会从基地边缘地区带我们撤离，这样克劳森就能先回避难所。

“我在这多待一会儿！我想看看这位坦芬小伙子怎么开枪的！”

“我叫埃曾·尼瓦拉·科伦。”

“不好意思……埃曾。”这是克劳森第一次叫埃曾的名字，看来我们的坦芬工程师对克劳森而言再也不是什么外星怪物了。

“你当然可以留在这里，”埃曾说，“想试试这枪吗？”

“太棒了！”克劳森看来很喜欢埃曾这种直切主题的说话方式。

“我会保持通信频道畅通。”我说完，就和玛丽爬过悬崖，然后开始向着火山口内部进前进。

\·\·\·\·\·\

整个火山口直径 110 千米，只有从太空中才能看到全貌。随着我们越来越深入火山口，另一半的悬崖都没入了地平线以下。等我们踩在火山口底部的地面时，我们用破碎的岩层和巨石做掩护，一点点向基地靠近。我们花了三个小时，才来到生物圈建设集团科研基地外围的试验区。在试验区和我们所在位置的中间，是一片开阔地，这样通信塔上的传感器就能发现任何想靠近的人。

玛丽刚准备从作为掩护的巨石后面走出去，就被我拉了回来。

“等等。”

她一脸疑惑地看着我说：“通信塔上的传感器已经没用了。”

“我知道。”我一边说着一边从口袋里掏出一个单筒望远镜，然后开始用它观察周围环境。我用单筒望远镜在可见光波长模式下扫描前面的开阔地，仔细检查前方每一片阴影和每一个物体。看起来，前方似乎很安全。

“满意了？”玛丽问道。

“差不多了。”我用单筒望远镜的红外模式过滤物体的表面散射热量，然后又扫描了一遍眼前的空地。这一次，我发现在我们的左边有几个小小的热点正在盘旋。在这几个热点下方还有一个热源，热源的温度只比环境温度高了几度。我切换回正常模式，看到几只当地的小虫子在那里飞来飞去。这是我自从着陆之后，见到的第一种死木星本土物种。地上还躺着一只和狗差不多大小的动物，它灰色的皮毛上长有斑点，嘴里还露出两颗弯曲的短牙。刃齿狼的肚子已经被撕开，紫色的肌肉和黑色的血液在日光下闪闪发光。这些虫子徘徊在刃齿狼内脏周围，而它伤口周围的皮毛还在冒烟。

我把单筒望远镜递给玛丽，然后指了指刃齿狼的尸体，说：“看那边。”

“埃曾，你在看吗？”我用开放频道呼叫埃曾。

“收到，船长。”

我拿起一块石头，然后扔到刃齿狼尸体前方的空地上。一个装有短管自动炮的圆柱形炮塔从地下冒了出来，炸碎了我扔出去的石头。还没等石头的碎片落地，自动炮塔就缩回了碉堡。

“我以为埃曾已经干掉了传感器。”玛丽说。

“炮塔肯定有独立的瞄准系统。”

“炮塔藏在你左边的那个圆形金属盖下面。”埃曾说，“你右边更远点的位置还有一个。他们的射界刚好可以相互掩护。”

“好吧，先把左边的干掉。”我又捡起一块石头，“你准备好了告诉我。”

埃曾准备了一下，然后说：“扔。”

我扔出石头，自动炮塔立刻弹了出来，把石头打成了粉末，然后又缩回了碉堡里。过了一会儿，埃曾发射的子弹打在了炮塔后方几米的地方。

“他打偏了。”玛丽惊讶地说道。

“他不过是在计算时机罢了。”我拿起一块石头，“准备好了。”

埃曾趴在山脊上，往 SN6 的枪膛里又塞了一发子弹，然后调整了下位置，重新计算子弹飞行时间。“扔。”然后在我把石头扔出去之前就开火了。

当自动炮塔弹出来的时候，埃曾发射的子弹已经出膛了。炮塔打碎了石头，埃曾发射的子弹击穿了炮塔的金属外壳，然后在炮塔内部爆炸。炮塔内部闪动着由于线路短路引起的火花，自动炮的炮管以一个怪异的角度指向天空。

“现在处理另外一个。”我说。

“尽全力把石头扔出去。”埃曾说，“在你右边 45 度的位置。扔第一块石头的时候我不会开火。”

我按照埃曾的指示扔出了石头，炮塔弹出来打碎了石头。等埃曾准备好之后，我又扔了一块石头。炮塔刚弹出来，就被埃曾的子弹打碎了。

“一个炮塔坏了叫故障，两个炮塔坏了就是搞破坏了。”我说，“埃曾，有人出来了吗？”

我们耐心地等待埃曾的观察报告，他说：“没看到有人活动。”

鉴于克劳森的人一直对基地是个威胁，所以我知道这里的戒备不可能会松懈，但是警卫都去哪儿了？我又等了一会儿，然后说：“我们出发了。”

玛丽和我从巨石后面探出身子，然后穿过空地，向着第一块试验区跑去。我们刚走了一半，耳机里就响起了埃曾的声音。

“基地中央有一架飞行器正在起飞，朝你的方向飞过去了。”

我们现在就站在一块开阔地上，周围没有掩体，而且也来不及跑到试验区。我掏出 P-50，用穿甲弹换掉弹夹里的反人员弹，然后单膝跪地做好瞄准姿势，暗自祈祷这艘飞船上不会有武器。玛丽又跑了几步，然后掏出了自己的两把针弹枪。针弹枪对于大型飞船几乎没有任何威胁，但是枪焰能分散飞船的注意力，这样我就有机会击落它了。等我们让它迫降之后，埃曾也可以帮我们，但是它在空中的时候，距离实在太远，埃曾也无能为力。

我的 P-50 还在充电，一艘灰色的运输机已经从基地升空，开始向我们飞过来。运输机机身呈长方形，四个巨大的推进器正在从垂直的起降模式转换成水平的飞行模式，它在爬升的同时速度也随之越来越快。我一直用枪瞄准着它，然后发现它还在加速爬升。飞船从我们右边掠过，直直飞向悬崖，驾驶员从驾驶舱低头打量着我们。运输机距离悬崖越来越近，在撞上悬崖之前勉强拉高避开，然后没入悬崖的另一边消失不见了。

“运输机的速度很快，”埃曾说，“而且保持低空飞行。”

玛丽和我加速跑向第一块试验区，心中假设运输机的驾驶员已经汇报了我们的踪迹，而且很快就会有人出来对付我们。

“又有一架飞行器起飞了。”

一架白色的洲际科考飞机从基地缓缓升空，一对薄如蝉翼的机翼慢慢展开，然后带着飞机缓缓飞向南方。当它飞过开阔地的时候，一座自动炮塔从地面弹了出来，然后把科考飞机打成两截。炮塔并没有停止开火，直到飞机的推进器砸在地上变成一团火球之后才停止开火。

我收起P-50，和玛丽困惑地望着彼此。“看起来他们有大麻烦了！”

我们一边关注着前方的基地，一边穿过试验区的椰枣树林和橡胶树林。一个两人多高的银白色柱状机器耸立在试验区中间，它负责记录各个物种在当地气候下的稳定性和对当地生物的敏感性，除此以外还要负责控制试验区的灌溉和养分供应系统。其他试验区也有类似的设备负责将数据传输到科研基地的实验室。

两个装备了伸缩臂的履带式机器人负责照看作物，然后确保作物正常生长，确保各类机器工作正常。我们在火山口边沿曾经看到穿着白色工作服的技术人员，但是现在他们全都不见了。

我们穿过一条土路进入一片玉米田，然后顺着一条在试验区里蜿蜒而过的小路继续前进。一个带着眼式传感器的圆形机器人从玉米地里冒了出来，向着我们飞了过来。它停在距离我们1米的地方，然后从传感器里发射出一道红色的激光对我们进行扫描。

我的耳机里又响起了埃曾的声音：“船长，麻烦朝左迈一步。”

我朝左迈了一步，随后机器人的眼睛就被埃曾的子弹打了个粉碎。机器人内部发生了一次爆炸，然后就砸在了地上。

“埃曾，你的弹道计算是不是有点太近了？”我说着，又看了一下埃曾所在的悬崖。

“船长，我完全可以早点开枪，但是你的一只耳朵可能会被打飞。”

我的耳朵依然长在脑袋上还真是走运，“现在他们已经损失三条看门狗了。有警卫出来检查情况吗？”

“还是没有活动，船长。”

“克劳森有什么建议吗？”

我们等着埃曾和克劳森交换意见，然后埃曾说：“他说现在警卫应该已经出来检查情况了。”

我们更加担心为什么还没有人出来检查情况，于是穿过玉米田，进入了一栋三层的预制建筑。当我们进去后，警报开始大响。

“埃曾，什么情况？”

“工作人员正在跑向基地东侧，”他回答道，“没人向你们的位置移动。”

肯定不是我们触发了警报！我俩走到墙角，观察着房间的另一边。整个预制建筑就是一个农用机器人的储存和维修中心。一条铺好的大路从它旁边直通其他白色的建筑，所有这些预制建筑都大门敞开空无一人。

“看来我们错过了好戏。”我说道。我看到远处有几个人正在狂奔，完全不在乎我们。他们拼命地跑着，就好像慢一点就有生命危险。其中一个人绊了一跤，摔在了地上，其他人看都不看他一眼，继续不要命地跑着。

“他们害怕了！”玛丽说道。刚才摔倒的男人已经爬了起来，继续狂奔。

“我知道他们害怕，但是究竟在害怕什么？”

库房后面是住宿区、实验室和反应堆。再远一点的地方，还可以看到太空港的控制塔，还能看到君王号就停在距离控制塔不远的地方。

“埃曾，走哪边？”我问道。

“克劳森先生说生物试验室就在你的右前方。”

玛丽和我穿过大路，当我们穿过一排排空无一人的房间时，却发现没有警卫来阻拦我们。当我们走过 3 间房子之后，一辆挂着平底货斗的开顶的六轮全地形车从我们面前驶过，两名穿着制服的警卫坐在车前面。他俩看都没看我们一眼，只是开着全地形车上了主干道，然后全速离开了基地。

“就连警卫都不在乎我们！”我说。

“船长，整个基地似乎都被放弃了。”埃曾汇报道。

玛丽忧心忡忡地看了我一眼：“我觉得来这里可不是个好主意。”

“我觉得也是。”我说完，就继续开始狂奔。

等我们走到一个交叉街口的时候，玛丽指向一栋四层建筑说：“肯定就是这栋房子了！”整个建筑的窗户都配有黑色的玻璃，而且大门上还画了一个代表原子的符号。

等我们跑到门口的时候，一艘造型细长的箭头形飞船从太空港飞了过来。这艘专供高级人员使用的高级飞船停在屋顶上，说明船上的人非常匆忙。

“埃曾，屋顶上到底是什么人？”

“有四个人，其中三个人带枪。没有合适的开火窗口。”

耳边的警报响个不停，我们试了试生物试验室的大门，但是大门已经被电子锁锁死了。如果现在是晚上的话，我完全理解为什么要封锁整栋建筑，但是我实在不明白为什么要在下午就把大门锁死。我用P-50打碎了电子锁，然后拉开大门，钻进了大楼。两个男人和一个女人穿着全身式防护服向我们跑了过来，我以为他们是来攻击我们的，于是用枪指着他们，但是他们从我们身边直接跑了过去。

“楼上还有不少人被困！”其中一个男人一边跑向屋外一边大喊。

距离入口不远处就是电梯，右边还有楼梯，门厅的另一边还有楼层布局示意图。皮米扫描仪就在三楼。我们不想被困在电梯里，于是就选择走楼梯。等我们到了三楼，就听到从一扇标着“第二基因实验室”

的大门里隐约传来敲门声和求救的喊声。

“从门边闪开！”我大喊着，用 P-50 打碎了门锁。

两个女人穿着和一楼碰见的人一样款式的防护服冲了出来说：“多谢！我还以为我们永远都出不来了。”

“你们在这多久了？”玛丽问道。

“6 个小时了。”一名技术人员说完，就转身跑向楼梯。

“警报是怎么回事？”我大喊道。

实验室技术人员回过头看着我，对于我不知道警报是怎么回事非常惊讶。“撤离警报！”说完就跑下楼了。

“我们真不该来这。”我说道，心里却很好奇他们究竟为什么要撤离。

我循着呼救声又打碎了两扇门上的门锁，放出困在里面的工作人员，然后来到一扇标着“皮米扫描”的大门前。我打碎门锁，然后推开大门，发现自己来到了一间灯火通明的实验室，实验室正中有一个拱顶形的机器。拱顶上支撑着一个半透明的圆形投影机，投影机发出一阵高频噪声并放出一道窄窄的蓝光，扫描着躺在平坦的金属扫查面上的法典。

瓦基斯不耐烦地站在法典边上，而我那两位来自哈迪斯城的老朋友——疤脸男和下巴男正在旁边恐吓一名穿着白大褂的技术人员。因为警报和皮米扫描仪发出的噪声，他们都没听到我开枪的声音。

“关掉它！”瓦基斯大喊道。

“我办不到！”技术人员无助地说，“那样会弄坏法典！”

“法典才不会有事呢，你这笨蛋！”瓦基斯喊道，然后对着手下的打手说：“开枪！”

疤脸男对着拱顶顶部开了一枪，扫描仪冒出了些火花，然后彻底停止了工作，发出蓝光的发射器也停止了工作，瓦基斯一把抱走了法典。

我走向前，举起手里的 P-50 说：“法典我要带走！”

疤脸男把技术人员推到一边，然后用一把锤枪对着我。我在他开枪的瞬间跳回走廊。锤枪的弹头飞行速度不快，但是在击中墙壁前就展开了一道力场，然后在墙上开出了一个比埃曾的脑袋还大的洞。这种武器射程很近，精度糟糕，但是只要一发就能把人切成两半。

我拉着玛丽回到走廊，疤脸男又开了一枪，这一发在白色的墙壁上又开了个大孔，走廊里到处都是碎片。我们只能夺路狂飙，墙壁在身后不停爆炸，最后我们只能躲进旁边的实验室。等脱离了他的射程，我们回头打量着走廊，现在走廊里全是预制建筑的碎片。

“天啦！看起来他们是认真的！”玛丽说。

瓦基斯的手下动作可能并不是很灵活，但是有这种武器在手，也不需要考虑速度或是精度了。“埃曾，”我悄悄说道，“我们在三楼中间位置，瓦基斯也在这，你能看到什么吗？”

“船长，什么都看不到，窗子太暗了。”

“西瑞斯·凯德！”瓦基斯在皮米实验室内大喊，“你总是喜欢这么不请自来！”

“你根本就不了解法典。”

“恰恰相反，我对它非常了解！”

我只能告诉他真相：“这都是马塔隆人的诡计。他们想让你拿走它，他们完全欺骗了你。”

“马塔隆人？”瓦基斯大笑道，“我要是把这事告诉主席，他会要了我的脑袋。他可不喜欢无能之辈。”

“法典已经破坏了我的船！”玛丽大喊道，“你的船也难逃一劫！”

“我从寿衣星云一路把它带到这来。”瓦基斯说，“我可是把它放在一个绝缘的保险库里的。我的船好着呢。”

我轻轻地对着玛丽说：“也许它真的不会连接到君王号的系统里。”然后我大喊道：“瓦基斯，法典已经和基地连到一起了吧？就是用这扫描仪连在一起的。现在整个基地人员都在疏散。你怎么就没想一下为什么？”

“你以为我会相信这是法典导致的疏散吗？”

“这就是法典的作用所在。它会攻击我们的技术！”我说着，慢慢爬向最近的一个墙洞。

“多谢你的提醒，凯德。我会告诉我们的网络武器研发团队的。”

我透过墙洞对着窗户开了一枪，然后赶在两个打手开枪打碎墙壁之前跳回了自己的藏身处。一时间，预制建筑的碎片在走廊里四处飞溅。

“我看到被打烂的窗户了，”我的耳边又响起了埃曾的合成音，“你们离那里近吗？”

“我们已经躲开了，”我说道，“给我好好揍他们！”

过了一会儿，埃曾发射的穿甲弹飞进了房间，然后在实验室正中央引爆了弹体内的微型弹药，12 次小型爆炸让无数弹片四处飞溅。我朝前走了一步，正准备冲进实验室，然后看到一发蝶形的抛射无人机飞进了走廊。我转身冲向玛丽，一脚把她踹进了刚才打开的实验室大门。等我俩摔在地板上的时候，无人机的上部表面弹起了 3 厘米，然后漏出里面 10 发并排放置的小型炸弹。这些自带助推器的炸弹同时启动，在和周围墙面接触的时候发生了猛烈爆炸，把整个三楼炸得一塌糊涂。一发炸弹从我们身后的门廊飞过，穿过走廊，最后在楼梯间里爆炸，我隐约感觉到一块预制墙体碎片从我头顶飞过。过了一会儿，我又听到了熟悉的合成音。“船长，说句话。”

我可能只不过晕过去了几秒钟，但是因为耳鸣，只能勉强听到埃曾的声音。玛丽躺在我的身边，也被爆炸震晕了。我站起来，晃晃悠悠地走向走廊。整个三楼被炸成一片废墟，到处都在起火。皮米实验室的墙已经塌了。疤脸男和实验室的技术人员已经死了，埃曾发射的弹片已经把他们撕碎了。但是，瓦基斯、下巴男和法典已经不见了。

玛丽拿着两把针弹枪进了走廊。我俩一起走进实验室，小心地躲开地上的尸体。皮米扫描仪上全是弹孔，但是放着法典的地方由于法典的外星科技打造的外壳保护，所以毫发无损。

“这个白痴！”我自言自语道。瓦基斯自己带走了法典，这让我别无选择。不论他要用法典干什么，我知道他都会被马塔隆人玩弄于股掌之间。“埃曾。”我说话的口气自己都快认不出了。

“怎么了，船长？”

“瓦基斯拿走了法典！绝对不能让他离开！”

实验室墙上的显示屏被弹片打得破烂不堪。有些没有启动，有些冒着电花，还有些能工作的显示屏上一直重复着同一条信息：撤离！撤离！撤离！反应堆进入超临界状态！

倒计时器显示现在距离爆炸还有不到 4 分钟。玛丽收起枪，看着屏幕说：“这下可糟了。”

我走向最近的显示屏，在报警信息的后面闪过的是一排排勉强可以辨认的数字，它们正在破坏基地的控制系统。不论这些幽灵般的数字代表什么，它们都不属于基地控制系统。

我对插件下令道：记录所有视觉信息。我用生物插件把看到的一切都完美记录了下来。

“船长，”透过逐渐消散的耳鸣，我终于又听到了埃曾的声音：“瓦基斯的飞船上有护盾，我无法击落他。”

“它在干吗？”

“正在飞向太空港，君王号马上要起飞了。”

“克劳森还在你旁边吗？”

“是的，船长。”

我关闭通信频道，然后对玛丽说：“他们要是过来接我们，那就没法逃出爆炸半径了。”

她缓缓点了点头说：“我知道。”

“埃曾，坐上克劳森的飞机，能跑多远跑多远。”我看了眼计时器说：“你有 3 分钟时间，3 分钟后反应堆爆炸。”

“船长？”埃曾拿不定主意了。

“趁还有时间，快点走吧。我现在要念一组数字，希望你能记住。”要是他能把这些数字交给列娜，那么地球情报局可能还有时间弄清其中的含义。“去哈迪斯城的太空港，找……”

“1 分钟后到屋顶！”埃曾的通信器里传来了克劳森的声音。

“克劳森！反应堆已经进入超临界状态。时间不够了！”

“那就快点，小飞人！在拿到我要的枪之前，我可不能让你死了！”

“你要是过来接我们的话，那就没法赶到最小安全距离了！”当他不再回话的时候，我也只能暗自咒骂。我和玛丽穿过瓦基斯逃跑时用的那扇门，然后从楼梯间冲上了房顶。

“克劳森的飞机可以飞到 4 马赫。”玛丽满怀希望地说。

“想要躲开冲击波，他还得比那快 10 倍！”

三个穿着君王号制服的人躺在高级飞艇之前降停的位置旁边。埃曾开枪打死了他们，但是瓦基斯和下巴男却不在这里。克劳森的飞机从天而降，引擎的气流冲刷着屋顶，最后飞机终于重重地落在了屋顶上。飞机后部的货舱舱门已经打开，埃曾站在那里示意我们赶紧上去。

在我们身后，君王号已经起飞。这艘超级货船有超过 40 个姿态控制引擎，它在空中缓缓转身，然后一扇货舱门也向外开启。当货舱门完全水平打开之后，一道强烈的能量冲击从货舱里面冲了出来，击毁了基地另一头的一栋建筑。君王号马上开始关闭舱门，然后在 16 台引擎的助推下慢慢爬升。君王号船尾发出的强烈闪光让我们不得不用手挡住眼睛。当它变成一颗渐渐远去的光点时，20 个弹射舱从基地东侧腾空而起，每个弹射舱都能带着 100 人进入安全的轨道。

当引擎的喷流逐渐停息之后，我和玛丽跑向克劳森的飞机，然后从卸货用的坡道直接冲进了货舱。

“起飞！”我大喊道。

埃曾开始关闭后部舱门，整个货仓里都是生锈的机器发出的“咯吱”声，当我开始跑向驾驶舱的时候，飞机的引擎也启动了。克劳森一只手操纵着飞机，怡然自得地操纵着引擎进入水平模式。

“等你飞过火山口之后，马上降低高度！”我坐进副驾驶座后大喊道。

“不行，化石树会挡住我们。”克劳森开始让飞机大角度爬升。

“火山口会吸收一些电磁脉冲。”就算我们能活过冲击波，电磁脉冲也会烧掉飞机上的所有系统，让我们以 4 倍音速砸在地上。

“这架老飞机根本扛不住电磁脉冲。”

“爬高也没用！”等反应堆爆炸的时候，我们就要承受全面冲击了。

“话别说那么肯定！”克劳森狡猾地一笑。

我以为他肯定疯了，通信器里响起了亚斯的声音：“快点关掉你的发动机！”

“还从没试过滑翔呢。”克劳森一边说着一边关掉了飞机引擎，“凡事总有第一次！”

耳边引擎的轰鸣声被狂风的呼啸声所替代，整个飞机现在完全处于滑翔状态。一个巨大的黑影笼罩在驾驶舱上，银边号飞到了我们上方。克劳森的飞机两侧亮起的亮光是银边号的引擎正在以最低功率运转时发出的亮光。位于我们上方的二号磁力钳也已经启动，散发出亮光，然后把克劳森的飞机牢牢抓住，就好像是抓住了一个空仓的辐射真空货柜。磁力钳发出的磁场牢牢固定住了飞机，飞机和磁力钳接触时瞬间的冲击让埃曾和玛丽摔在了地板上。

“我抓住你们了！”亚斯对着通信器大喊道，“抓稳！”

“哦，完了！”我这才反应过来我们可不在银边号的惯性力场之内，我们现在完全暴露在加速惯性之中。“抓稳！”我大叫一声。

玛丽和埃曾马上趴在货舱的地板上，克劳森充满好奇地看着银边号上的三个拖拽货架，完全不知道接下来会发生什么。过了一会儿，亚斯开始提高输出功率，驾驶舱被蓝色的光芒照亮。银边号开始大角度高速爬升，我们现在承受着克劳森的飞机永远都不可能达到的加速度。这架老旧的飞船不可能逃过一次核爆炸，但是银边号却能轻松做到这一点。当然，我们还得先活过加速才行。亚斯已经驾驶着银边号达到了 10 倍加速度，我们在飞机里呼吸困难。我被重力加速度摁在副驾驶的座椅上几乎晕了过去，毕竟，这种飞机从没有被设计飞这么快。克劳森在我旁边咬紧牙关，很明显被加速度吓到了。天知道过了多久之后，亚斯开始减慢速度让我们能够正常呼吸，但是我们还是动弹不得。

在飞机外面，银边号启动了战斗护盾，一层光圈让周围变得越发模糊。

我们继续爬升，尽可能和反应堆拉开距离。忽然，天空中闪过了一道白光。我努力闭紧双眼，低头避开刺眼的闪光。在我们下方的生物圈建设集团基地已经被蒸发了，火山口变成了翻滚的岩浆湖，从火山口到外层大气的空气全部被电离，而银边号的护盾正在经受高温的冲击。银边号和飞机周围闪动着一圈红白相间的光芒，星球的曲线渐渐显露在我们眼前。我们在星球的上层大气飞行了几秒，飞机上加压座舱内的空气逐渐稀薄，然后护盾渐渐冷却，加速度也慢慢降低。我们又可以活动了。我们很快就开始进入安全的底层大气，现在我们距离爆炸区已经有半个大陆的距离了。

“刚才太险了。”我看着飞机上一片空白的控制台。

银边号的护盾保护我们免受冲击，但是却不能防御电磁脉冲，虽然太空飞船的外壳被设计用来反射辐射，但是这架老式飞机的系统已经被脉冲烧坏了。我赶紧检查了一下自己的插件系统，还好所有生物插件都安然无恙，但是其他机械电子设备都失灵了。幸运的是我的P-50还能正常工作，因为它和其他武器一样都能抵挡电磁脉冲。

“你的飞机完蛋了。”我说道。

“是啊，她可是个好姑娘。”克劳森回头透过驾驶舱的窗户，观察着身后腾起的蘑菇云，“但是值了，毕竟终于能让他们的狗屁星球改造工程停工了！”他笑了笑，然后看着我们头顶上的20个飞向轨道的光点说：“看来大多数的技术人员都还没死。”

我顺着他看的方向，观察着那些弹射舱。弹射舱引擎发出的闪光说明他们没有受到电磁脉冲的影响。

“他们这是要去哪？”

“很有可能是去避难所，当然他们要是和走私犯另有计划，那就是另外一番故事了。”

“你们会接受他们吗？”

“当然，因为海带养殖区总要有人打扫呀。”他笑了笑说，“干点农活对他们的星球改造大业也是有好处的。”

“他们还会重建基地的。”

“我猜也是，但是等他们来的时候，我们就有100支好枪，还有几个像埃曾一样的神枪手帮我们了。”

按照他的说法，一切听起来还挺有趣。如果银边号因为走私武器被地球海军没收了，我甚至还会加入他们的抵抗大业。“基地被毁的消息要花一年才会传到核心星系，替补的物资可能要花一两年才能到。”

“对，然后他们还得把所有的植物试验重头来一遍。”他看着我笑了笑说，“时间足够你给我弄来一条轨道炮艇了！”

我也跟着大笑起来。轨道炮艇是绝对不可能的，而且他也很清楚这一点，但我还是打算让他继续幻想一下：“还想要点啥？”

他若有所思地叹了口气说：“来一箱肯塔基波本酒吧。我不要新巴尔顿的家伙，我要从地球来的真货。”

“那你就别想要轨道炮艇了。”

他忧伤地说道：“我就知道你会这么说，但是人总是要有梦想的，不是吗？”

\·\·\·\·\·\·\

银边号带着克劳森的飞机回到了避难所。亚斯等我们所有人离开了飞机之后，才解开磁力钳。旧飞机狠狠地砸在了石化的树枝上，发出了金属撞击般的刺耳噪声。现在，这架飞机正式变成了等待拆解和回炉熔解的废铁。一个小时以后，所有的弹射舱都掉在了海滨地区，然后被这里的生存主义者们开船拖回了岸上。弹射舱里的人都是一场秘密战争中的参与者，但是其中一半以上都是妇女和儿童，生存主义者们还是热心地为他们提供帮助。

玛丽和亚斯陪着克劳森在避难所的酒馆里欢庆生物圈建设集团的覆灭，而我和埃曾回到了银边号上。我马上把在皮米扫描实验室里记录的数字交给埃曾进行研究。让我感到惊讶的是，他竟然发现分析工作非常困难。

在对着这些数字研究了一个小时而毫无进展之后，埃曾说："鉴于人类记忆的模糊性和数据的庞大体量，我觉得你可能无法准确回忆所有数据。这些数字完全没有任何意义。"

通常他说得没错，但是我并没有使用人类的记忆，而是使用了插件的记忆库储存数据，而且我知道我绝对没有写错任何数字。当然，我不可能对埃曾这么说，我只好骗他说："相信我，就是这些数字，绝对没错，而且一定有什么特殊意义。"

"就算你的记忆没错，但当时基地的系统也发生了重大技术故障，这些数据可能已经受损了。"

"不管有没有受损，我需要知道是怎么回事。"

埃曾不情愿地回头继续进行分析，像个雕像一样坐在 6 台显示器中间，眼睛不时地随着注意力的变动而注视着其他屏幕。他有时候会用飞船的处理核心进行测试，但是大多数计算还是直接用自己的大脑完成的。瓦基斯带着法典逃之夭夭，完全可以去完成马塔隆人的计划了。我回到自己的房间，为列娜准备了一份报告。这么多年，我还是第一次写这种东西。而现在没能拿下法典，更让这份报告越发难写。

"船长？"几个小时后，我在检查报告草稿的时候，埃曾又开始呼叫我了，"你是对的，这些数字确实代表了一些东西。"

"我马上过去。"等我到了工程舱的时候，埃曾还保持着几个小时前的动作，一动不动。我问道：“你发现什么了？”

“这些数字非常有逻辑，船长，我之前从没见过。这玩意太过复杂，人类绝对不可能理解得了。”

“因为我们还不够聪明，绝对不可能理解得了？”

“你为什么要重复我的话呢？”埃曾指了指右边屏幕上的数字，说，“这是一个非常复杂的认知法则，在我重建核心算法之前都非常难以理解。”

“你的意思是，你在自己的脑袋里逆向计算了马塔隆人的算法，而且所有这些东西在一晚上之内就搞定了？”

“我别无选择，船长。这船上的运算核心又帮不上我。”

怪不得银河系要让埃曾的族人都处于监管之下。“你下次还得再努力一点。”我说道。当然，埃曾不知道我在开玩笑。

“现在我知道他们的逻辑如何运作，以后我能更快地处理这类问题。认知法则的目的完全是在欺骗我。”

“什么目的？”

“这是一个合成智能，一个马塔隆人的数字克隆体。”

“我从未通过数字进行克隆。”

“人类对于克隆还停留于生物体克隆阶段。”埃曾说，“数字克隆更为先进。它是一个叫作哈孜力克·吉塔尔的马塔隆人的意识，这里是他的意识克隆体。”

“哈孜力克·吉塔尔？”我的记忆库已经被清除了，所以无从知道地球情报局是否知道这个马塔隆人。

“安塔兰法典将这个合成智能投放到人类计算机系统中，这个合成智能就会像一个真正的马塔隆特工一样，在不被发现的前提下，运用自己的经验和知识完成任务。所以，它才会让基地的反应堆核心熔解。爆炸不仅会摧毁法典，还会摧毁基地的处理核心，这样一来就能抹除合成智能特工存在过的所有痕迹。”

“为什么要自我销毁呢？它完全可以等待机会，然后完成任务。”

“它已经完成了任务，船长。我刚才说的是合成智能摧毁了它自己存在的痕迹，而不是它自己。你要知道，法典一共进行了两次复制。第一次是在生物圈建设集团的处理核心，导致了基地全面封锁和反应堆超载，所以等君王号摧毁基地的处理核心之后，弹射舱才能发射。”

“哦，所以瓦基斯还救了那些工作人员。”

“是的，君王号摧毁了马塔隆合成智能的第一个副本。但是他们并不知道是怎么回事。银边号接收到了来自弹射舱控制室的紧急通信，信息内容说的是处理核心正在阻止发射弹射舱，他们在向君王号求救。”

我猜这一切合情合理。生物圈建设集团和瓦基斯都是银河系财团的人。但是，瓦基斯还是救了2 000多名无辜的工作人员！

“那么这个虚拟的马塔隆特工摧毁基地又是为了什么？”

“当反应堆进入超临界状态的时候，”埃曾说，“基地的紧急警告系统就会自动启动，这样法典就可以进入整个基地数据网的所有节点。你看到的数字是法典的第二个副本，它当时正在接入警告系统。”

“但是基地已经被炸毁了，那进行二次复制又有什么意义呢？”

“太空港是一个数据枢纽，而停在那里的每一条船都是一个节点。”埃曾解释道，“马塔隆人的合成智能在君王号起飞前已经进入了君王号的系统。”

“什么！”就算瓦基斯把法典锁在特制的绝缘保险库里，现在也已经无关紧要了。合成智能已经在他不知情的情况下进入了君王号！“君王号在像幸福号一样崩溃之前还有多少时间？”

“玛丽的工程师切断了法典和幸福号处理核心的连接，当时合成智能还没有完成复制，所以她的飞船不过是瘫痪了而已。现在君王号上的复制已经完成了，马塔隆人的合成智能不会让君王号瘫痪，它只会接管飞船。”

原来如此！马塔隆人希望接管君王号——一艘装备着最新地球科技武器的战舰。就算地球海军知道君王号的去向并能抓住它，地球海军的护卫舰对付君王号也是非常吃力。

埃曾指着一个屏幕上的一组数字说：“这是导航坐标，标记着君王号的目的地。”埃曾调出星图，上面有一个红色警示圈标记的黄色星球。“按照钛塞提人的数据显示，这是个受限星系。”

人类不得以任何原因进入受限星系。如果君王号进入受限星系，那就算是一次小型的违规事件。虽然不足以触发第二次禁航令，但是足以让我们的考察期延长一个世纪。100 年对人类来说非常难熬，但是马塔隆人并不会善罢甘休。他们希望摧毁我们，而不是拖延我们进入星空的脚步。

“为什么选那儿？”我小心翼翼地问。

埃曾的声音由合成器发出，从来不会显露他的情绪，但是我第一次感觉到他也非常紧张。“君王号要去毁灭整个文明。这会让整个银河系痛恨人类，就像他们痛恨我的族人，而且你们也会遭遇和我们一样的待遇。”

我现在明白了——安塔兰法典是马塔隆人复仇的工具！

等我进入树屋的时候几乎已经是当地时间的午夜，酒馆里充斥着噪声和烟味。亚斯正在和五个皮肤粗糙的当地人进行喝酒比赛，而玛丽正在和一群喝醉了的当地人跳舞。我看着她的眼睛，示意她我们该走了。她向环绕在身边的人致谢，然后开始走向门口，而亚斯正在唱着从当地人那里学来的歌。大家先是有节奏地拍着巴掌，然后喝下一杯杯深黄色的液体。过了一会儿，所有人咳嗽并拍打胸口，仿佛喝下的是毒酒。

“船长！”亚斯看到我来了，就醉醺醺地喊了起来。“快坐下，你得试试这玩意儿。这可是用海带做的！味道糟透了！”他大笑着，和酒友们又装满自己的酒杯。

我把手放在他的肩膀上说：“该走了。”

“再来一杯！”亚斯喊道，打算和酒友们再唱上一曲。

“我们真的该走了。”我说着从凳子上把他拎了起来。他的这群新朋友都发出大吼以示抗议，要求他坐回去一起再唱一曲，而且还邀请我加入他们。“我们会回来的。”我许诺道。

克劳森从人群中走了出来，虽然他手上拿了一大杯酒，但是眼睛还是一如既往地炯炯有神。很显然，他喝起酒来比我那位外向、开朗的驾驶员亚斯要更为克制。他伸出一只长满老茧的大手说：“你要去追他们了？”

“我必须去找到他们。”我俩握了握手。

“祝你好运，我还等我的枪呢。”他坏坏地一笑，明显并不在意我能不能为他送来任何武器。

“我要是没死，就一定会给你弄来枪。”我许诺着，然后就扶着亚斯走向门口。

亚斯对着酒友们挥了挥手，后者似乎很舍不得他离开的样子。然后，一个漂亮的姑娘走到我们跟前，狠狠地吻在亚斯的嘴巴上。她一脸期待地看着亚斯，亚斯向着姑娘伸出手去，然而我把他拉了回来。

“你还是别想了！”我一边说着一边把他推向门口，玛丽还在那等我们。

在门外，玛丽问道：“看来埃曾已经知道瓦基斯去哪了？”

“是的，而且你绝对不想知道是怎么回事。”

等上船之后，玛丽扶着亚斯去房间睡觉，我回到舰桥，准备起飞前的检查。

很快，玛丽进入舰桥，直接坐在副驾驶的抗加速座椅里：“他睡觉就像一个小宝宝。”

“所有的基地工作人员都逃出来了吗？”我问道。

“不，还有大概 200 人失踪了，也许被困在基地里了。”

在确认头顶的天空没有障碍之后，我们以低功率起飞。当我们的高度足够高，确保引擎的喷流不会吹垮避难所的时候，我才增大引擎的输出功率，然后启动了船内通信系统。

“埃曾，自动导航系统的安全限制系统情况如何？”

“正在关闭安全限制系统，船长。”

玛丽忧心忡忡地看着我说：“西瑞斯，你到底想干什么？”

每一套自动导航系统都内置安全限制系统，确保人类飞船不会进入或者靠近受限星系。任何试图越过这些安全限制的人都会被处以死刑，就是那些最冷血的海盗也不会为此冒险招致地球海军的打击报复。

“去追瓦基斯。”

“瓦基斯可能是个混球，”玛丽说，“但是他可不是主动寻死的疯子，他可不会关闭自动导航的安全限制。”

“他确实不会关闭安全限制，但是控制了他飞船的东西会关闭安全限制！”

她正打算和我吵架，忽然看到中线探测器开始闪烁。“有个巨大的能量源在远离行星的地方出现了，”她说道，“距离有 200 万千米。”

“有多大？”我问。

“大到不可能是人类的飞船。”

外星飞船总是那么好辨认，因为他们产生的能量信号比人类飞船要多得多。唯一例外的是钛塞提人的飞船，我们无法确认他们的能量信号。正是因此，我们才能从远距离确认大多数的外星飞船。

“埃曾，”我对着船内通话系统大喊道，“自动导航系统还要多久准备好？”

“2 分钟，船长。”

我对着玛丽说：“如果外星人的飞船有任何新动向，一定要第一时间通知我。”

还不等她回答，我就开始设定航线，从星系黄道线开始爬升，让我们直接脱离大质量物体的干扰。

“它正在快速接近。”玛丽说。

“埃曾，我现在就需要自动导航系统准备完毕。”

“马上就好，船长。”

我用光学探头对准中子发射源。背对着星空看上去，那艘飞船就像一滴被拉长拍扁的泪滴。

“我从来没见过这样的飞船。”玛丽好奇地说。

“那是马塔隆人的装甲巡洋舰，是欧塔朗级的。”

“你什么时候对马塔隆人的战舰这么了解？”

“我也有自己的小秘密。”我嘴上说着，心里对照着死敌的战舰数据，确认眼前这艘船就是当初在星云里跟踪我们的那艘船。

玛丽一脸疑惑地看着我。和其他人类一样，她仅知道马塔隆人是怎么回事、为什么他们讨厌我们，但是除此以外知之甚少。有关他们的大多数信息都被列为机密，而且由于我们和他们没有贸易往来，所以平民也很少见到他们的飞船。但是地球情报局的特工会接受地球海军的专门培训课程，学习有关马塔隆人舰队的知识，但是这也是我第一次如此近距离地看到马塔隆人的战舰。

“他们知道君王号要去哪儿，并清楚它到了那之后要干什么。”我看着他们距离我们越来越近，继续说，“而且他们还知道我们要去阻止君王号。”

我知道这一切都徒劳无功，但我还是启动了战斗护盾，让他们知道我们已经看到了他们的战舰。要是他们想摧毁我们，那么就得对我们开火，这样就会留下武器的能量痕迹。但是，一次撞击又不足以摧毁我们。

当玛丽看到我启动护盾的手，她几乎不敢相信自己的眼睛：“你不会真的以为马塔隆人会攻击我们吧！”

只要马塔隆人开火，钛塞提人就能掌握确凿的证据确认马塔隆人确实参与了此事，君王号即将以人类的名义犯下种族灭绝的滔天大罪，但是他们绝对不会在这种时刻冒险。“他们只不过是想吓唬我们。”

马塔隆人的战舰从我们身边快速飞过，我还以为他们会撞击我们。他们船体外壁的黑色装甲板擦过我们的护盾时，我们能看清楚他们相互叠加的装甲、凸起的武器和传感器、护盾发射器。我们的护盾产生的静电火花打在他们的外壁上，甚至都没有触发他们的装甲。船内的辐射警报响了起来，因为传感器发现了一道微弱的带电粒子瞬间击穿了我们的护盾，所幸没有造成任何损伤。过了一会儿，马塔隆人的战舰就消失了。

玛丽越发不解地研究着传感器的显示屏。她伴着辐射警报大喊道：“他们肯定是超光速跃迁走了！”

忽然，船内主电力供应被切断了，舰桥陷入了一片黑暗。因为失重，我们飘浮在抗加速座椅中，就连生命维持系统的空气供应系统都停止了工作。我们就像一副棺材一样飘在太空里。

“我没听到失压啊。”黑暗中传来玛丽的声音，“他们肯定没有击穿我们的船体。”

“那么弱的辐射肯定不是武器。”不论那是什么东西，他们都选择在我们的护盾内发射，这样我们的护盾就不会散射任何能量，也就不可能被探测到。这对于一群蛇脑袋来说，还是非常聪明的。

“我们要是继续这么待着，就死定了。”玛丽总是像一个太空船员一样思考问题。

我们的引擎已经停止工作，行星重力把我们拽入大气层只是个时间问题。正当我准备推开舰桥后部的舱门，然后摸索着去工程舱的时候，灯光照明系统忽然恢复了正常，我们赶紧爬进自己的抗加速座椅。过了一会儿，我们的全角屏幕和控制台也恢复了工作。

“很抱歉，船长。”船内通信系统里响起了埃曾的声音，“马塔隆人的战舰扫描了我们的处理核心。他们发现了你记录的数字，然后上传了合成智能。我来不及阻断它，所以只好在它控制飞船之前关闭了动力。”

“它现在消失了吗？”

“是的，船长。它需要足够的时间和能量才能扎根。这就是它的弱点。”

“你现在知道怎么对付他们了吗？”

“我现在知道它是怎么回事了，也知道他们如何使用它了。我可以建立一道防御系统。”

“优先处理这事。”我很庆幸有埃曾照顾这艘船。

“自动导航系统已经准备就绪。”埃曾说。

“很好，让咱们离开这里！”

玛丽收回传感器，而我将控制权移交给自动导航系统。系统接受了通常被认为是违规航线的数据，然后启动了超光速系统。我们现在暂时安全了，就算马塔隆人也无法在超光速状态下拦截我们，但是他们现在已经知道我们知道了他们的小秘密。

“埃曾，马塔隆人还拿走其他东西了吗？”

“没有，船长。”埃曾说，“但是他们可能会好奇我们是如何准确记录下那些数据的。”这说明埃曾也在好奇同样的问题，而且埃曾知道我肯定隐瞒了什么。

“有些人类有高级记忆。”我说道。

“100 万人中才有一个人具有这样的记忆。船长，你就是其中之一吗？”

“不，我不过是用了点记忆技巧罢了。改天可以教你。”

“谢了，船长。我们已经在几百万年前进化出了完美的记忆，那时候人类还没进化出来。但是，如果马塔隆人相信你拥有这样的记忆，那么你的大脑里就储存了关于他们行动的证据，很明显，人类不可能拥有这种记忆力，所以如果马塔隆人成功了，那么他们也会干掉你。”

有时候，装傻也是一种自我保护。如果埃曾对于负责的马塔隆人合成智能理解得没有错，那么钛塞提人肯定会知道人类没有计划这场灾难。

“你这想法还真是鼓舞人心，埃曾，我会记住这一点的。”从此以后，我将枪不离身。

“但是我已经破解了他们。”埃曾补充道，“马塔隆人如果发现我也在这艘船上的话，还得把我也一起干掉。”

“那就假设他们已经知道你在船上了，埃曾。尽一切可能保护你自己。”

“我一直如此，船长。”

他的回答总是那么温和而坚定，我几乎都要为那些试图干掉我的坦芬工程师的家伙们感到难过了。马塔隆人可能算得上是一个排外、好斗而且尚武的种族，但是他们和埃曾的祖先相比，后者在2000多年前差点征服了三分之一个银河系，不过是一群业余选手罢了。

我关掉船内通信系统，然后发现玛丽在看着我。

“所以，马塔隆人为什么想干掉你？”

06 文塔里星系

避难所级受限星系

文塔里星系

天鹅座外部地区

七颗星系，文塔里二号星有常驻文明

距离地球 946 光年

本土生物（非人类）数量 2.8 亿

银边号在文塔里星系的恒星风顶层脱离了超光速状态，在这里，来自星系恒星的等离子风和星际介质相会。这里的分界就像大陆的海岸线一样明显，而且自星际航行伊始就被认为是划分星际主权的分界线。所有包裹在恒星风之内的都是星系内的领土，属于整个星系和尚处于青铜时代的居民，这里享受着准入协议的保护，而且人类不得涉足这块区域。

过了一会儿，我们展开传感器，开始搜索君王号的踪迹，希望瓦基斯已经想到办法阻止飞船进入受限的文塔里星系。

“整个星系里只有一个能量源。”亚斯说道。银边号的传感器在区分星际空间和星系内空间的氢元素层内发现了一个中子源。“它正在经过第六号行星的轨道，而且一直在加速。”

曲面的全角度屏幕忽然启动，文塔里星在屏幕上变成远方的一个黄色光点，而君王号则是一个微弱的蓝点。亚斯用光学探头放大蓝点的图像，显示出一排四个一共四排的引擎。

“这是君王号的引擎没错了。”

“为什么不直接在星球附近脱离超光速？”玛丽不解地问道。

不幸的是，我们没法从他们嘴里问出答案了。在这个距离上，信号需要 30 个小时才能到达君王号，我们可没有这么多时间。我用自动导航系统计算了它的航线，确认它的目的地就是文塔里二号星。

“船长，”亚斯说，“我发现一个信号，只有音频信号。”

“放出来。”

通信系统里响起了瓦基斯的声音，他的语气中带着一种他在冰顶星或是死木星上都不曾有过的狂热。他肯定是 15 个小时前才放出这条消息的，因为我们现在才接收到它：“但主的日子要像贼来到一样。那日天必大有响声废去，有形质的都要被烈火销化，地和其上的物都要烧尽了。”

“他这是说什么疯话呢？”亚斯问道。

瓦基斯停了一会儿，继续说道：“那些日子的灾难一过去，日头就变黑了，月亮也不放光，众星要从天上坠落，天势都要震动。”

埃曾一直在工程舱里收听瓦基斯的讲话，这时候他插进来说：“他是在借用前联合时期的宗教文献——《圣经》。”

“你怎么知道？”我问道。

“我几年前看过一遍。”

我决定直接问他这些文章的含义：“那这玩意到底说的是什么意思？”

“我也不确定，船长。我发现古人类宗教文献非常晦涩。他现在念的是《圣经新约〈彼得后书〉》。”

等瓦基斯开始念诵下一段经文的时候，我才反应过来马塔隆人在利用我们古老的宗教系统来对付我们：“大龙就是那古蛇，名叫魔鬼，又叫撒旦，是迷惑普天下的。他被摔在地上，他的使者也一同被摔下去。”

“这段来自启示录。”埃曾补充道。

“这段说的可是末世宣言！”玛丽说。

“他看起来就像宇宙末日的宗教疯子。”亚斯说。

“这就是马塔隆人要达到的目的。”我说着，让亚斯切断了信号。“瓦基斯这个人很复杂，但是绝对不是狂热宗教分子。那是某个马塔隆人合成智能在说话，只不过用的是瓦基斯的声音而已。”

“但是这里只有我们才能听到它。”玛丽说道。

“现在只有我们能听到，但是这些信号能在太空中漂流几个世纪。任何想听到这些信号的人只要飞到它的前头等一会儿，自然会接收到它。这是对未来的坦白。”

自动导航系统的拦截航线显示，我们要跃迁到六号行星，然后追着君王号再飞 20 个小时。等我们追上君王号之后，我们的速度已经接近光速，那时我们将几乎无法控制航向，而且和它对接的时间窗口也很短，稍有闪失，我们就会撞到文塔里二号星。

“收起传感器。”我说，“我们直接短跳到它后面去。”

“你不能过去。”玛丽说，“这可是准入协议限制区。”

“我可不能让君王号到达文塔里二号星，难道你有更好的点子？”她想张嘴说点什么以示抗议，但是却说不出话。

“我们可以直接跳到它的前面去。”亚斯建议道，“然后趁它经过的时候，直接发射一架无人机，打进它的肚子里去。”

“它太大了。”我说，“我们的无人机必须精确打击，而且对头攻击绝对打不到关键系统。”

“那埃曾装的那门新的速射炮怎么样？”玛丽说道。

“埃曾，主炮情况如何？”我说。埃曾这几周一直在用维修机器人安装新的主炮。

“君王号的相对速度太快了。”埃曾回答道，“它只会在射程里出现不到 1 秒的时间。这点时间完全不够我们瞄准和开火。如果你们真的想让它停下，那么我还有个替代方案。”

“说吧。”

“我们直接跳到君王号前面，然后把银边号停在它的前面。”

“我们就这么撞在一块？”亚斯简直不敢相信自己的耳朵，“你疯了吗？”

如果我认为这能成功的话，说不定还真的会试试这个办法。我们可以逃进救生艇里，然后等待救援，但是我知道这根本没用。“好想法，埃曾。但是马塔隆人的合成智能肯定会发现我们，然后启动君王号的护盾。我们会从它身上弹开，就像小虫子撞在大象身上一样。”

“你确定我们要这么干？”玛丽问道，“等君王号到达文塔里二号星的时候，它的速度太快了，射击窗口太小，它的武器完全不足以造成足够的伤害。”

“君王号才不会对行星发动轨道轰炸，”我说着往屏幕上调出一副自动导航系统的演算结果，“它打算直接砸在上面。”屏幕上显示这艘超级货船的航线直接装在文塔里二号星上。

“为什么要花这么大力气摧毁君王号？”玛丽疑惑不解地问道。

“君王号就是武器。”我说道，“一个足以摧毁整个行星的动能武器。”

亚斯惊呼道：“这可是个恐龙杀手！”

君王号的体积远没有 6 500 万年前撞击地球的那颗彗星大，但是君王号的速度已经达到了那颗彗星的 30 倍，所以撞击时的破坏力更加强大。

“埃曾，”我说道，“君王号会造成多大的破坏？”

舰桥里一片寂静，埃曾忙于计算最后的结果。“如果文塔里二号星的结构类似地球的话，那么君王号将击碎地壳，大量尘埃将会被送入大气层，会导致为期几十年的全球性冬天，然后彻底破坏整个生态系统。撞击产生的冲击波将穿过文塔里二号星的内部，然后撕扯星球另一端的地壳，进而引发大规模地震和席卷星球表面的海啸，而且海啸还将持续好几天。复杂的生命形式根本不可能坚持到最后。”

玛丽的脸上浮现出震惊的表情：“马塔隆人为了陷害我们，居然要屠杀 2.8 亿人。”

“而且一切看上去就像人类极端分子干的。”我说道，“银河系议会对此别无选择，只会给我们一个持续时间更长的禁航令。”

“而且这次他们不会让我们重返星空了！”亚斯很清楚接下来会发生什么。

“所以我们必须登上君王号，拿回法典。”我的数据库里还有当时记录下的合成智能的残余片段，但是马塔隆人会认为是我偷的。我现在需要的是能够证明我们被陷害的确凿证据，然而只有法典才能证明这一点。

我们收回传感器，然后跳了 1/5 个星系周长。等我们能够观察到外部情况之后，可以看到君王号的引擎闪光已经可以盖过恒星微弱的黄光，看来我们的位置正好在这艘银河系财团的巨型货船后面。

我们对准君王号再次进行跃迁，这下我们成为两天之内第二艘进入受限星系的人类飞船。这不仅违反了准入协议，而且还将我发誓保护的一切置于危险之中。

\·\·\·\·\·\·\

在君王号后面追了 2 个小时之后，我发现埃曾还在研究马塔隆合成科技的编码片段。这个合成智能正在控制君王号。

“没有更多的数据可以分析真是一件憾事，”埃曾说，“它的逻辑构架非常有趣。”

“你能摧毁它吗？”

“不太可能，因为它已经完全控制了君王号。”

“它能控制君王号上的武器吗？”

“我认为可以。”埃曾说，“所以我们必须从它的引擎方向接近，不然它可能会对我们开火。”

“那我们就祈祷它没带无人机好了。”能量武器需要和目标保持目视接触，但是无人机完全可以绕一圈，攻击躲在船尾的银边号。

“君王号的武器不是问题，船长。怎么抓到它才是问题。等我们靠上去的时候，就已经来不及拯救这颗星球或是法典了，更别说我们自己了。”

“是不是坦芬人都和你一样乐观？”

“两艘飞船的速度太快，只能撞在行星上。”

“那我们就炸掉它。”

“摧毁它的反应堆只会让货船上部结构碎成好几块，然后对行星造成多次撞击，造成更大的损伤。”

“我们能把它推出当前航线吗？”

“我们的引擎出力不够。”埃曾说着，就在屏幕上调出一张文塔里二号星的图像。整颗行星就是一片棕色的干旱世界，海洋面积比地球小，但是深度更深。白雪皑皑的山脉孕育出了数条大河，河水流经干旱的平原，最终汇入深蓝的大海。河流两岸有各种生物活动，还能看到各种农田。用石头和泥砖搭建的城市正在稳步扩张。

“我们能从大气层上弹开或者是利用行星重力进行一次重力抛射吗？”

“我们的速度太快了。到时候我们无法进行机动，而且无法避免碰撞。”

“你再想想办法？”

“我已经考虑了所有的可能性。在正常空间内，人类飞船根本不可能在这种速度之下进行机动。”

“再过 20 个小时，星球上 2.8 亿人都会死，我们得想想办法。”

“是的，船长，我明白这一点。”

要不是当地的各个文明长久以来遵循星际律法，人类绝对不可能有今天的成就。我非常确信，文塔里二号星上的还处于青铜时代的河畔文明在未来的某一天会取得比我们更出色的成就。

“用你的大脑袋好好想想，埃曾。想想怎么避开这颗行星。”

“我已经考虑了所有符合逻辑的方案。”埃曾的合成音一如既往地毫无感情，但是我能感觉到他的无助。

“那就想个不合逻辑的办法！”

“不合逻辑的办法？”

“对！”

埃曾慢慢地眨了眨大眼睛，然后说：“我会试试的，船长。”

“等的就是你这句话！”我拍了拍埃曾的肩膀，鼓励道，“你还有 18 个小时。”

君王号引擎发出的光芒在我们的全角屏幕上越来越大，让我还有几个小时想想下一步该怎么办。我最终做出了决定，然后看了看玛丽，示意她和我在走廊碰头，只留下亚斯监视飞船的系统和传感器。

等我们走出了舰桥的气密闸门，我对着她悄悄说道：“我要你去办件事。”

玛丽挑逗地看着我说：“你没开玩笑吧？非要挑这时候吗？”她无助地耸耸肩说：“好吧，如果你坚持的话。”

“不是，你会错意了。”

她很失望地说：“这可能是我们最后的机会了哦。”

我稍稍心动了一下，然后摇了摇头：“不，我希望你去发射救生船，然后远离这片地方，你把亚斯也带上。”

她一下子明白了是怎么回事：“然后看着你把自己烧死在文塔里二号星上？没门儿！”

“总得有人告诉钛塞提人这里发生了什么。埃曾认为等我们追上君王号的时候，两条船都得完蛋。”

“你是不是疯了，我怎么可能把你抛下不管！”

“如果我们能救下银边号，我会去接你的。要是银边号也完蛋了，钛塞提人会来救你们的。不管你漂到多远的地方，他们都会发现你。”

“我可不会把你扔在这儿。”她悄悄地说道。

“不，你必须得走。埃曾和我能应付这边的情况。”

“你真以为你能让亚斯下船？”

“他肯定不情愿。我得把他打晕才能把他弄进救生船里，然后你开走救生船。我们现在的速度还不快，足够你俩离开了。”

“没门儿，西瑞斯！”

“完全不可能！”亚斯在我身后大吼道。

我转头看着那位高个、金发的副驾驶站在舱门口，脸上挂满了怒气。我说：“我不需要你俩继续留在船上。”

“开什么玩笑！”亚斯说，“没了我，你都飞不出一条直线！”

“你继续待下去就是送死。”

“我们可不会白白去死，西瑞斯。”玛丽说，“因为你总能想出点办法。”

“埃曾说已经无计可施了。”

“那你怎么拿回法典？”她问道，“又或者你打算抱着那玩意去死？”

“我打算把一架无人机的弹头拆下来，把法典换上去，然后发射进太空。无人机的加速度比我们大多了。到时候它肯定能摆脱爆炸范围，钛塞提人早晚会发现它。你俩要是现在弃船，那么还能告诉钛塞提人去哪找无人机。”

“我还有个更好的主意。”玛丽说道，“你坐救生船离开，我和亚斯把法典装进无人机，到时候你去和钛塞提人解释。”

我的脑子里播放着“自己坐在救生船里，看着银边号砸在文塔里二号星，带着她一起灰飞烟灭”的场景，然后说：“抱歉，我做不到。”

她抓着我的手说：“我也做不到。你最好快点想出个办法，因为我绝对不会弃船。”

我看了看亚斯，发现他掏出一把手枪在手里转个不停。“别管我了，我这会儿琢磨叛变呢。”

“你这个疯子。”我缓缓地说，我知道根本不可能把他俩弄下船。

“现在我们话也说明白了。”亚斯说，“我得跟你说一声，我们有伴了，又来了一艘船。”

“在哪儿？”我说着，跟着亚斯回到了舰桥。

“就在星系恒星上方600万千米，”他坐回自己的座位，“就待在那儿看着我们。”

拉进镜头之后，屏幕上出现了一个拉长的泪滴形战舰，看来还是那艘马塔隆巡洋舰。

“能量特征符合之前跟踪我们的马塔隆飞船。”亚斯说。

“他们怎么不动手？”玛丽问道。

“他们不需要动手。”我说，“他们知道，如果我们继续跟着，那我们也死定了。”如果是其他当地星际文明在场的话，早就会阻止君王号，但是马塔隆人却不会如此。他们只会看着自己的计划一步步顺利实施。

“他们可能讨厌我们，”玛丽愤怒地说，“但是文塔里二号星上的人却没做什么，他们是无辜的。”

“我知道，所以咱们得去救他们。”

在我们追了君王号17个小时后，埃曾叫我们去工程舱。

“我有个主意，”说着他在舱室中央投射出一个文塔里二号星的三维图像。“这是文塔里二号星，”他说道，然后放大图像，直到君王号和银边号变成两个向着行星轨道前进的小点，“在不到4个小时的时间内，两艘飞船和文塔里二号星上所有的生命都会因为撞击而被摧毁。”

一个计时器出现在三维图像旁边，开始进行撞击倒计时。25 分钟后，代表着两艘飞船的两个小点变成了一个小点，然后星系也挡在了小点的运行轨道中间。

“就在这儿，”埃曾放大两个小点的位置，“我们将和君王号进行对接。”两个小点也变成了两艘肩并肩对接的飞船。“大家注意看两艘船的相对位置。”银边号的船尾正对君王号的船头。

“反向对接对我们有什么好处？”我问道。

“银边号将使用百分之三的推力。”埃曾说，用手指着银边号两个姿态控制引擎发出的微光，“为了保持和君王号对接系统的连接，百分之三的推力是我们能用的最大推力。”

倒计时还在继续，君王号开始慢慢转向，然后绕开了行星。它的引擎闪动着耀眼的光芒，努力想把飞船推到新轨道上。

“你是把银边号当成了高度助推器！”亚斯说道。

“是的，”埃曾回答道，“现在我们无法克服君王号的线性动量，但是我们可以让它稍微偏转航向，然后它的引擎会完成其他工作。”

我看到这艘超级飞船的十六个大型引擎即使全力工作，但是收效甚微。“我们能让君王号偏航多少度？”

“1/3 度。”

“这还不够！”亚斯说道。

“让君王号转向还需要时间，”埃曾说，“所以用来改变航向的时间不多。”

“但是我们还是会撞在行星上。”玛丽说道。

“根据我的计算，这是不可能的。”埃曾说着，缩小画面，直到一颗黑色的小型天体从行星表面滑过。过了一会儿，银边号和君王号撞在这颗卫星上。整颗卫星在一道强烈的闪光中炸成了无数碎片，纷纷落向文塔里二号星。我们被这突如其来的爆炸吓了一跳。这时，倒计时随着卫星的爆炸也停止了，时间停在负零点零九秒。

埃曾解释道："通过让君王号转向，为两艘飞船提供足够的横向动能，然后撞在文塔里二号星最小的卫星上。整个卫星将被汽化，但是这会让行星免受直接撞击。卫星的残骸会飞向文塔里二号星，然后在大气层中完全燃烧。"埃曾看着我们，耐心地等待我们理解整个计划。

"这算哪门子解决方案！"亚斯大喊道。

"船长要我想办法拯救这颗行星，这是我能想到的唯一办法。"

亚斯非常生气地看着埃曾说："但是，我们还不是死路一条！"

亚斯的反应让埃曾非常困惑，于是说："我也没说这是个好主意啊。"

"就这么办。"我说道。如果其他方案都不行，这个方案起码能让行星上的人活下去。"现在，我还有一个任务要给你，埃曾。我希望你进行一个模拟演算。"

"船长，演算什么？"

"我想看看我们能扔出一个多大的曲线球，我是说在太空里扔曲线球。"

我开始描述我的计划，埃曾和其他人听得越来越紧张。

当我们从后方逐渐靠近君王号的时候，舰桥的显示屏不得不自动降低来自君王号引擎的闪光亮度。我们跟在右舷后方，爬升绕过飞船船尾的圆形结构，然后开始靠近货舱。右舷的三号货舱门处于开放状态，可以看到里面漆黑的货舱。但是从我们当前的角度看过去，还是看不清里面有什么货物。如果里面装了一门地球海军用的主炮，那么我们现在靠在货船尾部，刚好就能躲在它的射界外。

“在死木星开火的可不是那扇货舱门。”玛丽说。

“我可不想测试自己的运气。”我驾驶飞船飞到了君王号的上方，远远地躲开了货舱大门。

我们躲在飞船的射击盲区，然后从船体上方飞向船首的小型圆形区域，同时还得注意货船会不会突然翻滚，会不会用货舱里的主炮攻击我们。但是货船依然保持稳定的飞行姿态，没有把我们当作威胁。看来马塔隆人已经计算好了飞船的速度，君王号肯定会带着我们陪葬。等我们飞到了船首，我顺着它圆滑的曲线绕到了右舷的气闸。

“自动对接系统没有响应。”亚斯说道。

“他们不过是欲擒故纵而已。”我说着，就把飞船的对接模式改成了单方应急控制模式。屏幕上集中显示我们左舷气闸的情况，现在它正对着君王号的右舷气闸。水平和垂直校准标记出现在货船的对接环上，让我们能够进行完美对接。虽然我们都在正常宇宙空间内进行亚光速飞行，但是两艘船现在速度一致，所以看起来就好像肩并肩飘在一起，两艘船对接就变得非常简单。我们靠了上去，然后轻轻碰在它的船体外壁上，终于牢牢钳在君王号的对接环上。

“货船没有启动对接固定装置。”亚斯警告道。

“我们这边的对接钳工作正常就好。”我关闭引擎，然后启动船内通信系统，“埃曾，派一个维修机器人顺着君王号的外壁爬过去。看看那个打开的货仓里到底有什么。”

“维修机器人得花好几分钟才能过去。”埃曾回答道。

“无人机准备得怎么样了？”

“我正在移除弹头，船长。等你回来的时候，我就把求救信标装好了。”

这个信标可以确保钛塞提人能够前来调查文塔里二号星小型卫星的毁灭，同时还能找到无人机。埃曾已经完成了计算，如果我们在撞击前 90 秒发射无人机，它的高加速度就可以避免和行星的大气层发生碰撞。人类的飞船根本抓不到高速飞行的无人机，但是钛塞提人肯定可以抓到它。等他们拆开无人机的时候，马塔隆人就得好好解释下这一切到底是怎么回事，而人类就可以洗脱嫌疑了。

我把倒计时器放在主屏幕上，设定了 20 分钟的倒计时，等倒计时结束，两艘船就会撞上文塔里二号星较小的卫星，然后在爆炸中直接气化。埃曾需要花 4 分钟才能把法典装进无人机，然后还要留 1 分钟给无人机做发射前的准备。出于安全考虑，等高速无人机发射之后，我希望还有 2 分钟的时间可以让它脱离行星的范围。

“给我随时通报倒计时。”我说道，“希望回来的时候还有 7 分钟。”

“没问题。”亚斯说道，眼睛却盯着屏幕上距离我们越来越近的行星。

“银边号归你了。”我说完，就爬出了抗加速座椅，“飞的时候温柔点儿。”

我们还和君王号面朝同一方向，因为我们在脱离对接之前都得保持同速。现在我们已经和君王号完成了对接，这艘超级货船完全是在拖着我们往前飞。亚斯现在必须旋转君王号的对接环 180 度，这样才能用船头对着君王号的船尾。只有这样，他才能用推进器推动超级货船，然后借助货船上 16 台发动机的推力让它偏离航线。

“这真是我做过最慢的机动了。”亚斯一边说着一边在自己的控制台上不停点来点去，把控制模式换成飞船控制。

玛丽跟着我走进了气闸。当我困惑地看着她的时候，她说：“咱们两个人一起行动会更快。”

“马塔隆人的合成智能已经控制了君王号。”我说。我不希望自己在寻找法典的时候，还要分神担心她的安危。

“我会小心的。”她说着拍了拍挂在大腿上的两把针弹枪，“君王号那么大，你都不知道从哪开始找。”

她说得没错。两个人的话，搜索效率更高。“好的，但是这次拿了东西就快点跑。不要管其他任何东西。”

“嘿，你知道我也是拿了东西就跑的姑娘。”她给我摆出了一个迷人的笑容，让我想起她已经成功从我手上偷走过法典。

我们来到气闸旁边的更衣间，换上增压服，再把枪挂在增压服上。

“我给自己想了一万种死法，”玛丽说，“但是真没想到会倒着撞死在一颗卫星上。”

“那是我能想到的第三种死法。”我嘴上说着，手下却在找透明的增压服头盔。

玛丽把手按在我的头盔上，不让我戴头盔，然后拉过我的脑袋，和我亲在了一起。她说：“希望这不是咱们的最后一次。”

我许诺道：“绝对不会是最后一次。”然后我们带上头盔，穿过气闸进入君王号。

我们站在一道昏暗的金属走廊里，我说道：“我检测到还有空气。”这条船还没有失压，真是让我大吃一惊。

“那我们拿掉头盔？”

“不行。”像君王号这种船上储存了大量化学物质，马塔隆人的合成智能完全可能用它们制造毒气，“只能假设这里的空气无法呼吸。”

“好吧，下一步去哪儿？”

君王号船头有一个贯穿整个区域的长走廊，两侧还有不少台阶和升降梯连接上下层甲板。中央走廊经过气密闸门之后，还有一条贯穿整个货舱区的走廊，穿过走廊就可以到达尾部的两台反应堆。我估计保险库一定在船头，这样瓦基斯就可以保护它了。

“你要是先找到了保险库，而且它还锁死了，那就呼叫埃曾。”

“一个能拆保险库的坦芬人？”她说道，“给我也搞一个。”

“你去找瓦基斯的房间，我去舰桥看看。”

“是，长官。”她对我敬了个礼说，“我还以为这回很有趣呢。”

我说：“我就是这么找乐子的。”我知道这是在给她下命令，但她是自愿参加了这次行动，而且留给我们的时间不多了。

当我们走过船身一半空间的时候，耳机里响起了亚斯的声音：“船长，还有 20 分钟。”

“收到，船体转动进行得怎么样？”

“现在已经转了 31 度，”亚斯回答道，“而且维修机器人距离开放的货舱口还有一半距离。”

等我们到达中央走廊的时候，我和玛丽分头行动。玛丽向船尾前进，去船员生活区，我去舰桥看看。当我走到一半的时候，我经过了船上的武器库。它厚重的安全门已经打开了，几个墙架上空无一物。

“玛丽，”我一边启动增压服上的通信器，一边回头看着玛丽负责检查的走廊说，“武器库里有几支步枪不见了。”

“我会小心的。”她说完就走进了一个舱室。

我加快脚步，冲向舰桥。这里和银边号的舰桥相比更为宽敞，而且还装有更大的显示屏和豪华的控制台，就连海军考察船上的指挥官看到这一切都会感到嫉妒。舰桥上唯一的光来自船员的控制台和显示屏，显示屏上显示的是逐渐靠近的文塔里二号星和星系恒星。屏幕上还有几个圆圈正冒着电火花，这些地方被某种武器打中，里面的设备可能被打坏了。

瓦基斯的尸体倒在甲板上，他胸口上的洞比我的拳头都大。伤口周围显出黑色的焦痕，而他的枪还挂在肩膀上。这是我第一次见他带着武器，说明他知道船上有某种威胁。瓦基斯可能是银河系财团的走狗，但我认为他是那种一定会垂死挣扎的人，但是现场的情况却不是这样。

舰桥上其他四个人的死状也和他一样。他们的尸体腐烂程度很低，飞船上的环境经过了消毒，所以这说明他们肯定已经死了超过一周。不论杀死他们的是什么武器，一定能造成足以熔解血肉的高温，烧灼伤口内部，所以留在甲板上的血并不多。

我启动了自己的通信器说："瓦基斯和舰桥船员都死了。"

"后面也死了两个。"玛丽说，"我从没见过这样的伤口。"

一个女性船员的尸体趴在导航站上，等离子准确地打穿了她的脊柱。这一击穿过她的身体，飞过整个舰桥，最后打在了屏幕上。透过她留在控制台上的血迹，还能看到一个正在闪动的碰撞警报。这艘船早该警报大作，但是警报却被关闭了。一个血印说明是某人关闭了警报。不管是谁干掉了船员，肯定还在这附近，因为飞船的自动导航系统刚刚开始又发出了碰撞警报。

距离导航员的尸体不远处，还有一名船员倒在甲板上。他的肩膀和眉心各中了一枪。他的武器就扔在一边，不过开了三枪，但是却不知道他有没有击中目标。他的伤口和导航员的一样，这种精确度只有在地球情报局经过手眼强化的精准射手才能办到。

操舵显示器上显示自动导航已经关闭，整个飞船处于手动控制，那么现在控制飞船的肯定是马塔隆人的合成智能。飞船上所有系统都在按照最低能量标准运行，所有可用的能量都被供给了引擎。飞船的内部灯光非常昏暗，但是既然船员都死了，为什么还要保留照明和空气供应呢？

“船长，”埃曾说道，“我的维修机器人已经到达开放的货舱，里面有一艘小型飞船。”

“哪种飞船？”

“我无法识别飞船外形和推进系统。它已经把自己锁在货舱里了，说不定还切进了船体结构。”

如果埃曾无法识别货舱里的飞船，那么它肯定就不是人类飞船，所以答案只有一个。

“玛丽，马上返回银边号！”

“我找到了些东西！”

“太晚了。马塔隆人已经上船了。他们干掉了船员。快弃船！”我等了一会儿，但是却没有听到回复。“玛丽，回话。”一直等不到玛丽的回复，我喊道：“亚斯，你能收到玛丽的通话吗？”

亚斯也没有回答我。

我的脑内界面闪出了一条警告：警告！发现非人类信号！

我的检测器发现身后有动静。我没有回头，而是直接俯身闪到旁边。舰桥里亮起一道闪光，我感到一股热流从我肩膀旁边划过。我的插件传感器试图锁定到底是谁在向我开火，但是我知道肯定是一个马塔隆人。与在萨拉特的顶层套房遇到的马塔隆人不同的是，眼前的这位正在使用自己的武器，因为他知道和文塔里二号星的撞击可以毁掉所有的能量痕迹。

我把头探出操作台，看到一个穿着黑色紧身衣的高瘦人形跳到了左边。他不得不低着头行动，这样他的三角形爬行类大脑袋才不会撞到上面的舱壁。他用等离子步枪对准我，然后开火。我翻滚到控制台后面，舰桥里又亮起一道闪光，一个控制台被炸飞了。我单膝跪地开了两枪，但是马塔隆人动作很快，我的穿甲弹打到了主屏幕上，又一块主屏幕闪起了静电雪花。

马塔隆人快速冲过舰桥拉近和我的距离，于是我俩绕起了圈子。和没有接受过改造的人类相比，蛇脑袋他们更高，动作更快，反应更灵活。虽然他们有一些我们所没有的弱点，但是这并不能帮助我穿着增压服和他们最优秀的战士肉搏。我跳到一边的同时随手开了一枪，我的插件这时候才确认眼前的外星人是一个马塔隆人，然后确认他不是在冰顶星上想干掉我的那个蛇脑袋。

我知道他的外星设备完全可以精确追踪我的行动。幸运的是，他并没有带与杀死萨拉特的马塔隆人一致的力场。这样我的基因探测仪和热能探头就能在主屏幕光找不到他的时候确认他的位置。我俩都在用舰桥上的控制台作为掩护，因为只要站在原地一秒钟就会死。我对着黑暗中的一个热源信号开了几枪，根本来不及好好瞄准。他也在随意开火，但是因为低估了我的速度，所以每次都没打中我。如果他和一个没经过改造的正常人类交手，他的每一枪都能干掉对方。幸运的是，在我超级反应力的帮助下，他的准头并不好，但是他的学习能力却很强。

马塔隆人跳到一块被打坏的主屏幕前，瞄准我前方的位置，试图预判我的动作，但是我在他开火前 1 秒反向跳到了另一边。我对着他的位置发射了一发穿甲弹，子弹穿过控制台打在马塔隆人的腿上。但是子弹只是在他的护盾上激起了一道电光，我原本以为还能听到腿骨断裂的声音。他踉跄了一下，然后毫发无伤地跳开了。我又补了几枪，但只看到子弹在他的护盾上激起了更多的电光火花。穿甲弹像锤子一样让他失去了平衡，但是不能造成任何实际损伤。我停止开火，瞄得稍微低一点。等蛇脑袋转身准备开火的时候，我把他手中的等离子步枪打飞了。

我猜对了！他确实装备了护盾，但是他的枪却没有！

等离子步枪摔在甲板上的时候闪了一下，马塔隆人毫不犹豫地冲了上来。他看起来像是要向我冲过来，但最后却在空中转了个身，然后用自己鞭子一样的尾巴向我的脖子打了过来。我赶紧翻滚到一边，他尾巴的力道足以把我的脑袋打飞。他的鞭尾足以杀死速度较慢的正常人类，但是我的超级反应力又救了我一命。

马塔隆人优雅地落在地上，然后盯着我看了一会儿。我可以感知人类的感受，但是读不懂他的感情，可是我知道他现在非常小心，我的速度让他非常困惑。

“人类，我知道你是谁！”他用一个低沉的合成男性人声说道，“地球情报局！”

列娜还说我们的安保措施万无一失呢！“你就是个丑死人的蛇脑袋而已。”

“我叫扎塔拉·可塔里，我要杀掉你。”他说着，就从固定在胸前盔甲上的刀鞘里掏出了量子刀。这玩意和我在萨拉特的顶层套房里看过的那把一模一样。“不能留下你的脑袋当作战利品真是太遗憾了，毕竟我们不能留下来过这里的证据。”他恶狠狠地举起自己的量子刀说，“我会好好回味杀掉你的记忆。”

我对着量子刀举起了 P-50，但是穿甲弹撞在刀刃上就蒸发了，子弹甚至没能让刀刃晃一下。

“你无法摧毁这把武器。”

“总是值得一试的。”我说着向后退了几步，“你为什么要登上君王号？这风险不是有点大吗？”

“船员们发现了我们的意图，准备摧毁这艘船。我们绝不允许发生这种情况。”

我带着一股油然而生的敬意看着瓦基斯和船员们的尸体，心底也腾起一股不可遏止的愤怒。就算是瓦基斯这种人，为了人类不会再次违反准入协议，也会毫不犹豫地赌上自己的性命。我记得他们已经死了一周，但这些马塔隆人为什么还在这里？

“钛塞提人会发现怎么回事的。”

“他们只会发现两驾人类飞船的残骸和一个疯子的胡言乱语。”他说完就挥动着量子刀横扫了过来。

我从量子刀的攻击范围里跳开，然后跳到一个控制台后面。

“对于人类来说，你的速度很快。”他说。

“对于蛇脑袋来说，你的速度太慢了。”

“我已经杀了不少虚拟人类了，但是没有一个能像你一样活动。”

“你的模拟低估了我们。”

“我会记得做下调整的。”

马塔隆人又朝我冲了过来。当它距离我很近的时候，他决定不用量子刀砍我，而是化刀为矛，要将我刺穿。我向旁边闪了一步，然后在刀从我胸口边划过的时候，果断伸手抓住了他带着黑色手套的手。即便通过他的皮肤护盾，我还是能感觉到坚硬而纤细的骨头和健壮的肌肉。他调整重心，一边试图抽回自己被抓住的一只手，同时还用空闲的另一只手抓向我的喉咙。我躲开他的这只手，然后扭动他持刀的那只胳膊，锁死他的关节，然后用 P-50 顶在他的手肘上开火。穿甲弹还是没有击穿它的皮肤护盾，但是却打断了他的关节。

他大叫一声，试图抽回自己的胳膊。我扔下 P-50，双手拧过他的手腕，让量子刀对准他自己的胸口。量子刀顶在护盾上发出了耀眼的光芒，然后就在他的盔甲上撕出了一个大口子。马塔隆人踉踉跄跄地向后退去，眼前发生的一切让他非常吃惊。我踢中了他的脚踝，把他绊倒在地上，然后压在他身上，在我俩一起摔倒在地板上的那一刻，我将量子刀推进他的胸口。马塔隆人用空闲的另一只手抓住我的喉咙，而我则努力用刀刺穿他的脊柱。量子刀最终刺穿了他的身体，嵌在了甲板里。

马塔隆人浑身颤抖，但是依然抓着我的喉咙，用最后的力气垂死挣扎。他咳着血说道："我们绝对不会让你们加入议会。"然后他的手就从我的喉咙上掉了下来，身体也没了动力。

我把他的手指从量子刀上扳开，把刀从他胸口拔了出来，然后惊讶地发现刀刃上居然没有沾到一滴血。在简单检查了一下这把神奇的武器之后，我关闭它的能量场后把它挂在自己的腰带上。

我的插件在脑内界面上又弹出一个接敌警告。我从地板上捡起 P-50，转身准备开火，却发现埃曾站在门口，他一手端着自己的裂肉枪，另一只手里拿着自己的工具箱。我的矮个两栖工程师满心好奇地靠近躺在地上的马塔隆人。

"真是让人印象深刻的物种。"埃曾说道。鉴于埃曾的亲戚曾经让整个银河系不寒而栗，这句话完全可以当作赞赏来理解。"船长，想不到你居然可以打败他。"

"谢谢你这么信任我。"我说着收起自己的手枪，"你在这儿干什么？"

“杜伦船长找到了保险库。而且你已经好几分钟没有回应我们的呼叫，所以我来看看发生了什么事。”埃曾看着躺在地上的马塔隆人说：“他肯定带着一个干扰器。”

“我们还有多少时间？”

“16 分钟。”

“我们的时间不多了。”

我们冲出舰桥，然后通过走廊前往船员的宿舍。就算埃曾的身高只有我的 2/3，但是他却可以毫不费力地跟上我的步伐。坦芬人可以在短距离内高速冲刺，但是很快就会筋疲力尽。对于埃曾来说，我们并不需要跑多远。

“要我慢一点吗？”我问道。

“为什么？人类的大长腿很容易疲劳么，船长？”

如果这就是坦芬人的辩解之词，那么埃曾的发声器就没有显示出任何情感要素。于是我说：“不过是问问罢了。”

我们跑过几个敞着门的船员宿舍，看到里面躺满了被杀的船员，然后就转入一个走廊。走廊的地上还有一具尸体，靠着舱壁躺在地上，这具尸体是下巴男。他的胸口有一个等离子造成的伤口，腿上还放着一把来自黑市的中子步枪。根据步枪上的能量指示说明，他在死前只开了一枪。

“我听说过这种武器。”埃曾说着收起了自己的裂肉枪，然后拿起中子步枪在手里充满好奇地反复打量。中子步枪可以认为是一个安装在辐射室上纤细的光束发射器，枪身前后都有握把。对肉体有极大杀伤力的辐射武器从 29 世纪开始就被列为违禁武器，但是只要付的钱够多，有些公司还是会偷偷生产这些武器。

“这玩意能击穿马塔隆人的皮肤护盾吗？”我问道。

“我对他们的科技不是很了解，所以这个问题我无法回答。”埃曾说着，用手感受着这把枪的分量。这种步枪原本设计用于在城市环境下的近距离作战，在封闭的飞船走廊内也非常好用，因为它可以有效消灭敌人，还不用担心破坏舱壁或者是敏感的飞船系统。

我们跨过下巴男的尸体，然后走进当初和瓦基斯在哈迪斯城第一次见面的房间。当初困住我的那张椅子就放在他漂亮的办公桌前。在房间的另一头，玛丽站在那份描绘阿伯霍斯之战的油画旁边，整个油画足有 2 米高。原来整张油画是固定在一扇暗门上的，现在这道暗门已经打开了。

“东西呢？”我冲过去问她。

她站在一边，看着暗门里面。我有那么一阵子好奇她为什么不转头看我，然后我看到她一脸紧张的神情。

“玛丽？”我停在距离油画不远的地方问她。

她用眼神给我发来警告，然后油画后面伸出来一根马塔隆人的等离子步枪的粗短枪管，枪管刚好瞄准了她的脑袋。

“放下你的武器。”说话的声音和被我在舰桥上干掉的马塔隆人声音一模一样。

我用 P-50 瞄准了油画，说：“你先把武器放下。”

“你的武器无法击穿我的护盾，人类。而我的步枪，可厉害着呢。同样的话，我不会再说第二遍。”他抬起枪管，顶在玛丽的前额上。

“等等！等一下！”我大喊道，然后把自己的 P-50 放在了桌子上。

玛丽生气地看着我说：“你到底在干吗？”

“我手上没武器！”我喊道。

油画和后面的暗门缓缓打开。一个长得和刚才死在舰桥上的蛇脑袋一模一样的马塔隆人站在圆形的银色保险库大门前，他的一只手里还端着等离子步枪。

“他会把咱们都干掉的！”玛丽生气地说道。

“他肯定想要什么东西，不然你早死了。”我说道。我想起列娜曾经警告我有一个弱点，看来她说得没错。我不能让蛇脑袋干掉玛丽，就算搭上整个行动的成败也要保护她。

“打开保险库。”马塔隆人命令道。

我看了看埃曾刚才站着的地方，打算让他去打开保险库的大门，但是他现在却不知道跑到哪里去了。我听说过坦芬人善于伪装自己，但是我从没见过埃曾施展过这等本事。他在这么短的时间内就消失得无影无踪，以至于马塔隆人根本不知道船上还有一个坦芬人。当然了，坦芬人就是入侵者。

“你还在等什么？”马塔隆人质问道。

“这飞船马上就要完蛋了。”我说，“你还要它干什么？”

“保险库会保护法典免受撞击的破坏。”

我看了看蛇脑袋身后的装甲门。大门银色的表面看起来就像一面镜子，给人一种坚不可摧的感觉。

“你们为什么不打开它？”

“我们找不到法典。”

“为什么？”瓦基斯说过保险库有护盾保护，但是这应该不足以阻挡马塔隆人。

“法典被带上飞船之后，我们就失去了和它的联系。这只有一种解释，整个保险库由非人类的科技保护。”

如果说谁能获得外星伪装科技，那么肯定是银河系财团。怪不得瓦基斯那么自信，他相信转移法典不会影响自己的飞船。

“那你是怎么找到它的？”

“不是我找到的，是她。”

我看了看玛丽，她耸了耸肩说：“我总是善于找到那些不属于我的东西。”

马塔隆人从保险库门前走开，但是手中的武器一直瞄准着玛丽的脑袋。他看着我，看到我别在枪套腰带上的量子刀，于是问道：“你从哪弄来的那东西？”

“什么，你说这个古董？”我说着就掏出了量子刀。眼前的这位马塔隆人黑色的盔甲上缺少挂在胸前的刀鞘，而且他的装饰也没有扎塔拉·可塔里的多。

他用手摸着挂在腿上的一个三角形界面，然后发出了几声喉音。当没有收到回复的时候，他问道：“尊者去哪了？”

“你是说我在舰桥用这刀肢解的那个蛇脑袋吗？”

“你杀了他？还是用他自己的武器杀了他？”

“刀可是直接刺穿了他的脊柱。”

“你撒谎！”马塔隆人用等离子步枪对准了我的脑袋说，“黑蜥部队总是有仇必报！”

“那你就来报仇试试！”

我的身后泛起一道蓝光，一道中子束穿过房间，打在马塔隆人的胸膛上。他一脸惊讶地看着蓝光在他的护盾上闪过，我借机启动量子刀，在超级反应的帮助下把刀扔了出去。量子刀深深地刺进他三角形的脑袋里，最后刀柄和光亮的脸部相撞的时候才停住。马塔隆人双膝跪地，倒在了甲板上。

玛丽看着倒在甲板上的蛇脑袋吃惊地说：“你还会扔飞刀？”

“你该看看我用激光切割机的本事。”我说道。埃曾端着下巴男的中子步枪从门口走了进来。

“我现在可以回答你刚才的问题了，船长。”埃曾说，“中子束无法击穿马塔隆人的护盾。”

“但是起码有效分散了他的注意力。”

埃曾把中子步枪收到自己的工具箱里，然后拿出一个棍状的扫描仪贴在保险库的大门上。他蓝绿色的大眼睛注视着扫描仪的度数，然后画出了大门的安全锁系统，“这是个无限可能组合的安全锁。”

“你能破解它吗？”

“那我得先设计一个无限探索算法才行。”

“要花多久？”

“7 个月。”埃曾说完，就把扫描仪从保险库大门上拿了下来。

“我们还有多少时间？”

“9 分钟。”埃曾说道，看都没看自己的计时器一眼。“我们完全可以把法典留在这里，然后祈祷马塔隆人说的是实话——保险库真的能够保护法典。”

“他也不过是瞎猜罢了。”我说道，“他们担心撞击不足以摧毁法典，而钛塞提人能够发现法典。”

玛丽把量子刀从马塔隆人的脑袋上抽了出来，说：“这玩意儿管用吗？”

“试试才知道！”我说着从她手里拿过量子刀，然后戳进了保险库大门。量子刀毫无压力地戳进了保险库大门，在切割锁栓的同时还激起一股分子迷雾。

玛丽看着脚下的蛇脑袋尸体说：“他怎么没有这刀？”

“他就是个大头兵，不是什么高级军官。”

“你看他一眼，就知道了这一切？”

“看盔甲就知道了。他要是个军官的话，他的盔甲一定会更花哨，而且他肯定还会带着这种刀。”我说完，对着量子刀点了点头。

死在这里的马塔隆人不过是个立誓者，我在舰桥杀死的马塔隆人是一个尊者。量子刀是赐予黑蜥部队这些刺客们的仪式性武器。黑蜥部队是一个集拜死教、秘密行动和宗教团体三重身份的组织。黑蜥部队内部组织严密，整体上执行一套基于服从的行为规范，这套行为规范完美阐释了马塔隆人睚眦必报的本性。正是因为这种睚眦必报的本性，所以血仇足以持续几个世代，只有当其中一方彻底被消灭之后，这场相互报复的循环才会结束。正是这个原因，我们才永远不可能和他们讲和。

“船长，看起来你很了解马塔隆人。”埃曾注意到了这一点，“你对于他们的飞船、士兵和武器都非常了解。”

“只不过知道的东西刚好能让我躲开他们罢了。”我说着，把量子刀从门上拔了下来。我关闭了能量场，把它插回腰带上，然后开始用力拽门。圆形的装甲门渐渐被我拉开，露出里面一个小小的舱室。在保险库里有一个小桌，安塔兰法典就躺在桌子上。我朝它走了两步，突然想起来它上次是如何试图入侵我的插件系统。“埃曾，你来拿法典。”我的工程师一言不发地就拿起了法典，而我则拿起了马塔隆人的等离子步枪和埃曾的工具箱。“现在是时候离开这个鬼地方了。”

我们顺着走廊跑回气闸，走廊里回荡着一种汽笛似的噪声，而且声音越来越大。

当我们脱离了马塔隆干扰器的工作半径，耳机里马上就响起了亚斯的声音：“船长，在吗？”

“我听到你说话了。”

“马塔隆人的飞船已经离开了君王号的货舱，跑得像闪电一样快。”

原来刚才的汽笛声是这么回事！他们离开的时候故意敞开对接用

的气密闸门，所以君王号已经开始失压了。

“君王号偏转航向了吗？”

“是的，我们开始飞向小卫星，和埃曾当时计划的一模一样。”亚斯的口气里听不出一点开心。

我们爬进气闸，内部舱门在我们身后关闭，彻底把失压的舱段挡在了气闸的另一边。

“干得漂亮，”玛丽说道，“夹着尾巴逃跑的同时还想着把我们吸进太空。”

“他们之所以离开是因为我们把法典拿出了保险库，”埃曾说，“他们现在认为法典将毁于撞击，我们都将为法典陪葬。”

“很好，这样一来我们就可以给他们一个惊喜了。”我说道。

我们回到银边号，忽然想起法典完全有可能夺取飞船的控制权。埃曾说：“剩下的时间不够把它装进无人机，而且我也不能带它去工程舱。”

“把它放到走私用的隔断里去。这是船上最绝缘的地方，但是要盯紧它。”埃曾转身去藏好法典，我和玛丽跑向舰桥。等我们回到座椅上的时候，倒计时器上还有不到 100 秒。现在已经来不及把法典装上无人机，就算我们把它装进无人机发射，马塔隆人也会直接把它抓走。

“无法脱离君王号！”亚斯说，“它在你们还在气闸的时候就抓住了我们，现在不肯放我们走。”

看来马塔隆人合成智能要拉着我们和法典一起撞向文塔里二号星！亚斯可以用电击锤攻击对接控制系统，但是那根本没有用。君王号永远都不可能放开我们。

我又看了一眼主屏幕，倒计时还剩 85 秒，文塔里二号星和它的卫星距离我们越来越近。

“我来接管飞船控制！”我说道，然后接管了飞行控制系统。“收回所有次要光学探头和非光学信号传感器。”

在亚斯忙着回收我们的传感器时，我让两个引擎的喷嘴对准左舷，试图从君王号上脱离。所有非光学信号都从主屏幕上消失，画面的质量也大幅下降，因为一半光学传感器都已收回船内。

“啊，船长，”亚斯紧张地指着显示屏说，“君王号这是想干什么？”

我抬头看到君王号的八个正方形货舱门全部打开了。一门安装在旋转底座上的银色地球海军主炮，从距离我们最近的货舱里缓缓推了出来。

“合成智能不会让我们带着法典离开。”我说着，就启动了船内通信系统，“埃曾，速射炮准备好了吗？”

这门重型主炮已经锁定了位置，它就在我们正前方，体积和银边号一样大。在它后面，其他七门主炮也正在进入开火位置。如果它们安装在地球海军战舰上，肯定在装甲炮塔内，但是在君王号上，只有飞船的护盾能为他们提供保护。

“船长，我还没有进行试射，更没有校准瞄准……”

“忘了这些东西吧，现在能开火吗？”

“可以，船长。”

我对亚斯点了点头：“给速射炮充能，然后抓稳了！”

亚斯把控制台转换到武器控制模式，然后启动了质子速射炮。银边号内碰撞警报响个不停，提示我们随时有可能撞上文塔里二号星的卫星。倒计时还剩 40 秒，我开始将更多能量供给引擎。银边号在不停地颤抖，但还是无法摆脱君王号的对接环，而那门巨大的地球海军主炮已经进入开火位置。

我继续加大引擎推力，从之前的 3% 提高到 10%，但是我们的对接环还是锁在一起。距离我们船首 50 米的地方，银色的地球海军主炮正在转向我们，这门主炮只用一击就摧毁了生物圈建设集团的处理中心。

“我们能扛住它的一次攻击吗？”玛丽问。

“放心吧，你什么都感觉不到。”我说道。现在银边号的护盾已经关闭，而且我们和主炮距离这么近，主炮只要开火一次，整条船都会被蒸发掉。当然，我相信法典一定会毫发无损！

“你这么一说，我感觉好多了！”玛丽说。

我把引擎推力提升到 20%，银边号疯狂地抖动起来，但依然无法脱离对接环。“我还以为只需要 3% 的推力就好！”

“那是 3% 的推力，20 分钟！”亚斯说道，“不是 5 秒钟！”

我看了眼屏幕，地球海军主炮马上就要对准我们了。“亚斯，开火！”

他试了试，但是什么都没发生：“还没充能完毕！”

我开始将更多能量传输到引擎，不知道在对接环坏掉之前，船体会不会被撕开。我的控制台和主屏幕上开始闪出警告，提示我马上就要发生灾难性的结构破损。

“船体都要被你扯坏了！”亚斯大喊道。

“船坏了总好过被打死！”我说着，就把引擎推力提升到 14%。在大屏幕上，距离我们最近的地球海军主炮炮身开始发光。

“它开始充能了！”玛丽说道。

我希望让引擎全力运转，但是那会毁了整条船。我把自己固定在座位上，然后将引擎功率提供到 15%。银边号内回荡着金属撕扯的声音，船体外壁开始受到作用力的撕扯。我实在不清楚这到底是引擎马上要飞出引擎罩，还是对接环马上就要崩溃。

亚斯的控制台上亮起了绿色的提示灯，说明速射炮已经充能完毕。“是时候了！”他大喊一声，一巴掌拍在射击按钮上。

一道明亮的光束从我们主屏幕上方划过，直直飞向距离我们最近的地球海军主炮。有那么一会儿，舰桥被一道明亮的光束照亮，然后眼前的地球海军主炮就变成了一堆废铁。君王号高速穿过这些残骸，于是其他的主炮被这些残骸打了个正着。

“天啦！”我惊叹道。速射炮的火力让我大吃一惊。

银边号突然恢复了自由，我们差点被甩出了抗加速座椅。我们的处理全部对准左舷，所以我们不受控制地飞了出去。我们的内部抵消力场不得不努力抵消突然加速造成的影响。两艘船的船体外壁、气闸和对接环飞了出来，有些飞向银边号，但是君王号还在不停加速，所以大多数还是随着其他残骸飞向其他的主炮。第二门主炮被残骸击毁，剩下六门主炮通通转向我们的方向。第三门主炮最先开火，其他几门也纷纷跟上，但是我们距离太近，旋转速度太快，而这些主炮的回转速度太慢。他们的火力从我们身边擦过，高温灼烧着我们的船体外壁，但是却没能击中我们，因为我们正在不受控制地飞向君王号的船尾方向。

我把引擎喷嘴转到反方向，试图以此停止旋转，努力恢复对银边号的控制，而君王号巨大的尾部结构正在离我们越来越近。第二门地球海军主炮在残骸的撞击下也爆炸了，然后我启动位于船头的推进器，把银边号推到一边，勉强避开了超级货船的船尾。先是巨大的船体短时间内占领了我们的屏幕，然后屏幕上出现了 16 台巨大的引擎发出的闪光，君王号距离我们越来越远了。现在君王号凸起的船尾挡住了主炮的射界，飘浮在空中的残骸将其余的主炮一个接一个地撕碎。

我开始头晕目眩，自动导航系统提示我们已经远离埃曾设定的演算抛物线，但是我们只能看到眼前漆黑的宇宙。当我们停止旋转之后，我就关闭了引擎和船头的推进器。

“船长，我们偏离了 40 度！”亚斯大喊道，眼前的卫星距离我们越来越近。整个表面被一个巨大的撞击坑填满，而我们很快也会撞上去。屏幕上的图像突然停住了，但是撞击倒计时还在继续，因为超光速泡泡烧毁了我们一半的光学传感器。

这不过是一个低功率的超光速泡泡，虽然速度只有光速的一半，但是非常稳定。如果我试图在 1000 倍光速的速度下进行机动，那么泡泡就会崩塌，整条船也会被撕碎。亚光速泡泡只持续了几秒就消失了，我们重新回到了正常宇宙空间，而且返回了原先规划的轨道。

“启动传感器！”我大喊道。

亚斯飞快地启动了传感器，主屏幕上又恢复了图像。现在的画质与往常相比较为粗糙，因为我们一半的探头都被烧毁了，但是我们起码知道自己的方位。

文塔里二号星处于我们的右舷，我根据相对运动推断得知我们正在远离星球的轨道。行星旁边正在爆出一团明亮的白光，看来君王号已经彻底撞毁了文塔里二号星的卫星。随着我们距离越来越远，行星逐渐挡住了正在扩大的火球，卫星的碎片此时此刻正在轰炸行星的上层大气。在大气中燃烧的碎片发出诡异的橙色光芒，点亮了夜半球的星空，此情此景一定在当地原始居民中激发了宗教性的敬畏。就在这天晚上，众神将天空变成橙色，两位神秘的星空异客神秘消失，这一切足以影响他们未来几千年的宗教体系。

玛丽摆出一个苦笑，庆幸我们躲开了文塔里二号星。“只有你才敢在撞击坑里启动盲目泡泡跃迁！”她凑过来在我的脸上亲了一口，“我就知道你会想出办法。”

我看向船头的方向，我们还在惯性的带动下继续向前飞，文塔里二号星和爆炸的小型卫星渐渐转移到我们的左侧。星系内恒星出现在我们的右舷，然后渐渐移动到我们的正前方。

“别谢我！”我完全不需要自动导航设立航向。埃曾的模拟演算计划让我们远离星系内恒星，但当我启动亚光速泡泡的时候就已经偏离预定航线了。“我们必须再次跃迁，现在就开始跃迁！亚斯，回收传感器，我们得尽快离开这里！”

我让自动导航系统开始计算下一次亚光速跃迁，这样就可以安全脱离星系内恒星。我把银边号掉了个头，这样我们就能对着空旷的空间进行跃迁。当我们残存的传感器收回到船体内的时候，我把控制权交给自动导航系统。6 台时空扭曲装置开始扭曲我们周围的时空，然后它们同时停止了工作。

“这不可能！”亚斯眼睁睁地看着能量读数跌回零点。

“哎呀，哎呀。”我小心翼翼地重新设置自动导航系统。扭曲装置再次开始充能，然而它们还是在形成泡泡之前就耗尽了能量。

“怎么了？”玛丽问道。

“这可不是系统故障！”我说道。我对着亚斯点点头，示意他重新启动传感器。

等屏幕上出现图像的时候，文塔里二号星已经占满了一半的屏幕，另一半屏幕则是虚无的太空。

亚斯看了眼自己的显示屏，然后皱起了眉头：“他们就在我们后面！”他把船尾光学探头收到的图像调到主屏幕上，画面显示马塔隆人的飞船就在我们的左舷附近。

“他们在干扰我们，”我说，“然后恒星的重力会解决我们。这样钛塞提人检测不到任何武器发射的痕迹，只有我们自己的能量信号！”

“我们还有多久？”玛丽问道。

我看了眼自动导航系统，说：“我们40分钟后就会撞进恒星的色球层。”

“他们这么快就追上我们了！”亚斯说道，几分钟之前马塔隆人的飞船还停留在黄道之上，但是现在他们已经到了我们旁边。

“船长，”船内通信系统里响起了埃曾的声音，“我们的处理核心被扫描了，所有的数字都不见了。”

这次，银边号的安全系统完全没有发现他们的攻击。究竟是上次合成智能在死木星入侵我们的系统时，让他们发现了我们的辐射传感器，还是这次他们使用了不同的技术？

“用通信波束呼叫他们。”当亚斯打开频道之后，我说，“马塔隆飞船，释放我方飞船。”

舰桥内的通信系统马上收到了回复：“交出法典，我就让你离开。”

我很想装糊涂蒙混过关，但是用于隐藏走私货物隔断的干扰力场是地球科技，对于他们来说应该根本不是问题。我开始考虑是否能用速射炮攻击他们，但是很快就放弃了这个想法。我们的武器对他们毫无效果，而且我们先动手就给了他们反击的权利。

我对亚斯点了点头，让他关闭通信。“埃曾，你已经把无人机的弹头拆掉了吗？”

“西瑞斯！”玛丽大喊道，“你怎么可以把法典交给他们！”

我就算不交出法典，我们也打不过一艘马塔隆人的装甲巡洋舰，他们会把我们直接烧死。“他们肯定不会让我们留下法典！”

“弹头已经拆掉了。”埃曾说道。

“准备启动无人机。我去找你。”我说完，示意玛丽跟我一起走。

走私货物的隔断位于船体中部，我拿掉入口的盖子，然后想起来法典里的马塔隆人合成智能，于是转身对玛丽说：“你能帮我拿一下吗？”

她困惑不解地看着我。

“其中缘由很长，而且我们没时间解释了。”

玛丽耸了耸肩，然后拿起法典准备放到我手上。

“不要。”我退后几步，坚决不碰它。“这边来。”我带着她来到存放无人机发射器的舱室，舱室里非常拥挤。埃曾拆掉了反舰无人机前部的装甲板，然后安上了固定弹头的固定装置。我指了指脚下的甲板，说：“请把它放在这儿。”

“你还用起了‘请’？”她惊讶地说道，然后就把法典放在甲板上。我的脑子却在飞速运转。

马塔隆人现在开始清理现场，清理所有可能证明他们牵扯其中的证据。君王号和控制飞船的合成智能已经消失了。现在他们清空了我们的处理核心，删除了埃曾关于神秘数字的所有工作成果。他们现在想要的就是法典，这说明他们完全不知道埃曾已经可以轻易地通过逆向工程制造他们的合成智能。他们肯定以为我们是用处理核心破解了合成智能，所以，要么他们不知道坦芬人的真实实力，要么就是不知道埃曾在船上。现在的问题在于，埃曾知道什么并不重要，没人会相信坦芬人，钛塞提人更不会相信。

马塔隆人还没打算抓我，说明他们并不知道我的记忆库里还存有最初的神秘数据。就算如此，部分的数据也不够用。我必须为钛塞提人提供全套的合成智能数据，他们才能进行全面分析。只有这样，人类才能摆脱嫌疑，并且有可能终结马塔隆人作为星际文明的存在。

“绝对不能这么干。”玛丽还以为我要把法典交给马塔隆人，“我们把法典交出去，又拿什么保证他们不会干掉我们？”

“对钛塞提人的恐惧。”我说着，转身抓住了她的胳膊，“哈迪斯城有个女人叫列娜，要是我有什么不测，我希望你把我的尸体交给她。”列娜的手下可以读取我的记忆库，然后复制我记录的一切。

“你能细说一下吗？”玛丽质问道。

“外星科技，非常难对付！现在赶紧答应我。我要是有什么不测，你就把我的尸体交给列娜。”

“现在我是真的被你吓到了，西瑞斯！”

“赶紧答应我！”这已经不是一个请求，而是一个命令，这也是唯一一个会下达给她的命令。

“我……好吧，”她肯定是头一次发现我有这样的情绪，于是说，“我答应你。”

“我倒是很想给你解释，但是我们现在时间不多了。”

我转身跪在法典旁边，说：“你知道该怎么办，埃曾。把它装好，发射无人机，拯救这条船，拯救你们自己。”

“遵命，船长。”埃曾说完，就把 1 米长的弹头从无人机上拆了下来。

我对插件下令终止数据自动清除，确保就算我危在旦夕，插件也不会删除数据库的信息。我慢慢地搓了搓手，做好准备。“好吧，让我看看你有什么本事。”我自言自语道，然后就把双手放在法典上。

合成智能马上涌入我手中的插件。一开始我的手上感到一点刺痛，然后我感觉到合成智能直接冲进了我的骨骼结构。它对着每一个插件、每一个时间节点、每一个记忆细节发动进攻，试图取得一个立足点。在这之后，是来自法典的攻击，它自动确认我的生物结构，完全不知道自己确认的每一处细节都将帮助合成智能对我发动攻击。

毫无恶意的法典检测了我的储存容量，确定我能够容纳数据，然后开始传输数据。大量的数据像野兽一样在我的身体里横冲直撞，无数个文明共同合作探索广阔的宇宙，多年以来的探索结果在我面前一览无遗。行星、恒星、星云，各种天体和在其中游荡的暗物质，这一切都在我的脑子里运转。交错于星图之间的是数以百万级的飞船在千百万年间穿梭于银河的航路。这完全出乎我的预料，所有这些信息都被法典转换成了我可以理解的语言。

一切发生得太快，我几乎忘记了体内还有一头马塔隆人的野兽，它开始发动进攻，试图夺取这种前所未见的系统的控制权。现在它自己并没有身处极度复杂的电子机械设备里，而是被困在一套异常简洁的生物电子系统里。不论它怎么努力，都无法将自己加载到生物的数据库中。最后，它开始对着自认为是中央处理器的位置发动进攻，希望能够重写这套奇怪系统的基础逻辑结构。

为了生存自保，合成智能终于展现出了真面目，哈孜力克·吉塔尔，他的人生、个性以及知识，所有的一切都展现在我眼前。合成智能完全是按照他的逻辑和风格行动。我忽然对他知根知底：哈孜力克·吉塔尔，黑蜥部队的尊贵大剑师，坐拥马塔隆文明中最神秘、最罕见的头衔，掌管马塔隆人最神秘的部队。当它的合成意识开始渐渐占据上风，我开始学会通过马塔隆人的视角看待宇宙。

有那么一会儿，我就是个马塔隆人。

我忽然明白了他们有多害怕！他们是多么地畏惧其他种族，是多么地害怕我们人类。

我的大脑隐隐作痛，这位马塔隆刺客大师的意识正在试图重写我的意识。我汗流浃背，浑身颤抖，它在我的大脑里肆意妄为，引起的剧痛让我撕心裂肺地大叫不止。

“西瑞斯，到底怎么回事？”玛丽大喊着，拉动我的胳膊。“埃曾，过来帮我。”她已经开始尖叫了。

我知道我必须放开法典，但是我控制不了我的双手。哈孜力克·吉塔尔不打算放开我！

马塔隆人合成智能使出了最后一招，强制关闭系统，然后重新开始征服整个系统。

我因为头疼而尖叫，然后一个沉重的金属物体砸在了我的脑袋上。

\·\·\·\·\·\

我醒了过来，眨了眨眼睛，努力赶走上下翻飞的小光斑。玛丽跪在我旁边关心地看着我，一个血迹斑斑的分子扳手躺在她旁边。

“你打的我？”我含糊地问道，用手摸了摸额头，发现伤口上还有一个止血的压力垫。

“我只是敲了敲你的脑袋。”她甜美地说道，“反正也不会有什么实质性损伤。”

“你能把警报关了吗？”我说，“还是说我现在耳鸣了？”

玛丽微笑着轻抚我的头发，说道：“老话说得好，爱情使人受伤。”

“只有这样才能让你放开法典。”埃曾说，“它对你的效果非常惊人，因为我们几乎对它毫无反应。为什么会这样，船长？”

埃曾实在是太聪明了，总是能问出一些我无法回答的问题。于是我说道：“也许它发现我是船长，希望通过我控制飞船。”

埃曾慢慢地眨着眼睛，但是什么都没说。我相信他根本不信我的鬼话，但是他也无法证明其中的真假。

我深吸一口气，试图缓解头疼，然后开始在体内寻找马塔隆人合成智能的踪迹。它已经不见了，但是哈孜力克·吉塔尔的记忆却留了下来。这可不是保存在生物插件的数据库里，而是直接保留在我的脑海里。当与法典的连接中断后，我体内的合成智能和法典内的原始样本也失去了连接。在发现无法在我的身体内站稳脚跟之后，它自己选择了自我删除。

“法典在哪？”我问道。

埃曾指了指重新装配完毕的无人机说：“在无人机里面。现在我们正在靠近文塔里二号星，正好可以发射无人机。”

“我昏过去多久了？”我小心翼翼地坐了起来。

“没多久。”玛丽说。

“战斗护盾已经启动了。”埃曾说着，就启动了船内通信系统，“亚斯，护盾情况如何？”

“护盾正在恒星烘烤下快速失效，很快就要饱和了。船长怎么样？”

“还没死，已经恢复意识了。”埃曾说，“以人类的标准来说，他的脑袋非常坚固。”

“马塔隆人呢？”我问道。

“还跟着我们呢。”亚斯说道，“看着我们飞向恒星。”

我摇摇晃晃地站了起来，一脸难过地看着玛丽说：“你有必要下这么重的手吗？”

“你完全可以过会儿再感谢我。”玛丽说。

“我现在得赶紧谢谢你，免得咱们过会儿都死了。”

“你真的打算把法典给他们？”她问道。

“我想看看他们究竟有多喜欢它。”我对着她坏坏地笑了一下，“埃曾，无论如何都要让护盾保持工作。”

“没问题，船长。”

当埃曾回到工程舱处理护盾的能源供应时，我和玛丽跑回了舰桥。

我赶紧爬进了自己的抗加速座椅，亚斯好奇地打量着我脑袋上的止血垫。“护盾工作功率百分之 140%，完全超过安全线了。”

护盾的再生、稳定和散热系统都在失效，我以前从没见过这种情况。要是我们再不快点和文塔里二号星拉开距离，我们都会被烤熟。

主屏幕一半已经被滚烫的恒星填满了，星体散发出的高温快速消耗着我们的护盾。在主屏幕中间是一片黑色的区域，而屏幕的另一半显示的是马塔隆人的装甲巡洋舰。马塔隆人的护盾呈卵形，散发出一种微弱的光芒。很明显，他们的情况比我们好很多。

亚斯顺着我看的方向望了过去，说：“我们的热能传感器显示，他们的护盾是这一带温度最低的东西。”

“猜到了。”我一边说着一边接管了飞行控制，带着银边号对准文塔里二号星。

“我已经偏转了航向。”亚斯说，“只要他们能让我们走，我们马上就能离开这里。”

“改变计划。”我开始把能量提供给引擎，银边号开始向着恒星加速冲了过去。

亚斯的眼睛顿时瞪得很大：“船长，你脑子没事吧？”

“10 倍加速度应该就够了吧？”

“够干什么？”

玛丽凑过来说：“西瑞斯，也许你该让亚斯控制飞船，你得好好休息下。”

“我感觉好得很！我就是不想再让这群蛇脑袋耍着我们玩了！”

“对着恒星冲过去能对马塔隆人造成什么影响？”玛丽问道。

“不，这招有用！”我说话的同时，通信系统里冒出一个熟悉的合成音。

“你为什么要冲向恒星？”马塔隆指挥官质问道，“把法典交给我们，我们就会释放你的飞船。”

我对亚斯点了点头，示意他打开频道：“如果我把法典给你们，那么我就没什么能交给钛塞提人了。再说了，就算我撞进恒星里，他们也会打捞回法典，给所有的朋友展示一番。”我现在已经知道马塔隆人的想法，我知道用什么吓唬他们最有效。他们的极端排外就是他们的弱点。

“你不过是白白送死，就算是钛塞提人也不可能从恒星表面打捞出法典。”

“我知道！”多亏了哈孜力克·吉塔尔的记忆，我已经知道马塔隆人完全不了解钛塞提人的科技，这让我有机会随便撒谎。

“你都知道些什么？”

“我知道的是，如果钛塞提人成功打捞了法典，那么你们就要准备向议会好好解释一番了，到时候你们要当着几千个文明的面，好好说明一下为什么你们因为讨厌人类，就打算摧毁一个尚处于青铜器时代的文明。而且根据我对议会的了解，你们也没多少朋友。”我示意亚斯切断通信。

“船长，你这计划糟透了！”亚斯说。

“钛塞提人真的可以做到吗？”玛丽惊讶地问道。

我坐在抗加速座椅里耸了耸肩，完全忽视了马塔隆人的呼叫，双眼无神地盯着头顶的盖板。“我们真的需要换一下净化器了。等我们下次去哈迪斯城的时候，记得提醒我这件事。”

“你确定不要回应他们吗？”玛丽紧张地问道。恒星在我们前方越来越大了。

“我当然要回应他们，只不过不会用他们想要的方式回答他们。”我说着，启动了控制台的武器控制模式。我对亚斯眨了下眼，然后打开外部舱门，把装着法典的无人机发射了出去。一道白光从飞船里飞了出去，无人机的速度达到了 200 倍加速度。无人机的护盾被设计用来靠近目标时抵挡近程防御火力，所以无人机可以比银边号更靠近恒星。“好吧，现在让我们看看蛇脑袋们有什么想说的。”

舰桥内的通信系统里回荡着马塔隆指挥官的合成音：“人类，你到底干了什么？”

“想要法典的话，就去拿吧。无人机上面有一个定位信标，很容易就能找到的。这对你来说很简单，对于钛塞提人来说更简单。多余的话我也就不说了。”我让亚斯切断通信，然后让银边号掉了个头。马塔隆人的巡洋舰在我们身后调了个头，开始追逐无人机。

亚斯和玛丽一脸惊讶地看着我。

“他们能找到法典吗？”亚斯问道。

“我才不在乎呢！我就希望他们的护盾能挡住恒星的高温。”时空扭曲装置开始充能，说明马塔隆人停止干扰我们了。“趁着我们还能飞，赶紧跑！”

我又看了一眼向着恒星色球层冲去的马塔隆战舰，他们的飞船正在穿过橙色的高温等离子云。然后，我们的屏幕就停止显示图像了。

“启动！”亚斯说着，然后确认我们残存的传感器都已回收完毕。

我让自动导航系统生成一个亚光速泡泡，然后我们开始以亚光速脱离恒星。等我们脱离了泡泡、屏幕恢复工作之后，我们看到文塔里二号星已经变成飘浮在左舷的一团沸腾的气体。

“发现蛇脑袋了吗？”我问道。

“现在没看到他们。”亚斯说着，专心研究着自己的传感器，“恒星掩盖了他们的信号。”

“其实，”玛丽靠过来说，“从技术角度来说，他们是蛇的远亲。”

“我知道，看那个蛇脑袋就知道了。”

我做了个滚筒飞行动作，开始让飞船减速。我们顺利地进行了几次亚光速跃迁，但是想要在安全状态下进行巡航，必须得等埃曾的维修机器人修好在脱离君王号时造成的损伤之后才行。在埃曾维修船体外壁的同时，我们还得减速，这样下次脱离超光速泡泡的时候才不会出现意外。

两个小时后，我们都聚在工程舱里观看埃曾的维修机器人维修船体外壁上的破洞。这个大洞几个小时前还只是在我们的左舷气闸上，而现在 10% 的加压舱段都暴露在真空之中，但是和飞行有关的关键位置并没有受损。

“这几次短跳没把飞船拆碎，我们还真是走运！”亚斯说。

“我们跃迁距离不远，速度也不快，量子力没有积攒太多。”埃曾说，“我们要是在超光速状态下飞几秒，问题就大了。”

“还要多久我们才能离开这里？”我问道。

“我们还得花好几天才能换掉气闸附近的两个扭曲装置，而且……”埃曾突然不说话了。

我们看着他，然后我走过去好奇地打量着他的眼睛：“埃曾，你没事吧？”

“飞船引擎停止工作了。”他意味深长地指了指自己前额的生物体声呐。这个器官可以让他精确感知船体的震动，而人类完全感觉不到这种震动。

我看了眼能量和推进系统的读数，数据显示所有系统工作正常。如果有机械故障，那么早就应该响起警报了。“我看一切都很正常啊。”

“船长，我向你保证，我们已经停止减速了。”埃曾看着其他显示屏说，“实际上，我们已经进入一条稳定轨道。”

我从不怀疑他的判断，但是我们的速度慢到进入轨道应该还需要15个小时。

“我们到底进入了什么轨道？”玛丽问道。

埃曾又听了一会儿，研究着屏幕上的各种数据。“周围时空曲线显示应该是一颗行星，这说明我们已经无法控制飞船了。”

“是马塔隆人！”玛丽惊叫道，“他们回来了。”

当埃曾忙着进行系统诊断的时候，我们回到了舰桥。我以为会看到马塔隆人的巡洋舰飘在我们周围，准备报复我用无人机玩的花招。但是，当我们进入舰桥的时候，却看到屏幕上是一艘修长的好似银色飞镖的飞船。船身像镜子一样反射着恒星的光芒，一层隐隐约约的光芒覆盖了全船。

“这可不是马塔隆人！”等我们都爬进座椅的时候，亚斯问道，“这也是马塔隆人的船？”

“这可不是马塔隆人的船。”我启动船内通信系统说，“埃曾，忘了你的诊断报告吧。你什么都发现不了。”

“我同意，船长。”埃曾回答道，“所有的监控读数都不正常。”

“飞船没毛病。”我看着屏幕说道。据我所知，整个地球情报局只有4艘这种船的照片。所有照片都是在地球大使450年前去银河系议会解除禁航令时拍摄的。

“你知道那是什么吗？”玛丽问道。

“那是钛塞提人的仲裁者。”很少有人类知道这种飞船，因为当钛塞提人去地球的时候，他们都会乘坐小型的外交飞船，这样就不至于吓到我们。“这是银河系中最强大的战舰。”2 000 年前，一艘仲裁者级战舰一枪未放，就阻止了整个马塔隆人的巡洋舰队摧毁地球。

“他们来得真快！”亚斯说。

不知道钛塞提人是用了什么技术，发现文塔里二号星的一颗卫星被毁，然后只花了几个小时就派来一艘仲裁者超级战舰过来调查情况。这艘船不太可能当时就在星系附近，所以它一定是以高速从很远的地方赶来的。

仲裁者超级战舰的下方就是文塔里二号星。星系的上层大气因为卫星的碎片还在燃烧，所以呈现出橙色。灰色的乌云在星球表面成形，然后开始向整个星球扩张。

“我从仲裁者超级战舰上得不到任何探测结果，”亚斯努力从钛塞提人的飞船上获取能量读数，“但是咱们后面还有一个巨大的能量源。猜猜谁来了！”

他用光学探头对准 10 千米外的马塔隆人巡洋舰。它的船体外壁一片焦黑，就好像被一把巨大的等离子喷枪烤过了一样。船体边缘已经熔解，原本是船体武器站的凸起已经变成了流淌着熔解了的金属的凹坑。

“看起来他们的日子不是很好过啊。”我对于马塔隆人现在的情况非常满意。很明显，他们的飞船并没有当初想象的那么耐热。

“他们到底找回法典了没？”玛丽问道。

马塔隆人的飞船从屏幕上消失了，钛塞提人控制了我们的屏幕。一个皮肤苍白，和人类的脸型略有相似的脸出现在屏幕上。钛塞提人的脸和人类的脸一样宽，杏仁一样的眼睛呈绿色，眼睛的位置比人类稍微低一点。他们的一个小鼻子位于脸的正中间，嘴巴也不大，而且下巴还有点外突。虽然钛塞提人没有明显的毛发，但是皮肤上却有些斑点，这可能是他们上亿年前丛林中的祖先的保护色。他穿着一个带领子的深绿色夹克，领子上还有垂直的银色装饰一直延伸到胸口。钛塞提人是两足直立动物，身高和人类差不多，但不是哺乳动物。地球上的外星生物学家将他们列为 oviparous ratites，意思就是不能飞翔的大型卵生鸟类，但是这种定义对于这种高度进化的物种来说毫无意义。

钛塞提人的小嘴做出一系列频率极快的动作，但是他说出的话传到我们的舰桥时已经进行了完美的翻译处理："我叫司亚尔，我代表议会维护银河系的秩序。"

我接受的外交训练有限，但是我知道他是个观察者，负责维护银河系律法在银河系中能够得到执行。所以，他是猎户座悬臂中不容忽视的存在。

"我叫西瑞斯·凯德，是这艘船的船长。"

我完全可以自称是地球大使，因为地球情报局稍后会支持我的说法。但是这会让我的行动看起来像一场经过官方批准的行动，进一步增加人类被罚的可能性。如果司亚尔最后的裁决对人类不利，那么我就会宣称自己是叛逃人员，希望这样可以减轻对人类的惩罚。

"马塔隆指挥官说你们进入了一个受限星系，这可是违反准入协议的行为。"

"关于这事，"我说，"我能解释……"

"作为受保护星系的观察者，我将进行调查，因为你们的种族尚处于观察期，而且如果我调查的结果确认你们的行为违反了准入协议，那么到时候你可以在议会庭审的时候进行解释。”

“庭审？到时候在哪举行？”

“下一次议会会议将在安拉克欧龙举行，时间定在10天后。”

我就担心这事，我从没听说过安拉克欧龙是个什么地方。“那又是什么地方？”

“距离这里61000光年。”

“这就有点问题了。这得花……”我在大脑里快速计算了一下，“人类得花45年才能到那里。”说得好像我真的知道那地方在哪儿似的。

“如果必须举行庭审，那么我们将会把所有需要出庭的人员和相关证据送到议会。”

我们自己的传感器捕捉到了受损的马塔隆人的巡洋战舰的图像，它取代了屏幕上钛塞提观察者的战舰。

“这群满嘴谎话的混蛋正在陷害我们。”亚斯喊道，“我们真该发出一份抗议。我们有权抗议，对吧？”

“对啊。”我指了指屏幕，“你找他。他负责这事。”

“哦。”亚斯像个漏空了气的皮球一样坐了回去。

我重新调整了屏幕，这样钛塞提人的仲裁者超级战舰和马塔隆人的装甲巡洋舰就都能显示在文塔里二号星上方。现在这颗行星的上层大气正在经历几百万年来最壮观的景象，幸运的是星球表面不会受到任何影响。

“我们确实在一个受限星系。”玛丽不安地说，“所以从技术角度来说，我们确实违反了准入协议。”

一串明亮的红色光点从仲裁者超级战舰里飞了出来，然后散布于整个文塔里星系。有些飞向文塔里二号星，有些按照银边号的航线飞行，还有些飞行星系最偏远的角落，剩下的则飞到了星系外围。

“我猜咱们很快就能知道钛塞提人的科技有多先进了。”我说道。我从没见过他们的科技，但是很明显他们正在将所有的经过拼在一起。几艘钛塞提人的侦察机从马塔隆人的飞船表面掠过，还有几艘也从银边号身边飞过了一次。

“如果他们认定是我们的错，”亚斯说，“他们还会像第一次禁航令一样把我们关起来吗？”

“这不就是马塔隆人的计划吗。”我说道。

“但是我们刚刚救了那个行星！”亚斯大吼道。

“然后顺手干掉了它的卫星，”玛丽说道，“说不定还把星球表面一半的人口都吓死了。”

过了一会儿，这些红色的光点飞回了仲裁者超级战舰。

“他们现在干吗？”亚斯问道。

我不耐烦地敲打着控制台说：“正在认定谁有罪呗。”

玛丽朝前凑了凑说：“他们应该公正执法。”

“他们可不会卖人情，”我说，“而且他们手上也没有多少证据。马塔隆人把证据都销毁了。”

过了一会儿，司亚尔出现在屏幕的左侧，而右侧则是马塔隆指挥官的头像。这个马塔隆指挥官看起来和我们之前在君王号上见到的两个蛇脑袋一模一样。他穿着装饰华美的黑色制服，胸前挂着一把量子刀，脑袋上顶着一个纤细的黑色头环，这说明他是黑蜥部队中的高级军官。

“我们要求你执行处罚条款！”马塔隆指挥官说道，“银河系律法每一条都写得很清楚！”

“法条确实很清楚，”司亚尔赞同马塔隆人的话，“但是我们的调查结果和你们的证词之间还有些出入。”

我心中燃起了一丝希望。

“还能有什么出入？一艘人类飞船蓄意摧毁了文塔里二号星的一颗卫星，对当地原始文明造成恶劣的影响。这是对文塔里二号星文明权利的侵犯。按照第一法则，人类必须对此负责。”

“人类自然会为自己的行为负责。”司亚尔同意他们的说法，“但是你们也要为自己的行为负责。”

“我？”马塔隆指挥官非常不情愿地说，“我们在这里完全合法。”

“这是不假。”

“我们正在进行一场远距离、非入侵式的针对文塔里二号星原始文明的文化考察。我们完全有权这么做。”

“马塔隆主权国都是从一颗恒星的色球层进行这种调查的吗？”司亚尔问道。

亚斯当场笑了出来。我瞪了他一眼，让他赶紧闭嘴。

“我们的引擎出了问题。”马塔隆人说道。

“所以当两艘人类飞船靠近文塔里二号星的时候，你们就在一旁袖手旁观？”

“我们又不知道他们在那儿。恒星的等离子风干扰了我们的传感器。”

“你们的科技对这种干扰完全免疫。就算你们的传感器受到了干扰，我们检测到一艘小型马塔隆飞船接触了人类飞船。你们为什么要派出飞船呢？”

“我们让人类马上后撤。他们无视了我们！”

“如果你们的传感器出现了故障，无法探测到人类飞船，又怎么向人类飞船下达指令呢？”

“我们又不知道自己究竟发现了什么。我们的侦察船确认了他们的身份之后，我们才下令让他们后撤。”

司亚尔静静听着他的辩解。当然，如果他有任何表情的话，我完全无法进行判读。“在你们确认两艘人类飞船的身份之后，还是没有采取行动保护文塔里二号星。”

“我们采取过行动，但是他们干掉了我的两名船员！他们就是群杀人犯和疯子。我们截获了他们的通信，你自己听听。这些通信完全解释了人类的动机。”

“这还有第九条款呢。”

“第九条款在这里不适用。”

“适用！”我第一次有勇气插嘴打断他们的对话。

“别听那个杀人犯的！”马塔隆指挥官呵斥道。

司亚尔停了一下，也许是在听取建议或者是接收信息。“人类飞船——这艘银边号，进入这个星系是为了拯救生命。保全法则允许在违反其他协议禁区的前提下保护生命，就算是处于观察期的签约方也可以。”

“事情不是这样的！”

“这就是事实！”我说道，“我们是在从马塔隆人手里保护这颗行星。”

马塔隆指挥官挥舞着双手强调着自己的观点，但是却没有传来任何声音。

“怎么回事？”玛丽悄悄问我。

“司亚尔拔了蛇脑袋的话筒线呗。”我说。

当马塔隆人说完了之后，司亚尔说：“我只发现在我们收集的物证和马塔隆主权国提供的证言之间存在不一致的地方。我现在不会下结论，但是大家都应该明白，如果进入庭审阶段，那么我交给议会的所有证据都是具有决定性的。”

他原来知道！他不过是不会说自己手里有什么证据，但是他知道情况有变！我真想跳出座椅，要求进行听证会，但是最后裁决结果对人类不利的风险让我又开始犹豫起来。

马塔隆指挥官愣在那里，感觉到情况不对头，但是什么都没说。

“我们的初步调查显示，”司亚尔继续说道，“来自地球的人类的行为完全符合保全法则，在此案中所有可能存在的违规情况都可以忽视。马塔隆主权国是否对我的调查存在异议，并希望我在安拉克欧龙的银河系议会提交调查结果呢？”

马塔隆人开始犹豫了。他完全不知道钛塞提人究竟发现了什么证据。这些证据会证明马塔隆人图谋摧毁一个无助的青铜器文明吗？

“我要求钛塞提人在安拉克欧龙出示证据。”我插了一句，“我还会提交处于我方控制下的其他证据。”

“他无权要求这么做！”马塔隆指挥官大吼道，“人类在议会中没有正式席位。”

“就目前情况来说，此话不假。”司亚尔说道，“但是，如果真的要进行庭审，我必须在完全公正的前提下检查西瑞斯·凯德船长提交的所有证据。如果我发现这些证据和本案有关，那么这些证据将加入我的总结中。”

司亚尔提交的报告具有不可辩驳的地位，毕竟观察者在银河系议会中地位非凡。

“我没有异议！”我说道，“我们会准备提交所有相关证据，现在就能给你。我现在就去准备。”我其实什么东西都没有，但是马塔隆人并不知道这一点，而且钛塞提人明显是在搪塞他。

马塔隆指挥官嘀咕了几句，但是并没有翻译出来。他说的话听起来就像是一种低吼，然后他说：“我记住你了，人类。”

我耸了耸肩说：“你们这些蛇脑袋对我来说都一样。”

“我该在冰顶星上把你干掉才对。”

哦，原来在顶层套房里被亚斯打伤的马塔隆人就是他啊。

“肩膀怎么样了？是不是有点僵硬？”我从基因数据库里调出在冰顶星套房外面找到的样本，然后锁定，以做后期参考。如果这个马塔隆人再靠近我，我能第一时间发现他。

他盯着我，用低沉的语调说道：“我叫哈孜力克·吉塔尔，而你，人类，在今天屠杀了我的战友。”

“你就是哈孜力克·吉塔尔？”原来他就是合成智能的原型，我现在对他了如指掌。我拥有他的记忆，熟知他接受过的训练，了解他的家庭。“你不该总是这么张扬，别人会说闲话的。”

马塔隆人忽视了我的话，一只手抓在量子刀的刀柄上。就算他的声音是合成的，他的用词也是颇有节奏，而且充满了仪式意味：“你我今日起立下血仇，唯有一死方可了断。你死还是我亡？他日自有分晓！”

我以前也被人威胁过，但是被马塔隆人的大剑师威胁还是第一次。我知道他对于这种威胁的具体含义非常了解，但是如果我没有理解错的话，早晚有一天，我们中要死一个人。

我拿起从君王号上拿回的那把量子刀，我可是干掉了一个马塔隆刺客才拿到的这东西。“那是不是我就可以留着这东西了？”

“我将这把神圣的武器交给我的战友，而你却杀了他。早晚有一天，我会把它拿回来。”

“但是现在它在我手上，而且你可能得好好给阿克媞解释一下吧。”

“什么？”他说话用的是合成音，我对于外星人的举止也不了解，但还是能发现他显然吃了一惊。

“阿克媞 · 吉塔尔。你的女儿，他的寡妇。”

“你怎么知道这些的？”

“我对于哈孜力克 · 吉塔尔，黑蜥部队的尊贵大剑师非常了解。”我拍了拍自己的脑袋，“一切都存在这里，还是你亲自告诉我的。”

马塔隆指挥官沉默了一会儿，不明白我到底要表达什么意思，然后他对着司亚尔说：“马塔隆主权国无意进一步上诉。”

哈孜力克 · 吉塔尔的图像从我们的屏幕上消失了，取而代之的是我们的光学探头捕捉到的马塔隆人巡洋舰的图像。它转了 1/4 圈，然后启动超光速泡泡离开了这里。

我对着司亚尔说：“你把一切都调查清楚了吧。”

“我自有怀疑。”

“你说你有证据。”

“我让马塔隆人自己选择，让他们自己判断。最有利的证据就是他们决定放弃庭审。”

“原来你在吓唬他们！”钛塞提人让我们相信他们的科技极端先进，我们在他们面前根本藏不住任何东西，但是他们只不过是在玩一场有关自信的小把戏！

“我的族人是宇宙中最古老、最尊贵的种族，”司亚尔说，“我们才不吓唬人呢！”

“下次记得提醒我别和你们玩扑克。”

司亚尔歪了歪头，然后说：“我们有时候还是对某些东西了解不足，因为我们这些人都不是很聪明。”

“我懂了。”钛塞提人可能是猎户座悬臂中最古老的种族，但是他们有时候也并不是那么光明正大。

“我们会记住你今天在这里的所作所为，凯德船长。这为全人类赢得了不少印象分，更为你们加入银河系议会做出了积极的贡献。”

“谢谢。”

“记住，”司亚尔说，“我们一直在观察。”

钛塞提观察者的头像变成了流线型的仲裁者超级战舰。还没等我们看到任何启动的迹象，它就不见了。

“我们这次可是狠狠踢了一顿这些蜥蜴的屁股！”亚斯说道，然后看了我一眼，说，“马塔隆人有屁股吗？”

“他们肯定有。”我笑了笑说，“不然我们刚才踢的是什么！”

“你就非要给他看那把刀吗？”玛丽说道，“他发誓要干掉你已经够糟糕了，你干吗还要惹毛他呢？”

我想了想，然后说：“哦，我还真把他惹毛了。”

舰桥里回荡着我们的笑声，然后我盯着主屏幕，发现我们是文塔里星系中唯一的一艘飞船。我们现在停在一个干旱的行星世界上方，这颗行星从今往后只有一颗卫星。随着残骸越来越少，天空中的闪光逐渐变暗。在星球表面，几亿尚处于青铜纪的原始居民，可能正好奇地打量着这千载难逢的天文奇观，但完全不知道他们刚与死亡擦肩而过。

也许再过一万年，我们就能告诉他们到底曾经发生了什么。

07
赫维留基地

阿尔戈利斯星系

天鹅座外部地区

0.677 个标准重力

距离太阳系 982 光年

空间站工作人员 6 200 人

不定量其他人员

我们花了几周才小心翼翼地开着银边号来到了赫维留基地。这个基地是以 17 世纪发现狐狸座的天文学家的名字命名的。哈迪斯城拥有更好的设备，但是距离更远，而且埃曾坚持要先把左舷的破洞修好。为了这事，他甚至很少休息。赫维留基地是一个自由基地，由几家专精于温室农业的农业公司共同建立。他们经过基因改造的作物在矮行星的低重力环境和红巨星的光照下茁壮成长，以至于这里从一个偏僻的行星变成了食物产出中心。这里的太空港可供停船的空间不大，而且维修费也不便宜。但是埃曾监视着维修机器人的一举一动，我们应该很快就能进行全速超光速跃迁，早点回到哈迪斯城进行全面维修。

当维修还没有完成的时候，地球海军的拿骚号出现在了赫维留基地。战舰并没有对接，而是悬在矮行星被红巨星照成红色的稀薄大气中。舰上的船员坐着小艇来基地找乐子。当地人说，最近 15 年来都没见过地球海军的船来这里，所以他们来这儿可不是单纯为了休闲。我只能假设当地的地球情报局特工按例通报了我的到来，完全不知道地球情报局的地区指挥官有多么迫切想见到我。

拿骚号的船员才到几个小时，我就收到了一条加密的邀请。我等玛丽外出找生意，亚斯喝酒喝得晕头转向的时候，就把一件从君王号上收来的战利品装进包里，借口说去红灯区，然后离开了飞船。为数不多的几间酒吧和饭馆里全是来找乐子的水手，偶尔还能看到水手们和当地的合约农为了姑娘打得不可开交。

我的插件很快就提示我被跟踪了。我停下脚步，盯着跟踪我的人，但是他对于我能这么快发现被跟踪丝毫不感到意外。他不过是对着我点了点头，示意我跟上。鉴于我删除了自己的联系人列表，所以我无法验证他的身份，但是他的一举一动都像一名地球情报局的特工：从容的举止，对着皮条客嬉皮笑脸，偶尔和当地的药贩子聊聊天，好像自己就是本地人一样。也许就是他汇报了有关我的情报，毕竟这种偏僻的地方不会有多少地球情报局的特工。

他带着我穿过几个尘土飞扬的阴暗地道，然后来到一个叫“自由落体”的隐秘沙龙。

整个沙龙是在一个 26 世纪的娱乐场所的基础上改建的，沙龙中央有药物贩卖机，还有衣着暴露的服务生端饮料。做着皮肉生意的姑娘们三三两两地坐在一旁，她们身上的衣服少到让人不停地浮想联翩。很明显，这是她们能找到的唯一工作。

沙龙的另一头是一扇经过加压处理的落地窗，可以透过它看到远处参差不齐的山脉，以及漂浮在雾气笼罩的星球表面上空 10 千米处的拿骚号。在桌边坐着一个漂亮的黑皮肤女人，她手上的烟管肯定会让萨拉特感到嫉妒。她的外套挂在椅背上，穿着丝袜的双腿挑逗性地搭在一起。她整个人看上去非常放松，但是一举一动却让人感到高不可攀。一个喝多了的农业技术员向她走过去，问她开价多少。她笑了笑，说自己在休息，晚点再来问她。他怒气冲冲地靠了上去。

“难道看不上我吗？”喝醉的技术员对着她大喊，“老子有钱，有钱得很！”

她并没有说什么，反而是紧盯着技术员，仿佛是要钻入他的灵魂深处。技术员向后退了几步，脸上冒出惊恐的神情。他急忙转身逃开，时不时带着一脸惊恐的表情扭头看看坐在那里的女人。

我的向导退回到阴影之中，我走向那张桌子，坐在女人对面的空位上。还没等我开口，一名服务员走了过来。我给了她 50 块的小费，然后让她先别来烦我们。

“你这是在做兼职呢？”我问道。

“不，”列娜说，“但是我还真可能选错了职业。自从我坐在这，他是第六个被我回绝的男人了。”

“起码说明你很受欢迎，但是对着酒鬼玩探客的把戏，对生意可没好处。”

“我跟你说了，我可不是什么探客。”

“我倒是很想相信你，但是你是这里唯一一个没带枪，而且让我感到害怕的人。”

她笑了笑，满足于让我汗毛耸立的感觉，然后充满女人味地在烟灰缸里弹了弹烟灰。“事情都办完了？”

“起码现在看起来是这样。”

她缓缓地点了点头：“我的人已经搜过萨拉特在冰顶星上的套房，

那儿没有马塔隆人的痕迹。”

“他们用了我们的武器。”

她点了点头，看来法医人员已经给她通报了情况。

“你拿到东西了吗？”

“拿到过。但那东西要么已经被摧毁了，要么就是被马塔隆人回收了，也有可能被钛塞提人回收做证物了。”

“那玩意为什么有那么多人想要？”

“本星系群所有星系的星图。”

她的表情告诉我，她也大吃一惊：“哼，对我们来说是个完美的诱饵。”

“我和它对接过。”

“是吗？”她显得非常好奇，“你还记得多少？”

“能记多少记多少。”

她抬起头看着我，等着我继续说下去。

“我有周围 6 000 光年内的星图。”这些数据现在就储存在我的记忆库里，剩余空间连一组账户密匙都放不下了。“几百万个恒星系、行星、资源点、文明和所有暗物质的位置，这可是银河系 5% 的空间呢！”这下人类的活动范围大大扩张了。

她笑了笑说：“马塔隆人知道吗？”

“没人知道，就连钛塞提人都不知道。”

“你怎么做到这一切的？”

“又不是我一个人完成的。法典发现了我的储存能力，然后发现地球是我的故乡，就用地球作为参照点。我一开始也不知道它在干什么，我那时候忙得一塌糊涂。”

“从技术角度来说，这也不算违反准入协议。”她若有所思地想了想，然后说：“有还没发现的新星元素吗？”

我们一直缺乏新星元素，这种能源是飞船反应堆必不可少的元素。不论我们多么深入映射空间，我们还是需要依靠钛塞提人的供应或是和其他种族的贸易往来才能补充这些元素。他们之所以帮助我们，是为了维护现有星际间秩序的稳定，毕竟他们是这场博弈游戏中的领头人。不帮助我们意味着迫使我们和他们竞争，当然我们永远也不能赶上他们的发展水平。他们需要的是合伙人和搭档，而不是竞争对手。他们确保我们的新星元素供应，但是我们永远不会忘记我们是仰人鼻息地过日子。这就是作为最后一个参与这种古老博弈的问题所在，主力选手们已经拿走了几乎所有的筹码，留给我们的所剩无几。

“深空之中有个流浪行星，它不属于任何一个星系。”

列娜的眼睛一下子睁圆了：“距离有多少？”

“距离太阳系 2 700 光年，储量是 4 600 吨。”

“吨？”看来这条消息让她大吃一惊。

我们为了几克的新星元素就要付出高昂的代价。这些未开采的新星元素足以让我们的飞船在未来几千年内都翱翔在星海之中。“元素密度很低，我们要进行大量的挖掘工作，刚好能让采矿机器人忙一阵子。”

“而且没有人确定所有权？你确定？”

“我们过去插个旗子，然后它就是我们的了。”

“他们肯定会发现我们，然后好奇我们怎么找到那儿的。”

钛塞提人给我们的星图涵盖了以地球为中心，1 200 光年内的空间。钛塞提人和其他文明都认为，我们作为一个年轻的文明，不可能在短时间内完成探索工作，这是用来保护银河系中最年轻最富有活力的星际文明的摇篮。最起码在我们成长起来之前，情况就是如此。

“发射100个探针，”我说，“1000个好了。让大多数装到暗物质或者其他的信息里，然后让其中一个去正确的地方。”

“钛塞提人相信运气吗？”

“我不知道他们相信什么，但是也没有律法会保护自由空间。就算他们发现我们从法典里获取了情报，他们也没有证据。”

“这可不能说得太肯定。”

“我觉得钛塞提人不是很喜欢马塔隆人。”

“为什么？”

“在入侵者战争时期，马塔隆人保持中立，而钛塞提人的家园世界却在遭受进攻。就算像钛塞提人这么开明的种族也绝不会忘记这种事情。”我往前凑了凑，说，“而且我敢发誓，我遇到的那个观察者非常喜欢给马塔隆人找麻烦。只要我们按规矩办事，钛塞提人才不管我们干什么呢。只要按规矩办事，咱们想怎么干都行。”

列娜若有所思地弹了弹烟灰，说：“你干得很好，西瑞斯，远比我们预想的更好。”

“你想我如何把东西给你？”我问道。

“这样就好。”她向我伸出手指，就好像是在和我谈生意一样。她摊开手掌，等着我摸上去。

我握住她的手，心里琢磨着万一玛丽看到了这一幕，我该如何向她解释。我手掌里有种刺痛的感觉，然后我俩的生物插件网络就完美对接上了，储存在我体内的百分之五的银河系星图都传入了她的体内。我不知道她是不是在接收信息之后就删除了我记忆库中的数据，还是说她的储存空间比我大，总之花了几乎1分钟才完成传输。我们假装四目相对，在旁人看来我俩肯定是在谈论皮肉生意的细节。但是我非常怀疑列娜在试探我。等数据全部传输完毕，列娜又多握了一会儿我的手。我还没反应过来怎么回事，所有有关法典的数据都被删了。

“你没必要删除它们啊。”

“抱歉，西瑞斯，但是我不可能让你保留这些数据。”她这么做完全是为了保护我们最宝贵的秘密。我不能怪她，但是作为一个商人，那些星图数据肯定非常有用。她放开我的手，一脸满足地朝后一靠，就好像我们已经谈妥了价格和时间。

“你打算拿它干什么？”我问道。

“我得把它藏起来。这东西不能送去地球，那里有太多人在盯着我们。我们得找个偏远的星系，然后假装在那研究阿米巴虫或者黏菌，同时研究清楚其中哪些信息对我们最有用。而且我们只能采用生物插件进行储存，绝对不能放在硬件上。这样一来没几个人知道我们到底掌握了什么，免得钛塞提人、马塔隆人或者是谁认为我们不具备拥有这些数据的资格。我们会用你这个探针的主意，只不过我们得发射几百万个才够，而且每年地球海军测绘部门都得更新星图，一点点扩张映射空间的边界。”

“马塔隆人肯定会找碴儿的！其他文明需要几十万年才能做到这一点。”

“我知道。多亏了你，西瑞斯，我们在几分钟里就搞定了这一切。”她若有所思地看着我，然后说，“而且我们现在对他们的合成智能特工了如指掌。”

“他们知道我是地球情报局的人，这就说明他们已经在地球上安排了间谍，甚至在情报局内部也有他们的人！”

列娜点了点头，说：“是的。这说明他们已经渗透了我们所有的安全系统。这样一来很多事情都说得通了。”

“你得重新建立安全系统了。”

她看着我，心中似乎非常喜欢这个主意：“我们才不会这么干呢，我们现在知道该去找什么了。等我们找到他们就让他们待在原位，然后开始通过他们向马塔隆人提供假情报。我们要用他们的技术对付他们，用他们一直以来对付我们的招数对付他们。你带来的情报对于我们的安全系统非常重要，甚至比安塔兰法典更重要。”她眯着眼睛盯着我说：“量子刀呢？能不能给我们？”

我还没在报告里提到马塔隆人的武器呢。“你在握手的时候又复制了我的记忆，是吗？”

“对我而言，你没有秘密，西瑞斯。”她把烟管叼在嘴上，然后慢慢吸了一口，“我们会研究那把刀的，它的技术实在是……”

“我知道你们会研究它，那东西比我们领先了 70 万年。”我打断道，“所以就算你们能进行逆向工程，我怀疑你们也造不出第二把一样的刀。”

“这倒是实话。”她承认道。

“刀我就不给你了。鉴于黑蜥部队想要我的脑袋，我可能会需要它。”

“想杀你的人多了去了，西瑞斯。我确信马塔隆人很快就知道杀你可不是件容易的事情。”

“我要是有能击穿他们护盾的弹药，那么我的胜算就更大了。”

“我们正在研究这东西呢。要是有什么研究结果，一定第一时间告诉你。”她深吸了一口烟，继续说道，“中子步枪呢？我觉得你得把这东西交给我们。这玩意儿可会把你送进监狱，然后船也会被没收。”

“我知道，但是埃曾真的挺喜欢那玩意的。要是我把它拿走了，埃曾一定伤心死了。”我把袋子放到了她面前的桌子上，“你还是把这个拿走吧，一把二手的马塔隆人的等离子步枪。他的主人已经不需要他了，毕竟死人不需要武器。”我们可能永远都无法仿制出这种武器，但是我们可以研究它能造成怎样的损伤，然后研究防御系统。

“西瑞斯，我就喜欢你给我送礼物。”她把袋子拉到自己跟前，打开一个小口，朝里瞅了瞅，然后带着满意的表情，把袋子放到了桌子下面，摆出一副成交的样子。她微笑着摇着脑袋，似乎不相信我的报告内容：“一个带着中子步枪的坦芬人！这得吓死不少人，但是他干得不错，干得非常漂亮。也许，是时候招一些坦芬人进入情报局了。我可以用他们建立一个特别部门，专门用来逆向研究马塔隆人对付我们的技术。”

“祝你好运。”我完全可以想到她会在地球上遇到不少反对的声音。

“招募坦芬人肯定会吓到不少人，但是我们需要他们，他们也需要做好准备贡献自己的力量。埃曾已经可以证明这一点。”她看着我，似乎很同意我的观点。“至于那些真的反对的人……”她无助地耸了耸肩。

“会被你或者你的同类说服？”

“这可都是为了大局着想，西瑞斯。这个单位我打算叫它……埃曾小队。”

“他肯定会喜欢这个点子，但是他永远都不可能知道这事了。”

“而且只招收雄性，”列娜补充道，“绝对不招雌性。再说了，我也不信任她们。”

“我相信埃曾，但是也只相信他一个。你会发现雄性坦芬人都是很守信的人。你要是能信守诺言，再把雌性坦芬人隔离到一边去，你就能和他们一起工作了。地球也是他们的家，可别忘了这一点。”

列娜缓缓地点了点头，说：“你打算收多少钱？这事毕竟算一个合同，而且你还得给船员付工资。500 万块怎么样？”

我的眼睛都快跳出眼眶了：“这价钱我都可以去买条新船了！”

“这是你应得的。”

“这钱太多了，我没法给我的船员解释。埃曾已经开始怀疑了。”

“他们不需要知道这事，就把它当成是你的个人退休基金好了。”

我被她的话逗乐了，虽然她能够阅读别人的内心，但是她还是完全不了解我。“维修费一共 3 500 块，加上给玛丽、亚斯和埃曾的分成……”我快速计算了一下，“给我 10 万块好了。大家都有钱赚，而且不会引起怀疑。我就告诉他们是李杰康给我们的钱，如果我当初给他法典的话，就一定能赚到更多。”

“这倒是挺令人信服的。”

“然后我希望你把死木星上的生存主义者聚落点添加到地球海军的星图里去。”

“这就有点多愁善感了吧，西瑞斯。这可不像你啊。”

“这是我答应别人的事。他们帮助我们拯救了人类在星空中的权利，我们得把他们的家园从银河系财团的手里救出来。这个价钱已经很便宜了。”

“好吧，地球海军会确保是他们先发现了死木星。”

“再来 1 000 支 SN6 狙击步枪，各种智能弹药合计 10 万发，再来 50 门反轨道炮。”

她睁大了眼睛看着我：“你没开玩笑吧？”

“要是没有克劳森，这次任务早就失败了。我们欠他的，你也欠他的。如果不行，你就把 500 万给我，我自己去黑市买了送给他，但是我不想让地球海军抓到我私运武器，我希望武器来源正规。就当这是在处罚银河系财团通敌好了。”

“非正式通敌。”她纠正道。

“这么一说，我也不喜欢银河系财团。再来艘轨道炮艇吧，克劳森赌上了自己的旧飞机才把我们救出来。我能做的也只有这些了。”

列娜笑了笑说：“型号上有要求吗？”

“没有，只要火力够，抗加速座椅舒服，然后再给驾驶员来一箱地球产的肯塔基波旁威士忌。”当她疑惑不解地看着我的时候，我说：“还要我怎么说？我就是喜欢克劳森罢了。”他也许不能阻止银河系财团改造死木星，但是至少能让他保护避难所。我凑上前说道：“我当时可是答应他了，你不会让我食言吧？”

她叹了口气说：“好吧，反正我也不喜欢银河系财团。再过 30 天，你去阿明的武器店提货，然后我让地球海军对你睁一只眼闭一只眼。但是，可能要等几年你才能拿到你要的酒。”

“列娜，我就喜欢和你做生意。”

她盯着我，似乎有什么事情让她非常困惑，又或是她又在用灵能刺探我。最后，她问道：“西瑞斯，你如果不在乎钱，为什么要退役呢？”

“我喜欢自由，而且我哥哥还不知道在什么地方呢。”

“忘了他吧，西瑞斯。你知道他是个什么下场。”

“人总是会变的。有时候，他们需要的就是一点恰到好处的鼓励。”

“玛丽怎么办？她在君王号上差点害死你，这点你也很清楚。你该趁马塔隆人用枪指着她脑袋的时候，用量子刀干掉她。这才是正确的解决方案。”

那玛丽就死定了。幸运的是，我还没那么聪明。“我离开地球情报局还有一个原因，那就是我从来不会做出这样的决定。”

“玛丽·杜伦就是你的盲点，西瑞斯。只要她在你身边，你就会犯错。”

“此话不假，但是还能犯什么错！”

“早晚有一天她会害死你。”

“可能吧，但是今天不会害死我。”我向列娜伸出手，说，“你是不是该把我的插件关掉了。”任务已经结束，但是我的插件还在工作。

列娜若有所思地看着我的手，然后慢慢摇了摇头：“西瑞斯，你可能还不明白，你是我们最优秀的特工。当初在拿骚号上的时候，我就告诉过你，我们考虑让你成为我们的自由特工。从现在的情况来看，我们当初的决定是正确的。你继续做你喜欢的事吧，当我们需要你的时候就会联系你。你要是发现需要做点什么，放心大胆去做就好了。”

“我都不知道怎么联系你。”因为在冰顶星上的紧急数据清除，我已经丢失了所有重要信息，所有的认证和识别码都不见了。

“别担心，”她说道，“咱们握个手，该有的你都会有。”

“再见，列娜。”我确信她永远都不会让我闲着，但是鉴于我占据了主动权，也许这样对我们都有利。

也许我一直都是一个自由特工，只是我自己不知道罢了。就目前而言，在银边号修好之前，我和玛丽还有一周的时间。这一周里，我不用去担心任何事情，没有马塔隆人烦我，没有任何责任，只有一个要强但却让我着迷的女人陪我度过美好的一周。

这肯定是让我难忘的一周。

图书在版编目（CIP）数据

安塔兰法典 /（澳）史蒂芬·伦内贝格著；秦含璞译. — 北京：北京理工大学出版社，2020.8

（映射空间）

书名原文: The Antaran Codex

ISBN 978-7-5682-8630-5

Ⅰ. ①安… Ⅱ. ①史… ②秦… Ⅲ. ①幻想小说－澳大利亚－现代 Ⅳ. ①I611.45

中国版本图书馆CIP数据核字（2020）第 112544 号

北京市版权局著作权合同登记号　图字：01-2019-6008

出版发行 /北京理工大学出版社有限责任公司
社　　址 /北京市海淀区中关村南大街5号
邮　　编 /100081
电　　话 /（010）68914775（总编室）
（010）82562903（教材售后服务热线）
（010）68948351（其他图书服务热线）
网　　址 /http://www.bitpress.com.cn
经　　销 /全国各地新华书店
印　　刷 /三河市华骏印务包装有限公司
开　　本 /880毫米×1230毫米　1/32
印　　张 /10.5
字　　数 /240千字
印　　数 /1～6000
版　　次 /2020年 8 月第 1 版　2020年 8 月第 1 次印刷
定　　价 /48.00元

责任编辑 /刘汉华
文案编辑 /刘汉华
责任校对 /杜　枝
责任印制 /施胜娟
排版设计/飞鸟工作室